路由交换技术项目化教程

LUYOU
JIAOHUAN
JISHU
XIANGMUHUA
JIAOCHENG

主　编　蒋建峰　杨泽明　谭方勇
副主编　张振华

苏州大学出版社
Soochow University Press

图书在版编目(CIP)数据

路由交换技术项目化教程 / 蒋建峰,杨泽明,谭方勇主编. —苏州:苏州大学出版社,2023.1(2023.12 重印)
ISBN 978-7-5672-4180-0

Ⅰ.①路… Ⅱ.①蒋… ②杨…③谭… Ⅲ.①计算机网络-路由选择-教材②计算机网络-信息交换机-教材 Ⅳ.①TN915.05

中国版本图书馆 CIP 数据核字(2022)第 237186 号

路由交换技术项目化教程

蒋建峰　杨泽明　谭方勇　主编

责任编辑　征　慧

苏州大学出版社出版发行
(地址:苏州市十梓街 1 号　邮编:215006)
苏州市越洋印刷有限公司印装
(地址：苏州市吴中区南官渡路 20 号　邮编：215104)

开本 787 mm×1 092 mm　1/16　印张 18.5　字数 405 千
2023 年 1 月第 1 版　2023 年 12 月第 2 次印刷
ISBN 978-7-5672-4180-0　定价:69.00 元

图书若有印装错误,本社负责调换
苏州大学出版社营销部　电话:0512-67481020
苏州大学出版社网址　http://www.sudapress.com
苏州大学出版社邮箱　sdcbs@ suda.edu.cn

前 言 Preface

　　路由交换技术是当前网络设备配置的主流技术,是网络组建、设备配置与调试过程中必须掌握的核心技能。本书编写团队长期从事网络技术专业的教学工作,同时联合业内知名企业合作,在培养技能型人才方面有着独到的经验。岗课赛证是当前课程改革关键的设计,本书对应的路由交换技术相关课程,是融合企业岗位、1+X证书制度及技能竞赛的网络专业核心课程,旨在提供一本理实一体化的新型教材,充分体现技术技能型人才的培养要求。

　　全书共分10章。第1章主要介绍思科路由器的概念、特点、内部结构和工作原理及设备的基本操作技能;第2章主要介绍路由的概念及静态路由的基本配置;第3章主要介绍RIP协议的工作原理及相关配置;第4章介绍OSPF路由协议的工作原理及相关配置命令;第5章介绍BGP的属性、工作原理、相关专业术语及配置,同时介绍了简单的路由策略;第6章详细介绍交换机的工作原理及相关基本操作;第7章介绍虚拟局域网与中继的关系、中继协商的策略及配置;第8章介绍传统的VLAN间路由实现方式及三层交换的原理;第9章介绍了生成树协议的工作原理及几种生成树协议的操作;第10章介绍下一代网络IPv6的特点,在下一代网络中运用的各种协议原理及配置。

　　本书具有如下特点:

　　● **人才培养目标的精准定位**　本书内容与网络专业相关企业所涉及的网络管理员、网络工程师、网络规划师等网络技术应用型岗位所需技能相匹配。

　　● **教学内容对接认证和竞赛**　本书内容以计算机网络技术专业的路由与交换核心技术为基础,以当前主流的网络专业认证CCNA为对标证书,同时融入技能竞赛相关案例。

　　● **编写模式新颖**　本书采用理论+实践的模式,注重对学生的实践技能培养,体现以学生为中心的教学思想,邀请同行专家及行业资深工程师共同开发,充分体现了网络主流技术和工程案例相结合的思想。

本书编写团队由苏州工业园区服务外包职业学院蒋建峰教授(第 1~3 章)、苏州工业园区职业技术学院杨泽明教授(第 4~7 章)、苏州市职业大学谭方勇教授(第 8~9 章)和西安外事学院张振华老师(第 10 章)组成,前三位院校老师都具有教学名师称号,同时邀请企业资深专家参与开发。

本书配套的数字资源可登录苏大教育平台(http://www.sudajy.com)免费下载。

由于作者水平有限,书中难免存在错误和疏漏之处,敬请各位老师和同学指正,相关意见和建议可发送邮件至 alaneroson@126.com。

编者

2022 年 12 月

目 录 Contents

第1章

路由器与基本配置

　　路由器(router)是目前连接互联网的主要网络设备。路由器通过查找路由表,选择最佳路径,按顺序发送报文。路由器是互联网的枢纽,广泛应用于各种行业服务。目前,路由器的厂商和产品多样,本章主要介绍思科路由器的结构、启动过程、命令行及基本配置。

1.1　Cisco 路由器

　　思科(Cisco)公司是全球领先的网络解决方案供应商,其网络设备路由器是智能信息网络的基础,为当前最核心的网络服务(如视频、IP 电话、金融业务等)提供了先进的服务质量(quality of service,简称 QoS)。

　　Cisco 路由器的型号众多。例如,Cisco 820/830 系列,适合小型远程办公机构;Cisco 1800 系列,适合小型企业和分支机构;Cisco 2800 系列,适合中小型企业和分支机构;等等。本书所有路由实训将以 Cisco 2800 系列路由器为例。

1.1.1　Cisco 路由器介绍

　　路由器是一种小型的计算机,和常用的 PC 一样,其基本的硬件包括 CPU、RAM、ROM、FLASH 等。和 PC 不同的是,路由器有一个特殊的存储部件——非易失性随机访问存储器(non-volatile random access memory,简称 NVRAM),以及基本的网络连接接口:广域网(wide area network,简称 WAN)接口和局域网(local area network,简称 LAN)接口。路由器能正常工作,除了需要基本的硬件支持外,还需要其自身的操作系统 IOS 的支持。

　　路由器的各个部件及其基本功能如下所述。

　　• CPU:中央处理器(central processing unit),执行操作系统指令,主要负责路由的计算。

　　• RAM:随机存取存储器(random access memory),又称内存,存储 CPU 执行的指令和数据,包括操作系统、运行配置文件、IP 路由表、ARP 缓存、数据包缓存等。

- ROM:只读存储器(read-only memory),存放诊断软件和引导程序,还可以存放精简版的 IOS。
- NVRAM:非易失性随机访问存储器,思科设备用来存放启动配置文件。
- Flash:闪存,用于存放 Cisco IOS。
- Interfaces:接口,连接广域网和局域网。

1.1.2 路由器的启动过程

路由器的启动过程主要有以下几个阶段(图 1-1):

- 加电自检(power on self test,简称 POST)。
- 加载 Bootstrap 程序。
- 查找操作系统(IOS)、加载操作系统(IOS)。
- 查找配置文件、加载配置文件。

ROM	加电自检(POST)	执行 POST
ROM	Bootstrap	加载 Bootstrap
Flash TFTP Server	操作系统	查找和加载 IOS
NVRAM TFTP Server Console	配置文件	查找和加载配置文件

图 1-1 路由器的启动过程

1.1.3 路由器的访问方式

路由器可以通过多种方式访问 CLI 环境,最常见的方法有以下几种。

1. 通过控制台访问

控制台端口是一种管理端口,可以通过该端口对思科设备进行外带访问。如图 1-2 所示是 Cisco 2800 系列的 2811 型号路由器的各个端口。通过控制台访问路由器需要一条 Console 线缆,如图 1-3 所示,一端(COM 接口)连接到计算机的 COM 接口,另一端连接到路由器的 Console 接口。

图 1-2　路由器端口

图 1-3　Console 线缆

2. 通过 Telnet 访问

Telnet 是通过虚拟连接,在网络中建立远程设备的命令行界面(command-line interface,简称 CLI)会话方法。利用 Telnet 建立远程会话需要事先在设备上配置远程登录线路,并且给设备的接口配置 IPv4 地址,这样用户能够从 Telnet 客户端输入命令远程连接设备。

3. 通过 SSH 访问

安全外壳协议(secure shell,简称 SSH)提供与 Telnet 相同的远程登录功能,不同之处在于,Telnet 远程登录时,连接通信过程中的信息是不加密的,而 SSH 提供了更加严格的身份验证,采取加密手段,使用户 ID、密码等信息在传输过程中保持私密。

4. 通过 AUX 访问

路由器辅助端口 AUX(auxiliary)的连接方法是通过调制解调器实现拨号连接。

1.2　Cisco 路由器 IOS 模式

Cisco IOS 是一种模式化的操作系统,每个模式有各自的工作领域。对于这些模式,CLI

采用了层次结构。

- 用户执行模式:"Router＞",路由器名字后面是符号"＞",仅允许执行一些基本的查看类型的 IOS 命令。
- 用户特权模式:"Router#",路由器名字后面是符号"#",允许登录到特权模式执行更多查看类型的 IOS 命令,特权模式还可以对路由器的配置进行保存。
- 全局配置模式:"Router(config)#",路由器名字后面有"config",此模式下可以执行路由器的各种配置。
- 其他配置模式:在路由器全局配置模式下可以进入其他各个高级配置模式或子模式。表 1-1 展示了 IOS 的主要配置模式。

表 1-1　IOS 的主要配置模式

配置模式	描　　述	提示符
用户执行模式	基本查看,远程访问	Router ＞
用户特权模式	详细查看,调试测试,文件处理,远程访问	Router#
全局配置模式	全局配置	Router(config) #
其他配置模式	特定服务配置	Router(config-mode) #

1.3　实训项目一　路由器的基本配置

【实训目的】

- 能够根据图片和要求搭建网络拓扑。
- 能够完成设备的基本配置,如名字、特权密码、远程登录密码、控制台密码、标识信息、加密密码、禁止域名解析、禁止控制台超时、控制台信息回显等。
- 掌握配置和激活路由器接口的方法。

【实训拓扑图】

实训拓扑图如图 1-4 所示。

图 1-4　实训拓扑图

设备参数如表 1-2 所示。

表 1-2　设备参数

设　备	接　口	IP 地址	子网掩码	默认网关
R1	Fa0/0	192.168.1.1	255.255.255.0	N/A
	Loopback0	10.10.10.10	255.255.255.255	N/A
PC	NIC	192.168.1.100	255.255.255.0	192.168.1.1

【实训内容】

1. 执行路由器基本配置

根据之前 1.1.3 中的介绍,用 Console 线缆连接路由器和 PC,如果是 Windows XP,可以通过执行"开始"菜单→"附件"→"通信"→"超级终端"命令登录设备。Windows 7 以上高版本的操作系统没有"超级终端"附件,则可以通过安装第三方软件(如 SecureCRT)来实现,安装好后打开 SecureCRT 软件,设置连接参数如图 1-5 所示,其中 Port(本机端口 COM1)需根据实际计算机上设备参数设置。(本书中的实训项目都是通过 SecureCRT 软件访问设备)

图 1-5　Console 线缆连接参数

路由器开机后,如果是新的设备,会出现如下询问是否要初始化配置的命令行,必须输入"no",结束后进入路由器控制台,命令如下所示。

```
        ---System Configuration Dialog---
Would you like to enter the initial configuration dialog? [yes/no]: no
Router >
Router > enable                             //输入命令 enable 进入用户特权模式
Router#
Router#configure terminal                   //输入命令 configure terminal 进入全局配置模式
Router(config)#
Router(config)# hostname R1                 //配置路由器名字为 R1
R1(config)# no ip domain-lookup             //禁止域名解析
R1(config)#banner motd #Need Password! #    //配置标识信息"Need Password!"
```

(1) 配置控制台相关信息

```
R1(config)#line console 0                   //配置控制台密码,0 表示每次只能 1 个用户登录控制台
R1(config-line)#password cisco
R1(config-line)#logging synchronous         //控制台消息回显
R1(config-line)#exec-timeout 0 0            //配置控制台永不超时
R1(config-line)#login                       //启用登录进程,否则密码不生效
R1(config-line)#exit                        //退到上一层模式
```

(2) 配置远程登录信息

```
R1(config)#line vty 0 4
//配置远程登录密码 0 4 表示每次可以 5 个用户远程登录设备,路由器可以支持 0～988 个虚拟终端
R1(config-line)#password cisco
R1(config-line)#login
R1(config-line)#exit
```

(3) 配置特权密码及加密

```
R1(config)#enable password cisco123
//配置特权模式密码,此密码不加密
R1(config)#enable secret cisco
//配置特权模式密码,此密码加密,当两个特权模式密码都配置时,enable secret 密码生效
R1(config)#service password-encryption
//把所有密码加密,默认情况下,远程登录密码和控制台密码等都是以明文形式存储的
```

（4）配置接口信息

```
R1(config)#interface fastEthernet0/0
//进入接口,并配置 IP 地址和子网掩码
R1(config-if)#ip address 192.168.1.1 255.255.255.0
R1(config-if)#description Link to LAN          //接口描述"Link to LAN"
R1(config-if)#no shutdown
//路由器接口默认情况下是关闭的,需手动开启
R1(config)#interface loopback0
 *Mar 15 00:41:21.519: %LINEPROTO-5-UPDOWN: Line protocol on Interface Loopback0, changed
state to up
//环回接口创建后自动开启,环回接口比较稳定,适合之后的各种协议工作
R1(config-if)#ip address 10.10.10.10 255.255.255.255
R1(config-if)#end
//无论当前属于何种模式,使用 end 命令可以退到特权模式
```

（5）保存配置

```
R1#copy running-config startup-config
//保存当前配置,也可以用命令 write 保存
//删除当前配置使用命令:erase startup-config
Destination filename [startup-config]?
Building configuration...[OK]
```

（6）验证路由器版本信息

```
查看版本信息
R1#show version
Cisco IOS Software, 2800 Software (C2800NM-ADVENTERPRISEK9-M), Version 12.4(22)T,
RELEASE SOFTWARE (fc1)    //IOS 版本
Technical Support: http://www.cisco.com/techsupport
Copyright (c) 1986-2008 by Cisco Systems, Inc.
Compiled Fri 10-Oct-08 00:05 by prod_rel_team
ROM: System Bootstrap, Version 12.4(13r)T11, RELEASE SOFTWARE (fc1)  //ROM 版本信息
R1 uptime is 3 minutes                                       //启动时间
System returned to ROM by reload at 01:03:56 UTC Tue Mar 15 2016    //启动信息
System image file is "flash:c2800nm-adventerprisek9-mz.124-22.T.bin"   //IOS
(------省略部分输出------)
Cisco 2811 (revision 53.50) with 512000K/12288K bytes of memory.     //RAM
Processor board ID FTX1534ALLM                          //处理器
2 FastEthernet interfaces                            //两个快速以太网接口
```

2 Serial（sync/async）interfaces	//两个串行接口
1 Virtual Private Network（VPN）Module	
DRAM configuration is 64 bits wide with parity enabled.	
191K bytes of non-volatile configuration memory.	//NVRAM
126976K bytes of ATA CompactFlash（Read/Write）	//flash
Configuration register is **0x2102**	//启动配置寄存器

（7）查看路由器当前配置信息

```
R1#show running-config
Building configuration. . .
Current configuration : 1284 bytes
version 12. 4
service timestamps debug datetime msec
service timestamps log datetime msec
service password-encryption
hostname R1
enable secret 5  $1$PM0p$PaxBbdmh45SG/nroKRpj21
enable password 7 094F471A1A0A464058
no ip domain lookup
username cisco password 7 03550958525A77
interface Loopback0
 ip address 10. 10. 10. 10 255. 255. 255. 255
interface FastEthernet0/0
 description Link to LAN
 ip address 192. 168. 1. 1 255. 255. 255. 0
 duplex auto
 speed auto
(------省略部分输出------)
banner motd ^CNeed Password！ ^C
line con 0
 exec-timeout 0 0
 password 7 060506324F41
 logging synchronous
 login
line aux 0
line vty 0 4
 password 7 05080F1C2243
 login
transport input all
end
```
//路由器的当前配置信息，运行时保存在 RAM 中

（8）查看路由器启动配置文件

```
R1#show startup-config
Using 1284 out of 196600 bytes
!
version 12.4
service timestamps debug datetime msec
service timestamps log datetime msec
service password-encryption
!
hostname R1
logging message-counter syslog
enable secret 5 $1$PMOp$PaxBbdmh45SG/nroKRpj21
enable password 7 094F471A1A0A464058
(-----省略部分输出-----)
//路由器的启动配置文件,保存在 NVRAM 中,NVRAM 是思科特有的存储器,其他厂商的配置文
件一般保存在 flash 中
```

（9）查看接口信息

```
R1#show interfaces fastEthernet0/0
FastEthernet0/0 is up, line protocol is down
  Hardware is MV96340 Ethernet, address is d0c2.8254.6810（bia d0c2.8254.6810）
//接口二层信息
  Description: Link to LAN
  Internet address is 192.168.1.1/24
//接口三层信息
  MTU 1500 bytes, BW 100000 Kbit/sec, DLY 100 usec,
     reliability 255/255, txload 1/255, rxload 1/255
//接口最大传输单元,传送带宽、延迟、可靠性、负载等信息
  Encapsulation ARPA, loopback not set
  Keepalive set（10 sec）
  Auto-duplex, Auto Speed, 100BaseTX/FX
  ARP type: ARPA, ARP Timeout 04:00:00
  Last input never, output 00:00:08, output hang never
  Last clearing of "show interface" counters never
  Input queue: 0/75/0/0（size/max/drops/flushes）; Total output drops: 0
  Queueing strategy: fifo
  Output queue: 0/40（size/max）
  5 minute input rate 0 bits/sec, 0 packets/sec
  5 minute output rate 0 bits/sec, 0 packets/sec
     0 packets input, 0 bytes
```

```
Received 0 broadcasts, 0 runts, 0 giants, 0 throttles
0 input errors, 0 CRC, 0 frame, 0 overrun, 0 ignored
0 watchdog
0 input packets with dribble condition detected
244 packets output, 14725 bytes, 0 underruns
0 output errors, 0 collisions, 0 interface resets
0 unknown protocol drops
0 babbles, 0 late collision, 0 deferred
0 lost carrier, 0 no carrier
0 output buffer failures, 0 output buffers swapped out
```

（10）查看串行接口信息

```
R1#show controllers Serial0/0/0
Interface Serial0/0/0
Hardware is GT96K
DTE V.35idb at 0x480F3634, driver data structure at 0x480F4B68
//此接口是 V.35 DTE 接口,如果是 DCE 接口,需要配置时钟,在高版本的 IOS 中,时钟信息已经
默认配置在 DCE 接口
```

（11）查看接口三层信息

```
R1#show ip interface fastEthernet0/0
FastEthernet0/0 is up, line protocol is up
    Internet address is 192.168.1.1/24
    Broadcast address is 255.255.255.255
    Address determined by non-volatile memory
    MTU is 1500 bytes
    Helper address is not set
    Directed broadcast forwarding is disabled
    Outgoing access list is not set
    Inbound   access list is not set
(------省略部分输出------)
```

（12）查看所有三层接口简要信息

```
R1#show ip interface brief
Interface            IP-Address        OK? Method Status                Protocol
FastEthernet0/0      192.168.1.1       YES NVRAM  up                    up
FastEthernet0/1      unassigned        YES NVRAM  administratively down  down
Serial0/0/0          unassigned        YES NVRAM  administratively down  down
Serial0/0/1          unassigned        YES NVRAM  administratively down  down
SSLVPN-VIF0          unassigned        NO  unset  up                    up
Loopback0            10.10.10.10       YES NVRAM  up                    up
```

2. 过滤查看命令

默认情况下,生成的输出命令会显示 24 行,最底下会显示"--More--",按下回车键或者空格键,显示下一组输出,我们可以通过参数过滤输出。

（1）**section**：显示从过滤表达式开始的整个部分

```
R1#show running-config | section line con        //输出 line con 这个部分
line con 0
 exec-timeout 0 0
 password 7 060506324F41
 logging synchronous
 login
R1#
```

（2）**include**：包括符合过滤表达式的输出

```
R1#show ip interface brief | include up        //只显示包括 UP 的接口
FastEthernet0/0         192.168.1.1      YES NVRAM   up                up
SSLVPN-VIF0            unassigned       NO  unset  up                up
Loopback0             10.10.10.10      YES NVRAM   up                up
R1#
```

（3）**exclude**：排除符合过滤表达式的输出

```
R1#show ip interface brief | exclude up        //排除 UP 的接口
Interface             IP-Address       OK? Method Status              Protocol
FastEthernet0/1        unassigned       YES NVRAM   administratively down down
Serial0/0/0           unassigned       YES NVRAM   administratively down down
Serial0/0/1           unassigned       YES NVRAM   administratively down down
R1#
```

（4）**begin**：从符合表达式的行开始

```
R1#show running-config | begin vty        //从 VTY 开始
line vty 0 4
 password 7 05080F1C2243
 login local
 transport input ssh
!
scheduler allocate 20000 1000
end
R1#
```

3. 验证 Telnet 功能

通过 SecureCRT 建立一个 Telnet 连接,如图 1-6 所示,利用环回接口地址连接。因为环回接口比较稳定。输入控制台密码,特权模式密码登录路由器,如图1-7所示。

图1-6　Telnet 连接　　　　　　　　　　　图1-7　远程登录路由器

4. 验证 SSH 功能

开启路由器 SSH 功能。

```
R1(config)#username cisco password 0 123456        //创建本地账号用户名和密码
R1(config)#ip domain-name cisco.com                //创建域名
R1(config)#crypto key generate rsa                 //创建密钥
The name for the keys will be: R1.cisco.com
Choose the size of the key modulus in the range of 360 to 2048 for your
    General Purpose Keys. Choosing a key modulus greater than 512 may take
    a few minutes.
How many bits in the modulus [512]: 1024           //生成 1024bit 密钥
% Generating 1024 bit RSA keys, keys will be non-exportable...[OK]
*Mar 15 02:40:41.815: %SSH-5-ENABLED: SSH 1.99 has been enabled
R1(config)#ip ssh version 2                        //开启版本 2
R1(config)#line vty 0 4
R1(config-line)#transport input ssh                //允许 SSH 登录
R1(config-line)#login local                        //使用本地账号登录
R1(config-line)#exit
```

通过 SecureCRT 建立一个 SSH 连接,如图1-8所示,利用环回接口地址连接。因为环回接口比较稳定。输入用户名和密码,如图1-9所示,验证用户名和密码后,登录到路由器,如图1-10所示。

图 1-8　SSH 连接对话框

图 1-9　用户名和密码验证

图 1-10　SSH 远程登录路由器

1.4　实训项目二　配置文件与 IOS 管理

【实训目的】

- 掌握 TFTP 服务器的使用方法。
- 掌握备份路由器配置文件的方法。
- 掌握备份路由器 IOS 的方法。
- 掌握还原路由器 IOS 的方法。

【实训拓扑图】

实训拓扑图如图 1-11 所示。

图 1-11　实训拓扑图

设备参数如表 1-3 所示。

表 1-3　设备参数

设　　备	接　　口	IP 地址	子网掩码	默认网关
R1	Fa0/0	192.168.1.1	255.255.255.0	N/A
TFTP Server	NIC	192.168.1.100	255.255.255.0	192.168.1.1

【实训准备】

　　TFTP 服务器软件准备：Cisco 公司出品的 TFTP 服务器，常用于 Cisco 路由器的 IOS 升级与备份工作，也可用于个人建立 TFTP 服务器，进行文件传输，如图 1-12 所示，默认情况下 TFTP 服务器以本机网卡的 IP 地址作为服务器地址。打开配置对话框，设置服务器的日志路径以及文件路径，如图 1-13 所示。

图 1-12　Cisco TFTP Server

图 1-13　TFTP 配置对话框

【实训内容】

　　1. 配置文件管理

　　（1）备份路由器配置文件

　　首先完成路由器的基本信息配置，主要是接口 IP 地址，并且保证 PC 的 IP 地址已经设置完成，与路由器接口在同一网段。

```
R1(config)#interface fastEthernet0/0
R1(config-if)#ip address 192.168.1.1 255.255.255.0
R1(config-if)#no shutdown
R1(config-if)#end
R1#copy running-config tftp:                                     //配置文件保存到 TFTP
Address or name of remote host [ ]? 192.168.1.100               //输入 TFTP 服务器的地址
Destination filename [r1-confg]?                                //文件名保存为 r1-confg
!!
1377 bytes copied in 1.032 secs (1334 bytes/sec)               //保存文件大小及所用时间
R1#
```

保存完成之后,如图 1-14 所示,显示了 TFTP 的日志消息,并且在本地目录下面有一个名为"r1-confg"的文件。

图 1-14　TFTP 保存的文件

(2) 还原路由器配置文件

```
R1#copy tftp running-config
Address or name of remote host [192.168.1.100]?               //如果没有 IP 地址需自行输入
Source filename [r1-confg]?                                   //如果没有名字需输入文件名
Destination filename [running-config]?
Accessing tftp://192.168.1.100/r1-confg...
Loading r1-confg from 192.168.1.100 (via FastEthernet0/0):  !
```

```
[OK - 1377 bytes]
1377 bytes copied in 0.924 secs (1490 bytes/sec)
R1#
```

2. 路由器 IOS 管理

(1) 备份 IOS

Cisco IOS 默认情况下存储在 flash 中,首先,我们用命令查看 flash 中的 IOS 名字。

```
R1#show flash:
-#- --length-- -----date/time------ path
1              0 Oct 31 2012 02:06:46 ips
2        8662169 Oct 31 2012 02:46:12 ips/IOS-S399-CLI.pkg
3         288444 Oct 31 2012 02:32:30 ips/Router-sigdef-default.xml
4            255 Oct 31 2012 02:18:18 ips/Router-sigdef-delta.xml
5           8509 Oct 31 2012 02:22:14 ips/Router-sigdef-typedef.xml
6          34761 Oct 31 2012 02:22:16 ips/Router-sigdef-category.xml
7            304 Oct 31 2012 02:18:20 ips/Router-seap-delta.xml
8            491 Oct 31 2012 02:18:20 ips/Router-seap-typedef.xml
9       11085111 Oct 28 2013 01:26:38 ips/IOS-S456-CLI.pkg
10             0 Apr 27 2013 03:19:36 ipsdir
11           727 Oct 28 2013 01:35:58 ipsdir/R3-sigdef-default.xml
12           255 Oct 28 2013 01:35:58 ipsdir/R3-sigdef-delta.xml
13          4365 Oct 28 2013 01:36:00 ipsdir/R3-sigdef-typedef.xml
14          1469 Oct 28 2013 01:36:00 ipsdir/R3-sigdef-category.xml
15           304 Oct 28 2013 01:36:00 ipsdir/R3-seap-delta.xml
16           491 Oct 28 2013 01:36:00 ipsdir/R3-seap-typedef.xml
17           727 Oct 27 2014 06:31:52 ipsdir/R1-sigdef-default.xml
18           255 Oct 27 2014 06:31:54 ipsdir/R1-sigdef-delta.xml
19          4365 Oct 27 2014 06:31:54 ipsdir/R1-sigdef-typedef.xml
20          1469 Oct 27 2014 06:31:54 ipsdir/R1-sigdef-category.xml
21           304 Oct 27 2014 06:31:54 ipsdir/R1-seap-delta.xml
22           491 Oct 27 2014 06:31:56 ipsdir/R1-seap-typedef.xml
23          2900 Aug 18 2011 13:43:04 cpconfig-2811.cfg
24       2941440 Aug 18 2011 13:43:26 cpexpress.tar
25          1038 Aug 18 2011 13:43:34 home.shtml
26        115712 Aug 18 2011 13:43:42 home.tar
27        527849 Aug 18 2011 13:43:52 128MB.sdf
28       1697952 Aug 18 2011 13:44:10 securedesktop-ios-3.1.1.45-k9.pkg
29        415956 Aug 18 2011 13:44:24 sslclient-win-1.1.4.176.pkg
30      58246016 Jul 21 2012 00:41:46 c2800nm-adventerprisek9-mz.124-22.T.bin
31      11085111 Oct 27 2014 06:03:40 IOS-S456-CLI.pkg
34525184 bytes available (95227904 bytes used)
```

然后,备份 IOS 到 TFTP 服务器。

```
R1#copy flash: tftp:
Source filename [ ]? c2800nm-adventerprisek9-mz. 124-22. T. bin
//输入需备份的 IOS 名字,可以事先复制名字
Address or name of remote host [ ]? 192. 168. 1. 100
//TFTP 服务器地址
Destination filename [ c2800nm-adventerprisek9-mz. 124-22. T. bin ]?
//确认备份的 IOS 名字
!!!!!!!!!!!!!!!!!!!!!!!!!!!!!!!!!!!!!!!!!!!!!!!!!!!!!!!!!!!!!!!!!!!!!!!!!!!!!!!!!
!!!!!!!!!!!!!!!!!!!!!!!!!!!!!!!!!!!!!!!!!!!!!!!!!!!!!!!!!!!!!!!!!!!!!!!!!!!!!!!!!!
58246016 bytes copied in 238. 228 secs (244497 bytes/sec)
R1#
```

在 TFTP 服务器的目录下面,路由器的 IOS 已经成功备份,如图 1-15 所示。

图 1-15　成功备份 IOS

(2) 恢复 IOS

为了演示路由器 IOS 的还原操作,我们首先在路由器中用命令删除 flash 中的 IOS,删除 IOS 后,路由器是无法启动的。

```
R1#delete flash:
Delete filename [ ]? c2800nm-adventerprisek9-mz. 124-22. T. bin
Delete flash: c2800nm-adventerprisek9-mz. 124-22. T. bin? [ confirm ]
R1#reload
(------省略部分输出------)
Readonly ROMMON initialized
Entering rommon > prompt after several failed attempts to boot an IOS image.
Please check your internal/external flash drives for the correct IOS image
and issue 'reset' at the rommon > prompt to re-try the boot process.
rommon 1 >
```
//由于路由器的 IOS 已经删除,所以无法正常启动,路由器会进入 rommon 模式,此刻必须恢复路由器 IOS。由于我们已经把 IOS 备份到 TFTP 服务器,所以可以直接使用该 IOS 文件,否则必须把 IOS 文件放到 TFTP 服务器的相关目录下

路由器的 IOS 恢复有多种方法,下面介绍从 TFTP 服务器恢复路由器 IOS。

```
rommon 1 > IP_ADDRESS = 192.168.1.1                              //路由器接口使用 IP 地址
rommon 2 > IP_SUBNET_MASK = 255.255.255.0                        //子网掩码
rommon 3 > DEFAULT_GATEWAY = 192.168.1.100                       //网关指向 TFTP 服务器
rommon 4 > TFTP_SERVER = 192.168.1.100                           //指定 TFTP 服务器地址
rommon 5 > TFTP_FILE = c2800nm-adventerprisek9-mz.124-22.T.bin   //指定 IOS 文件
rommon 6 > tftpdnld                                              //开始从 TFTP 服务器下载 IOS
      IP_ADDRESS: 192.168.1.1
      IP_SUBNET_MASK: 255.255.255.0
      DEFAULT_GATEWAY: 192.168.1.100
       TFTP_SERVER: 192.168.1.100
       TFTP_FILE: c2800nm-adventerprisek9-mz.124-22.T.bin
       TFTP_VERBOSE: Progress
       TFTP_RETRY_COUNT: 18
       TFTP_TIMEOUT: 7200
       TFTP_CHECKSUM: Yes
       TFTP_MACADDR: d0:c2:82:54:68:10
       FE_PORT: FastEthernet0
       FE_SPEED_MODE: Auto
Invoke this command for disaster recovery only.
WARNING: all existing data in all partitions on flash: will be lost!
Do you wish to continue? y/n:   [ n ]:  yes
```
//确认开始恢复 IOS,此过程需要花费十几分钟,所有的命令注意区分大小写
....

```
Receiving c2800nm-adventerprisek9-mz. 124-22. T. bin from 192. 168. 1. 100!!!!!!!!!!!!!!!!!!!!!!!!!!!
(------省略部分输出------)
File reception completed.
Validating checksum.
Copying file c2800nm-adventerprisek9-mz. 124-22. T. bin to flash: .
program load complete, entry point: 0x8000f000, size: 0xcb80
Format: All system sectors written. OK. . .
Format: Operation completed successfully.
Format of flash:  complete
program load complete, entry point: 0x8000f000, size: 0xcb80
rommon 7  > reset                            //重新启动路由器
```

1.5　实训项目三　路由器密码恢复

【实训目的】

- 掌握路由器的密码恢复的方法。

【实训拓扑图】

实训拓扑图继续使用图 1-4。

【实训内容】

当网络管理员忘记或者不知道路由器的密码时,就须要恢复密码,恢复密码实际上是修改原有的密码,并不能查出原来的密码,须要关闭路由器电源重新启动。

PC 与路由器 Console 口相连,关闭电源重启路由器,启动时同时按住【Ctrl】+【Break】键,进入 rommon 模式。

```
System Bootstrap, Version 12.4(13r)T11, RELEASE SOFTWARE (fc1)
Technical Support: http://www.cisco.com/techsupport
Copyright (c) 2009 by cisco Systems, Inc.
Initializing memory for ECC
……

c2811 platform with 524288 Kbytes of main memory
Main memory is configured to 64 bit mode with ECC enabled
Readonly ROMMON initialized
program load complete, entry point: 0x8000f000, size: 0xcb80
program load complete, entry point: 0x8000f000, size: 0xcb80
monitor: command "boot" aborted due to user interrupt
rommon 1 > confreg 0x2142
```
//改变启动配置寄存器,使得路由器启动时不去寻找加载启动配置文件
```
You must reset or power cycle for new config to take effect
rommon 2 > reset
```
//重新启动,重启后提示是否要进行初始配置对话,输入"no",进入控制台
```
Router > enable
Router#copy startup-config running-config
Destination filename [running-config]?
1377 bytes copied in 0.868 secs (1586 bytes/sec)
```
//把启动配置文件加载到内存中,然后进入全局配置模式修改信息,包括各种密码,这样其他的配置信息还保存着。也可以用命令"erase startup-config"删除原有的启动配置文件,进行全新的配置
```
R1#configure terminal
R1(config)#enable secret cisco
R1(config)#config-register 0x2102
```
//需要把启动配置寄存器改回来,否则每次启动都不读取配置,也可以重新启动进入 rommon 模式,以同样的方法修改
```
R1(config)#end
R1#write          //保存配置
Building configuration...
[OK]
R1#reload          //重启
```

第2章

静态路由

路由器是工作在网络层的网络互联设备,其主要的作用是在互联网上转发数据包。路由器根据数据包中的目的地 IP 地址,查看路由表,然后决定一条最佳路径转发数据。路由表是路由器工作的核心,存储在路由器的 RAM 中,路由表的形成主要通过两种方式:静态设定与动态生成。静态设定是通过配置路由器静态路由的方式完成的。本章主要介绍路由器配置静态路由的方法。

2.1 IP 路由基础

2.1.1 路由协议(routing protocols)

互联网上的路由协议众多,根据路由算法对网络变化的适应能力,主要分为两种类型。

① 静态路由选择策略:非自适应路由选择,其优点是简单和开销较小,缺点是不能及时适应网络状态的变化。

② 动态路由选择策略:自适应路由选择,其优点是能较好地适应网络状态的变化,缺点是实现起来较为复杂,开销也比较大。

动态路由器协议可分为以下两类。

① 内部网关协议(Interior Gateway Protocol,简称 IGP):在一个自治系统内部使用的路由选择协议,目前这类路由选择协议使用得最多,如 RIP 和 OSPF 协议。

② 外部网关协议(External Gateway Protocol 简称 EGP):在自治系统之间使用的路由协议,若源站和目的站处在不同的自治系统中,当数据包传到一个自治系统的边界时,就需要使用一种协议将路由选择信息传递到另一个自治系统中,这样的协议就是 EGP。在 EGP 中,目前使用最多的是 BGP-4。

2.1.2　路由表（routing table）

路由是指为每个到达网关接口的数据包做出转发决定的过程。将数据包转发到目的地网络,路由器需要有到那个网络的路由条目。如果在路由器上目的地网络的路由条目不存在,那么数据包就会被转发到默认网关。如果没有默认网关,则数据包就会被丢弃。而路由器中转发数据包所依据的路由条目就组成了路由器的路由表。

1. 路由器的路由表存储的信息

（1）直连路由

这些路由条目来自路由器的活动接口。当接口配置了 IP 地址并且已经激活时,路由器将会直接将接口所在的网络条目加入路由表。路由器的每一个接口都连接了不同的网络。

（2）远程路由

这些路由条目来自连接到其他路由器的远程网络。通向这些网络的路由条目可以由网络管理员手动安排,或者配置动态路由让路由器自动学习并且计算到达远程网络的路径。

2. 路由器的路由表条目中包括的主要信息

路由器的路由表条目中主要包括了以下三个信息:目的地网络、与目的地网络相关的度量、到达目的地网络需要经过的下一跳 IP 地址。

在 Cisco IOS 路由器上,查看路由器路由表的命令是“show ip route”。路由器还提供了其他路由信息,包括路由信息是如何交换的,每隔多长时间交换一次信息,等等。

如图 2-1 所示的是已配置好动态路由协议的拓扑图。

图 2-1　配置好动态路由协议的拓扑图

在路由器 R1 上查看路由表,输入命令“show ip route”,查看结果如下所示。

```
R1#show ip route
Codes:  C - connected, S - static, R - RIP, M - mobile, B - BGP
        D - EIGRP, EX - EIGRP external, O - OSPF, IA - OSPF inter area
        N1 - OSPF NSSA external type 1, N2 - OSPF NSSA external type 2
        E1 - OSPF external type 1, E2 - OSPF external type 2
        i - IS-IS, su - IS-IS summary, L1 - IS-IS level-1, L2 - IS-IS level-2
        ia - IS-IS inter area, * - candidate default, U - per-user static route
```

```
          o - ODR, P - periodic downloaded static route
Gateway of last resort is not set
C    192.168.12.0/24 is directly connected, Serial0/0/0
     20.0.0.0/32 is subnetted, 1 subnets
O        20.1.1.1 [110/65] via 192.168.12.2, 00:01:21, Serial0/0/0
     10.0.0.0/32 is subnetted, 2 subnets
O        10.1.1.1 [110/65] via 192.168.12.2, 00:01:21, Serial0/0/0
C    192.168.1.0/24 is directly connected, FastEthernet0/0
```

从 R1 的路由表中可以看出,直连路由条目有两条,如表 2-1 所示。

表 2-1 直连路由条目

Type	Network	Port	Next Hop IP	Metric
C	192.168.12.0/24	Serial0/0/0	—	0/0
C	192.168.1.0/24	FastEthernet0/0	—	0/0

- C:标识直连网络。
- Network:目的网络,"is directly connected"代表的是直连网络。
- Port:端口,表示连接路由器的接口。

远程网络也有两个路由条目,如表 2-2 所示。

表 2-2 远程路由条目

Type	Network	Port	Next Hop IP	Metric
O	10.1.1.1/24	Serial0/0/0	192.168.12.2	110/65
O	20.1.1.1/24	Serial0/0/0	192.168.12.2	110/65

- O:标识远程网络。
- Next Hop IP:下一跳 IP 地址,指示到达目的地网络需要经过的接口 IP 地址。
- Metric:度量,到达目的地网络需要的开销,不同的路由协议计算机度量的参数不同,开放式最短路径优先(open shortest path first,简称 OSPF)路由协议主要以带宽作为衡量参数。

2.1.3 度量(metric)

度量是指路由协议用来分配到达远程网络的开销的值。如果使用相同的路由协议,当到达目的地网络有多条路径的时候,路由器就会寻找一条最佳路径,选择的依据就是根据度量,一般情况下,度量越小,路径越优。

在 IPv4 网络中,路由协议的度量一般由以下参数确定。

- 跳数(hop count):经过路由器的个数,每经过一个路由器,跳数加一。
- 带宽(bandwidth):标识信号传输的数据传输能力,主要是指单位时间内通过链路的数据量。
- 开销(cost):链路上的消耗,带宽越大,开销越小。此度量主要用于 OSPF 路由协议。
- 延迟(delay):数据传输通过链路时的时间消耗。

- 负载(load):链路的数据容量。
- 可靠性(reliability):通常是指数据链路上的数据传输错误率。

对于不同的路由协议,使用的度量也是不同的,表2-3展示了不同路由协议度量的相关参数。

表2-3　不同路由协议度量的相关参数

	RIP	内部网关路由协议(interior gateway routing protocol,简称 IGRP)& 增强内部网关路由协议(enhanced interior gateway routing protocol,简称 EIGRP)	中间系统到中间系统(intermediate system-to-intermediate system,简称 IS-IS)路由协议 &OSPF
跳数	√		
带宽		√	√
开销			√
延迟		√	
负载		√	
可靠性		√	

2.1.4　负载均衡(load balance)

在去往目的地网络有多条路径,并且每条路径上的度量相同的情况下,路由器就会执行负载均衡,即数据被平均分配到每条链路上传输。如图2-2所示,R1路由器去往目的地网络 192.168.1.0 有两条路径可以走,网络使用 RIP 路由协议,R1 去往目的地网络的两条路径的度量都是2,所以路由器会执行负载分担。

图2-2　负载负担拓扑图

R1 路由器的路由表如下所示,到达目的地网络有两个下一跳地址。

```
R1#show ip route
(------省略部分输出------)
C 172.16.0.0/16 is directly connected，Serial2/0
C 172.17.0.0/16 is directly connected，Serial3/0
R 172.18.0.0/16 [120/1] via 172.16.0.2，00:00:11，Serial2/0
R 172.19.0.0/16 [120/1] via 172.17.0.1，00:00:09，Serial3/0
R 192.168.1.0/24 [120/2] via 172.17.0.1，00:00:09，Serial3/0
                 [120/2] via 172.16.0.2，00:00:11，Serial2/0
R1#
```

2.1.5 管理距离

管理距离(administrative distance，简称 AD)是用来说明路由协议优先级的参数。当路由器配置多种路由协议时，去往相同目的地网络可以通过多种路由协议到达，这时路由器就会根据路由优先级来选择。Cisco 的管理距离范围为 0～255，数值越小，优先级越大。管理距离为 0 时，优先级最高；管理距离为 255 时，优先级最低。路由协议的管理距离可以改动。各个路由协议默认的管理距离参数如表 2-4 所示。

表 2-4　管理距离默认值

路由来源	管理距离
直连路由	0
静态路由	1
EIGRP 汇总路由	5
外部边界网关协议(border gateway protocol，简称 BGP)	20
内部 EIGRP	90
IGRP	100
OSPF 路由协议	110
IS-IS 路由协议	115
RIP	120
外部 EIGRP	170
内部 BGP	200

2.2　直连路由与静态路由

2.2.1　直连路由(connected route)

新部署的路由器的接口默认都是关闭的，只有一个空的路由表。当路由器的接口配置好后,路由器接口的网络就会加入路由表,搭建如图 2-3 所示的拓扑,首先开启调试信息,配置接口,观察路由表变化。

图 2-3 直连路由拓扑图

```
R1#debug ip routing
IP routing debugging is on        //开启 IP 路由调试
R1#configure terminal
R1(config)#interface fastEthernet0/0
R1(config-if)#ip address 192.168.1.1 255.255.255.0
R1(config-if)#no shutdown
*Mar 21 03:12:27.227: RT: is_up: FastEthernet0/0 1 state: 4 sub state: 1 line: 1 has_
route: True
*Mar 21 03:12:27.231: RT: add 192.168.1.0/24 via 0.0.0.0, connected metric [0/0]
*Mar 21 03:12:27.231: RT: NET-RED 192.168.1.0/24
*Mar 21 03:12:27.235: RT: interface FastEthernet0/0 added to routing table
*Mar 21 03:12:27.235: RT: is_up: FastEthernet0/0 1 state: 4 sub state: 1 line: 1 has_
route: True
//以上信息表示以太网接口 fastEthernet 启动,192.168.1.0/24 网络加入路由表,管理距离和度量
都是 0
```

查看路由表。

```
R1#show ip route
(------省略部分输出------)
C    192.168.1.0/24 is directly connected, FastEthernet0/0
```

直连路由加入路由表必须满足以下条件:① 分配有效的 IP 地址;② 用"no shutdown"命令开启接口;③ 路由器接口收到其他设备(路由器、交换机或者其他终端设备)的载波信号。

2.2.2 静态路由(static route)

静态路由是手工配置的路由,可由网络管理员指定数据包发送的路径。静态路由主要有以下特点:① 通常不受网络规模的限制,但比较适合小型网络使用;② 节省带宽,不消耗CPU 资源;③ 数据包传输路径确定,不能根据拓扑变化做出调整;④ 安全性较高。

静态路由主要有以下类型:标准静态路由、默认静态路由、汇总静态路由、浮动静态路由。

默认静态路由又叫缺省静态路由,是能够与所有数据包匹配的路由。在没有获取具体

路由的情况下,路由器会根据默认静态路由转发数据包。一般情况下,会在网络的边界(一般是指连接到 ISP 的边界路由器),它又被称为末节网络(stub network),配置默认静态路由如图 2-4 所示,R1 为末节网络中的末节路由器。

图 2-4 末节网络和末节路由器

2.3 实训项目一 IPv4 静态路由

【实训目的】

- 掌握根据图片和要求搭建网络拓扑的方法。
- 掌握完成设备的接口配置的方法。
- 掌握部署静态路由并且修改、删除静态路由的方法。

【实训拓扑图】

实训拓扑图如图 2-5 所示。

图 2-5 实训拓扑图

设备参数如表 2-5 所示。

表 2-5 设备参数

设 备	接 口	IP 地址	子网掩码	默认网关
R1	Fa0/0	192.168.1.1	255.255.255.0	N/A
	Se0/0/0	192.168.12.1	255.255.255.0	N/A
R2	Se0/0/0	192.168.12.2	255.255.255.0	N/A
	Se0/0/1	192.168.23.2	255.255.255.0	N/A
R3	Se0/0/1	192.168.23.3	255.255.255.0	N/A
	Loopback0	172.16.0.3	255.255.255.0	N/A
	Loopback1	172.16.1.3	255.255.255.0	N/A
	Loopback2	172.16.2.3	255.255.255.0	N/A
	Loopback3	172.16.3.3	255.255.255.0	N/A
PC	NIC	192.168.1.100	255.255.255.0	192.168.1.1

【实训内容】

一、带下一跳地址的静态路由

1. 配置路由器

（1）R1 路由器的配置

```
R1（config）#interface fastEthernet0/0
R1（config-if）#ip address 192.168.1.1 255.255.255.0
R1（config-if）#no shutdown
R1（config-if）#exit
R1（config）#interface Serial0/0/0
R1（config-if）#ip address 192.168.12.1 255.255.255.0
R1（config-if）#no shutdown
R1（config-if）#end
（------以下配置带下一跳 IP 地址的静态路由------）
R1#debug ip routing
IP routing debugging is on
R1#configure terminal
R1（config）#ip route 172.16.0.0 255.255.255.0 192.168.12.2
* Mar 23 05:16:03.867: RT: add 172.16.0.0/24 via 192.168.12.2, static metric［1/0］
* Mar 23 05:16:03.867: RT: NET-RED 172.16.0.0/24
//目的网络是 172.16.0.0/24 的静态路由,加入路由表,管理距离是 1,度量是 0
（------以下调试信息省略------）
```

```
R1(config)#ip route 172.16.1.0 255.255.255.0 192.168.12.2
R1(config)#ip route 172.16.2.0 255.255.255.0 192.168.12.2
R1(config)#ip route 172.16.3.0 255.255.255.0 192.168.12.2
R1(config)#ip route 192.168.23.0 255.255.255.0 192.168.12.2
```

（2）R2 路由器的配置

```
R2(config)#interface Serial0/0/0
R2(config-if)#ip address 192.168.12.2 255.255.255.0
R2(config-if)#no shutdown
R2(config-if)#exit
R2(config)#interface Serial0/0/1
R2(config-if)#ip address 192.168.23.2 255.255.255.0
R2(config-if)#no shutdown
R2(config)#ip route 172.16.0.0 255.255.255.0 192.168.23.3
R2(config)#ip route 172.16.1.0 255.255.255.0 192.168.23.3
R2(config)#ip route 172.16.2.0 255.255.255.0 192.168.23.3
R2(config)#ip route 172.16.3.0 255.255.255.0 192.168.23.3
R2(config)#ip route 192.168.1.0 255.255.255.0 192.168.12.1
```

（3）R3 路由器的配置

```
R3(config)#interface Serial0/0/1
R3(config-if)#ip address 192.168.23.3 255.255.255.0
R3(config-if)#no shutdown
R3(config-if)#exit
R3(config)#interface loopback0
R3(config-if)#ip address 172.16.0.3 255.255.255.0
R3(config-if)#exit
R3(config)#interface loopback1
R3(config-if)#ip address 172.16.1.3 255.255.255.0
R3(config-if)#exit
R3(config)#interface loopback2
R3(config-if)#ip address 172.16.2.3 255.255.255.0
R3(config-if)#exit
R3(config)#interface loopback3
R3(config-if)#ip address 172.16.3.3 255.255.255.0
R3(config-if)#exit
R3(config)#ip route 192.168.1.0 255.255.255.0 192.168.23.2
R3(config)#ip route 192.168.12.0 255.255.255.0 192.168.23.2
```

静态路由使用"ip route"全局配置命令进行配置,命令格式如下:

Router(config)#**ip route** *network-address subnet-mask* ┊ *ip-address* ┊ *interface-type interface-*

number [*ip-address* | *exit-interface*] | [*distance*]

静态路由配置参数如下。

- network-address:远程网络的目的地网络地址。
- subnet-mask:对应网络的子网掩码。
- ip-address:相连路由器将数据包转发到远程网络所使用的下一跳 IP 地址。
- exit-interface:将数据转发的发送接口,又称送出接口。
- distance:管理距离。

2. 查看路由器路由表

(1) R1 路由器的路由表

```
R1#show ip route
(------省略部分输出------)
C    192.168.12.0/24 is directly connected, Serial0/0/0
     172.16.0.0/24 is subnetted, 4 subnets
S        172.16.0.0 [1/0] via 192.168.12.2
S        172.16.1.0 [1/0] via 192.168.12.2
S        172.16.2.0 [1/0] via 192.168.12.2
S        172.16.3.0 [1/0] via 192.168.12.2
S    192.168.23.0/24 [1/0] via 192.168.12.2
C    192.168.1.0/24 is directly connected, FastEthernet0/0
```

(2) R2 路由器的路由表

```
R2#show ip route
(------省略部分输出------)
C    192.168.12.0/24 is directly connected, Serial0/0/0
     172.16.0.0/24 is subnetted, 4 subnets
S        172.16.0.0 [1/0] via 192.168.23.3
S        172.16.1.0 [1/0] via 192.168.23.3
S        172.16.2.0 [1/0] via 192.168.23.3
S        172.16.3.0 [1/0] via 192.168.23.3
C    192.168.23.0/24 is directly connected, Serial0/0/1
S    192.168.1.0/24 [1/0] via 192.168.12.1
```

(3) R3 路由器的路由表

```
R3#show ip route
(------省略部分输出------)
S    192.168.12.0/24 [1/0] via 192.168.23.2
     172.16.0.0/24 is subnetted, 4 subnets
C        172.16.0.0 is directly connected, Loopback0
C        172.16.1.0 is directly connected, Loopback1
```

```
C        172.16.2.0 is directly connected, Loopback2
C        172.16.3.0 is directly connected, Loopback3
C        192.168.23.0/24 is directly connected, Serial0/0/1
S        192.168.1.0/24 [1/0] via 192.168.23.2
```

带下一跳地址的静态路由条目由字母"S"标识,并且显示下一跳 IP 地址。[1/0]表示管理距离是 1,度量是 0。

3. 实训测试

给 PC 安排 IP 地址 192.168.1.100,子网掩码 255.255.255.0,默认网关 192.168.1.1。进入 PC 的命令行,进行连通性测试,如图 2-6 所示。

图 2-6　连通性测试结果

Windows 默认 ping 包会发送 4 个数据包,我们也可以利用路由器进行连扩展通性测试。

```
R1#ping
Protocol [ip]:                                    //协议
Target IP address: 172.16.0.3                     //目的地 IP 地址
Repeat count [5]: 10                              //数据包个数
Datagram size [100]: 50                           //数据包大小
Timeout in seconds [2]: 5                         //超时时间
Extended commands [n]: y                          //扩展命令
Source address or interface: 192.168.1.1          //指定源 IP 地址
Type of service [0]:                              //设定服务类型,一般用来配置 QoS
```

```
Set DF bit in IP header? [no]:                            //是否分片
Validate reply data? [no]:                                //验证应答数据包
Data pattern [0xABCD]:                                    //IP 数据包数据填充内容
Loose, Strict, Record, Timestamp, Verbose[none]:         //数据包头属性
Sweep range of sizes [n]:                                 //大数据包故障处理
Type escape sequence to abort.
Sending 10, 50-byte ICMP Echos to 172.16.0.3, timeout is 5 seconds:
Packet sent with a source address of 192.168.1.1
!!!!!!!!!!!
Success rate is 100 percent (10/10), round-trip min/avg/max = 1/2/4 ms
```

二、带送出接口的静态路由

前面我们已经配置完成三台路由器的静态路由。配置中我们全都使用带下一跳地址的配置方式,下面的实训,把已经配置完成的静态路由改成带送出接口的静态路由。由于静态路由是没有办法直接修改的,所以我们用命令删除之前配置的静态路由。

1. 修改静态路由配置

（1）R1 路由器上修改配置

```
//首先删除之前带下一跳 IP 地址的静态路由,在原配置命令前面加"no"
R1(config)#no ip route 172.16.0.0 255.255.255.0 192.168.12.2
R1(config)#no ip route 172.16.1.0 255.255.255.0 192.168.12.2
R1(config)#no ip route 172.16.2.0 255.255.255.0 192.168.12.2
R1(config)#no ip route 172.16.3.0 255.255.255.0 192.168.12.2
R1(config)#no ip route 192.168.23.0 255.255.255.0 192.168.12.2
//以下执行带送出接口的静态路由
R1(config)#ip route 172.16.0.0 255.255.255.0 Serial0/0/0
R1(config)#ip route 172.16.1.0 255.255.255.0 Serial0/0/0
R1(config)#ip route 172.16.2.0 255.255.255.0 Serial0/0/0
R1(config)#ip route 172.16.3.0 255.255.255.0 Serial0/0/0
R1(config)#ip route 192.168.23.0 255.255.255.0 Serial0/0/0
```

（2）R2 路由器上修改配置

```
R2(config)#no ip route 172.16.0.0 255.255.255.0 192.168.23.3
R2(config)#no ip route 172.16.1.0 255.255.255.0 192.168.23.3
R2(config)#no ip route 172.16.2.0 255.255.255.0 192.168.23.3
R2(config)#no ip route 172.16.3.0 255.255.255.0 192.168.23.3
R2(config)#no ip route 192.168.1.0 255.255.255.0 192.168.12.1
R2(config)#ip route 172.16.0.0 255.255.255.0 Serial0/0/1
```

R2(config)#**ip route 172.16.1.0 255.255.255.0 Serial0/0/1**

R2(config)#**ip route 172.16.2.0 255.255.255.0 Serial0/0/1**

R2(config)#**ip route 172.16.3.0 255.255.255.0 Serial0/0/1**

R2(config)#**ip route 192.168.1.0 255.255.255.0 Serial0/0/0**

（3）R3 路由器上修改配置

R3(config)#**no ip route 192.168.1.0 255.255.255.0 192.168.23.2**

R3(config)#**no ip route 192.168.12.0 255.255.255.0 192.168.23.2**

R3(config)#**ip route 192.168.1.0 255.255.255.0 Serial0/0/1**

R3(config)#**ip route 192.168.12.0 255.255.255.0 Serial0/0/1**

2. 查看路由器路由表的静态路由条目

（1）R1 路由器的路由表静态路由条目

R1#**show ip route static**

   172.16.0.0/24 is subnetted, 4 subnets

S   **172.16.0.0 is directly connected, Serial0/0/0**

S   **172.16.1.0 is directly connected, Serial0/0/0**

S   **172.16.2.0 is directly connected, Serial0/0/0**

S   **172.16.3.0 is directly connected, Serial0/0/0**

S   **192.168.23.0/24 is directly connected, Serial0/0/0**

（2）R2 路由器的路由表静态路由条目

R2#**show ip route static**

   172.16.0.0/24 is subnetted, 4 subnets

S   **172.16.0.0 is directly connected, Serial0/0/1**

S   **172.16.1.0 is directly connected, Serial0/0/1**

S   **172.16.2.0 is directly connected, Serial0/0/1**

S   **172.16.3.0 is directly connected, Serial0/0/1**

S   **192.168.1.0/24 is directly connected, Serial0/0/0**

（3）R3 路由器的路由表静态路由条目

R3#**show ip route static**

S   **192.168.12.0/24 is directly connected, Serial0/0/1**

S   **192.168.1.0/24 is directly connected, Serial0/0/1**

带送出接口的静态路由条目由字母"S"标识,显示"directly connected",并且显示送出接口。管理距离是 1,度量是 0,虽然在路由表里查看时没有显示,但是 debug ip routing 中的调试信息会有如下显示。

* Mar 24 01:08:34.667: RT: add 192.168.1.0/24 via 0.0.0.0, **static metric〔1/0〕**

* Mar 24 01:08:34.667: RT: NET-RED 192.168.1.0/24

以上信息是 R3 路由器配置第一条带送出接口的静态路由时的调试信息,可见管理距离与度量参数。

3. 实训测试

在 R1 路由器上 ping 路由器 R3 上的环回接口 172.16.3.3。

```
R1#ping 172.16.3.3
Type escape sequence to abort.
Sending 5, 100-byte ICMP Echos to 172.16.3.3, timeout is 2 seconds:
!!!!!
Success rate is 100 percent (5/5), round-trip min/avg/max = 1/3/4 ms
```

2.4 实训项目二 IPv4 汇总静态路由与默认路由

＊＊＊＊＊＊＊＊＊＊＊＊＊＊＊＊＊＊＊＊＊＊＊＊＊＊＊＊＊＊＊＊＊

【实训目的】

- 掌握根据图片和要求搭建网络拓扑的方法。
- 掌握完成设备的接口配置的方法。
- 掌握部署汇总静态路由、部署默认静态路由的方法。

【实训拓扑图】

实训拓扑图如图 2-7 所示。

图 2-7 实训拓扑图

设备参数如表 2-6 所示。

表 2-6 设备参数

设 备	接 口	IP 地址	子网掩码	默认网关
R1	Loopback0	10.10.10.10	255.255.255.0	N/A
	Se0/0/0	172.16.12.1	255.255.255.0	N/A

续表

设　备	接　口	IP 地址	子网掩码	默认网关
R2	Se0/0/0	172.16.12.2	255.255.255.0	N/A
	Loopback0	192.168.12.2	255.255.255.0	N/A
	Loopback1	192.168.13.2	255.255.255.0	N/A
	Loopback2	192.168.14.2	255.255.255.0	N/A
	Loopback3	192.168.15.2	255.255.255.0	N/A

【实训内容】

1. 汇总路由的配置

如图 2-7 所示,对 R2 路由器,我们设置了 4 个环回接口,模拟 4 个局域网,因此 R2 路由器应该有 4 个直连路由条目。R1 路由器需要添加去往 R2 路由器 4 个环回接口的静态路由,需要配置 4 条静态路由,为了精简路由表,更高效地执行路由功能,把 4 条路由汇聚成一条。

计算汇总路由时需要找到最长匹配前缀,这样我们就得到了汇总地址 192.168.12.0/22,地址汇总计算过程如图 2-8 所示。

192.168.12.0	11000000.10101000.000011	00.00000000
192.168.13.0	11000000.10101000.000011	01.00000000
192.168.14.0	11000000.10101000.000011	10.00000000
192.168.15.0	11000000.10101000.000011	11.00000000
192.168.12.0	11000000.10101000.000011	00.00000000

汇总地址 **192.168.12.0/22**

图 2-8　地址汇聚

要将 IPv4 网络中多条静态路由汇总成一条静态路由,需要符合以下条件:

① 目的地网络是连续的,可以汇总成一个网络地址。

② 多条静态路由使用相同的下一跳 IP 地址或者送出接口。

（1）R1 路由器的配置

```
R1(config)#interface loopback0
R1(config-if)#ip address 10.10.10.10 255.255.255.0
R1(config-if)#exit
R1(config)#interface Serial0/0/0
R1(config-if)#ip address 172.16.12.1 255.255.255.0
R1(config-if)#no shutdown
R1(config-if)#exit
R1(config)#ip route 192.168.12.0 255.255.252.0 Serial0/0/0
//配置汇总静态路由,使用聚合地址
```

（2）R2 路由器的配置

```
R2(config)#interface Serial0/0/0
R2(config-if)#ip address 172.16.12.2 255.255.255.0
R2(config-if)#no shutdown
R2(config)#interface loopback0
R2(config-if)#ip address 192.168.12.2 255.255.255.0
R2(config)#interface loopback1
R2(config-if)#ip address 192.168.13.2 255.255.255.0
R2(config)#interface loopback2
R2(config-if)#ip address 192.168.14.2 255.255.255.0
R2(config)#interface loopback3
R2(config-if)#ip address 192.168.15.2 255.255.255.0
R2(config)#ip route 10.10.10.0 255.255.255.0 Serial0/0/0
```

路由器路由表信息如下。

```
R1#show ip route
(------省略部分输出------)
     172.16.0.0/24 is subnetted, 1 subnets
C        172.16.12.0 is directly connected, Serial0/0/0
     10.0.0.0/24 is subnetted, 1 subnets
C        10.10.10.0 is directly connected, Loopback0
S    192.168.12.0/22 is directly connected, Serial0/0/0
//此条汇总路由,将原本应该设置的4条明细路由汇总成了一条
R2#show ip route
(------省略部分输出------)
C    192.168.12.0/24 is directly connected, Loopback0
C    192.168.13.0/24 is directly connected, Loopback1
C    192.168.14.0/24 is directly connected, Loopback2
C    192.168.15.0/24 is directly connected, Loopback3
     172.16.0.0/24 is subnetted, 1 subnets
C        172.16.12.0 is directly connected, Serial0/0/0
     10.0.0.0/24 is subnetted, 1 subnets
S    10.10.10.0 is directly connected, Serial0/0/0
```

测试结果如下。

```
R1#ping 192.168.12.2 source 10.10.10.10
//指定源地址 10.10.10.10
Type escape sequence to abort.
Sending 5, 100-byte ICMP Echos to 192.168.12.2, timeout is 2 seconds:
Packet sent with a source address of 10.10.10.10
```

!!!!!

Success rate is 100 percent（5/5）, round-trip min/avg/max ＝ 1/2/4 ms

R1#**ping 192. 168. 13. 2 source 10. 10. 10. 10**

Type escape sequence to abort.

Sending 5, 100-byte ICMP Echos to 192. 168. 13. 2, timeout is 2 seconds:

Packet sent with a source address of 10. 10. 10. 10

!!!!!

Success rate is 100 percent（5/5）, round-trip min/avg/max ＝ 1/2/4 ms

// R1 路由器的环回接口 ping R2 路由器的两个环回接口,都发送成功,说明目的地址都能与汇总路由匹配

2. 默认路由的配置

修改 R1 路由器配置。

R1（config）#**no ip route 192. 168. 12. 0 255. 255. 252. 0 Serial0/0/0**

R1（config）#**ip route 0. 0. 0. 0 0. 0. 0. 0 Serial0/0/0**

//配置默认路由时,网络地址与子网掩码都是 0.0.0.0,在没有精确匹配时,此路由条目能与所有网络匹配

R1（config）#**exit**

R1#**show ip route**

（------省略部分输出------）

   172. 16. 0. 0/24 is subnetted, 1 subnets

C   172. 16. 12. 0 is directly connected, Serial0/0/0

   10. 0. 0. 0/24 is subnetted, 1 subnets

C   10. 10. 10. 0 is directly connected, Loopback0

S ∗ 0. 0. 0. 0/0 is directly connected, Serial0/0/0

测试结果如下。

R1#**ping 192. 168. 14. 2 source 10. 10. 10. 10**

Type escape sequence to abort.

Sending 5, 100-byte ICMP Echos to 192. 168. 14. 2, timeout is 2 seconds:

Packet sent with a source address of 10. 10. 10. 10

!!!!!

Success rate is 100 percent（5/5）, round-trip min/avg/max ＝ 1/2/4 ms

R1#**ping 192. 168. 15. 2 source 10. 10. 10. 10**

Type escape sequence to abort.

Sending 5, 100-byte ICMP Echos to 192. 168. 15. 2, timeout is 2 seconds:

Packet sent with a source address of 10. 10. 10. 10

!!!!!

Success rate is 100 percent（5/5）, round-trip min/avg/max ＝ 1/2/4 ms

//发送成功,两个目的地网络都能与默认路由匹配

2.5　实训项目三　路由负载均衡与浮动静态路由

【实训目的】

- 理解负载均衡的含义。
- 掌握通过部署静态路由实现负载均衡的方法。
- 掌握配置浮动静态路由的方法。

【实训拓扑图】

实训拓扑图如图 2-9 所示。

图 2-9　实训拓扑图

设备参数如表 2-7 所示。

表 2-7　设备参数

设　备	接　口	IP 地址	子网掩码	默认网关
R1	Loopback0	10.10.10.10	255.255.255.0	N/A
	Fa0/0	192.168.1.1	255.255.255.0	N/A
	Fa0/1	192.168.2.1	255.255.255.0	N/A
R2	Loopback0	20.20.20.20	255.255.255.0	N/A
	Fa0/0	192.168.1.2	255.255.255.0	N/A
	Fa0/1	192.168.2.2	255.255.255.0	N/A

【实训内容】

1. 路由负载均衡

（1）R1 路由器的配置

```
R1(config)#interface loopback0
R1(config-if)#ip address 10.10.10.10 255.255.255.0
R1(config-if)#exit
R1(config)#interface fastEthernet0/0
R1(config-if)#ip address 192.168.1.1 255.255.255.0
R1(config-if)#no shutdown
```

```
R1(config-if)#exit
R1(config)#interface fastEthernet0/1
R1(config-if)#ip address 192.168.2.1 255.255.255.0
R1(config-if)#no shutdown
R1(config-if)#exit
R1(config)#ip route 20.20.20.0 255.255.255.0 192.168.1.2
R1(config)#ip route 20.20.20.0 255.255.255.0 192.168.2.2
```

（2）R2 路由器的配置

```
R2(config)#interface loopback0
R2(config-if)#ip address 20.20.20.20 255.255.255.0
R2(config-if)#exit
R2(config)#interface fastEthernet0/0
R2(config-if)#ip address 192.168.1.2 255.255.255.0
R2(config-if)#no shutdown
R2(config-if)#exit
R2(config)#interface fastEthernet0/1
R2(config-if)#ip address 192.168.2.2 255.255.255.0
R2(config-if)#no shutdown
R2(config-if)#exit
R2(config)#ip route 10.10.10.0 255.255.255.0 192.168.1.1
R2(config)#ip route 10.10.10.0 255.255.255.0 192.168.2.1
```

（3）查看路由表信息

```
R1#show ip route
(------省略部分输出------)
     20.0.0.0/24 is subnetted, 1 subnets
S       20.20.20.0 [1/0] via 192.168.2.2
                   [1/0] via 192.168.1.2
     10.0.0.0/24 is subnetted, 1 subnets
C       10.10.10.0 is directly connected, Loopback0
C     192.168.1.0/24 is directly connected, FastEthernet0/0
C     192.168.2.0/24 is directly connected, FastEthernet0/1
R2#show ip route
(------省略部分输出------)
     20.0.0.0/24 is subnetted, 1 subnets
C       20.20.20.0 is directly connected, Loopback0
     10.0.0.0/24 is subnetted, 1 subnets
S       10.10.10.0 [1/0] via 192.168.2.1
                   [1/0] via 192.168.1.1
C     192.168.1.0/24 is directly connected, FastEthernet0/0
C     192.168.2.0/24 is directly connected, FastEthernet0/1
```

R1 路由器去往远程网络 20.20.20.0/24 的下一跳地址有两个,因为静态路由默认管理距离都是 1,度量都是 0,数据流量会根据路由表条目,一半由下一跳 192.168.2.2 转发,一半由下一跳 192.168.1.2 转发。如下测试输出了 R1 到 R2 的流量路径。

```
R1#traceroute 20.20.20.20 source 10.10.10.10
Type escape sequence to abort.
Tracing the route to 20.20.20.20
  1 192.168.2.2 0 msec
    192.168.1.2 0 msec
    192.168.2.2 0 msec
```

2. 浮动静态路由

现在我们修改路由器静态路由协议的配置,把其中一条静态路由协议的管理距离设置为 10,这样路由器就会择优选择默认管理距离是 1 的路由,而当管理距离是 1 的链路发生故障时,另一条路由则作为备份加入路由表。

```
R1(config)#no ip route 20.20.20.0 255.255.255.0 192.168.2.2        //删除其中一条路由
R1(config)#ip route 20.20.20.0 255.255.255.0 192.168.2.2 10
//配置浮动静态路由,管理距离设置为 10
R1#show ip route
(------省略部分输出------)
     20.0.0.0/24 is subnetted, 1 subnets
S       20.20.20.0 [1/0] via 192.168.1.2
     10.0.0.0/24 is subnetted, 1 subnets
C       10.10.10.0 is directly connected, Loopback0
C    192.168.1.0/24 is directly connected, FastEthernet0/0
C    192.168.2.0/24 is directly connected, FastEthernet0/1
```

以上输出显示,路由器静态路由条目只有一条管理距离是 1 的。如果这时我们把这条链路断开,则浮动静态路由将会加入路由表中。

```
R1(config)#interface fastEthernet 0/0
R1(config-if)#shutdown
R1(config-if)#end
R1#show ip route
(------省略部分输出------)
     20.0.0.0/24 is subnetted, 1 subnets
S       20.20.20.0 [10/0] via 192.168.2.2
     10.0.0.0/24 is subnetted, 1 subnets
C       10.10.10.0 is directly connected, Loopback0
C    192.168.2.0/24 is directly connected, FastEthernet0/1
```

以上输出显示,路由表中的静态路由管理距离是 10,即我们之前配置的浮动静态路由,起到了备份的作用。

第 3 章

RIP

　　RIP 是路由信息协议的简称,它是应用最早的内部网关协议(IGP),适合于小型的网络,是典型的距离矢量(DV)路由协议。目前 RIP 有 RIPv1 和 RIPv2 两个版本,RIPv1 是有类路由协议,RIPv2 是无类路由协议。

3.1　动态路由协议

　　动态路由协议是通过路由信息的交换来生成和维护路由表的,当网络拓扑发生变化时,动态路由协议可以自动更新路由表,选择最佳路径。动态路由协议自 20 世纪 80 年代开始应用于网络,图 3-1 显示动态路由协议的概括与分类。

	距离矢量路由协议		链路状态路由协议		路径矢量
有类	RIP	IGRP			EGP
无类	RIPv2	EIGRP	OSPF	IS-IS	BGPv4
IPv6	RIPng	IPv6,EIGRP	OSPFv3	IPv6,IS-IS	IPv6,BGPv4

图 3-1　动态路由协议的概括与分类

动态路由协议主要有以下几个作用:

① 发现远程网络。

② 当拓扑出现变化时自动更新路由表。

③ 选择通往目的地的最佳路径。

④ 当前路径无法使用时找出新的最佳路径。

相对于静态路由而言,动态路由有以下一些优点:

① 增加或删除网络时,管理员维护网络的工作量较少。

② 网络拓扑发生变化时,路由器会自动更新路由表。

③ 网络设备配置简单。

④ 网络扩展性能好。

3.2 RIPv1 与 RIPv2

* * * * * * * * * * * * * * * * *

在 RIP 的发展过程中,先后开发了两个版本,表 3-1 对 RIPv1 与 RIPv2 进行了比较。

表 3-1 RIPv1 与 RIPv2 比较

功能和特征	RIPv1	RIPv2
度量(Metric)	都以条数作为度量	
管理距离(AD)	都是 120	
等价路径	默认 4 条,最大 32 条	
更新方式	广播(255.255.255.255)	组播(224.0.0.9)
可变长子网掩码(VLSM)与无类别域间路由(CIDR)	不支持	支持
IP 类别	有类(Classful)	无类(Classless)
汇总	不支持	支持
认证	不支持	明文或 MD5

RIPv1 与 RIPv2 两个版本都使用用户数据报协议(user datagran protocol,简称 UDP)报文来交换信息,端口号 520,每 30 s 发送一次路由信息更新;RIPv1 使用广播方式,RIPv2 使用组播方式,支持最多 15 跳,跳数 16 表示不可达。

3.2.1 RIPv1 数据包格式

RIPv1 的数据包格式如图 3-2 所示,表 3-2 列出了各个字段的描述。

图 3-2 RIPv1 消息格式

表 3-2　RIPv1 消息字段描述

字　段	描　述
命令	"1"表示请求,"2"表示应答
版本	"1"和"2"分别表示 RIP 的版本 1 和版本 2
地址类型标识符	"2"表示 IP,若请求路由器的整个路由表,则设置为"0"
IP 地址	目的地网络地址,可以是网络,也可以是子网
度量	1～16 之间的数,表示经过路由器的个数

3.2.2　RIPv2 数据包格式

RIPv2 的数据包格式如图 3-3 所示,表 3-3 列出了各个字段的描述。

图 3-3　RIPv2 消息格式

表 3-3　RIPv2 消息字段描述

字　段	描　述
命令	"1"表示请求,"2"表示应答
版本	"1"和"2"分别表示 RIP 的版本 1 和版本 2
地址类型标识符	"2"表示 IP,若请求路由器的整个路由表,则设置为"0"
IP 地址	目的地网络地址,可以是网络,也可以是子网
子网掩码	对应 IP 地址的子网掩码(32 位)
下一跳	用于标识比发送方路由器的地址更佳的下一跳地址(如果存在)。如果此字段被设置为全零(0.0.0.0),则发送方路由器的地址便是最佳的下一跳地址
度量	1～16 之间的数,表示经过路由器的个数

3.3 RIP 路由表更新

RIP 是典型的距离矢量路由协议,运行的特征是周期性地发送全部的路由更新或者与触发更新相结合,更新中包括子网和距离度量等。除了邻居路由器之外,路由器不知道其他网络的细节。RIP 通过广播或者组播 UDP 报文来交换路由信息,使用端口号 520,每 30 s 发送一次路由更新,以跳数(hop count)作为度量来衡量路由距离。跳数是一个数据包到达目的地所需经过的路由器的数目,如果到达目的地有多条路径,并且跳数相同,则 RIP 认为两条路径的距离相等。

3.4 路由环路

路由环路是指在网络中的数据包在一系列路由器之间不断传输却无法到达目的网络的一种现象。路由环路会对网络造成严重的影响,导致网络性能降低,延迟加大,甚至网络瘫痪。造成路由环路的因素较多,可能是静态路由配置错误,路由重分布配置错误,网络拓扑发生变化时收敛速度慢导致路由表未能及时更新,等等。

解决路由环路一般有以下几种办法。

① 水平分割:路由器不能使用接收更新信息的同一接口来通告同一网络。

② 路由毒化和毒性逆转:路由毒化用于在发往其他路由器的路由更新信息中将路由标记为不可达,一般设置为 16 跳。毒性逆转一般和水平分割结合使用,它规定从特点接口向外发送更新信息时,将通过该接口学习的网络设置为不可达。

③ 抑制计时器:抑制计时器指示路由器将那些可能会影响路由的更改信息保持一定的时间后失效,以免网络抖动。

④ 触发更新:当路由表发生变化时立即发送更新信息。

⑤ IP 的生存时间值(time to live,简称 TTL):是指 IP 数据包在网络中的存活时间,每经过一个路由器,TTL 减 1,当 TTL 减为 0 时,数据包就会被路由器丢弃。

3.5　实训项目一　RIPv1 配置

✱✱✱✱✱✱✱✱✱✱✱✱✱✱✱✱✱✱✱✱✱✱✱✱

3.5.1　RIPv1 基本配置

【实训目的】

- 熟悉动态网络拓扑结构。
- 掌握 RIPv1 动态路由协议的部署方法。
- 理解 RIP 的工作原理。
- 掌握 RIP 的各种配置查看命令。
- 掌握 RIP 相关参数的修改方法。

【实训拓扑图】

实训拓扑图如图 3-4 所示。

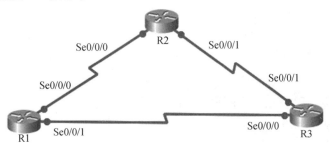

图 3-4　实训拓扑图

设备参数如表 3-4 所示。

表 3-4　设备参数

设　备	接　口	IP 地址	子网掩码	默认网关
R1	Se0/0/0	192.168.12.1	255.255.255.0	N/A
	Se0/0/1	192.168.13.1	255.255.255.0	N/A
	Loopback0	192.168.1.1	255.255.255.0	N/A
R2	Se0/0/0	192.168.12.2	255.255.255.0	N/A
	Se0/0/1	192.168.23.2	255.255.255.0	N/A
	Loopback0	192.168.2.2	255.255.255.0	N/A
R3	Se0/0/0	192.168.13.3	255.255.255.0	N/A
	Se0/0/1	192.168.23.3	255.255.255.0	N/A
	Loopback0	172.16.3.3	255.255.255.0	N/A

【实训内容】

1. 路由器配置 RIP 协议

（1）R1 路由器的配置

R1(config)#**router rip**	//启动动态路由协议 RIP
R1(config-router)#**network 192.168.12.0**	//通告直接相连的网络
R1(config-router)#**network 192.168.13.0**	
R1(config-router)#**network 192.168.1.0**	

（2）R2 路由器的配置

R2(config)#**router rip**
R2(config-router)#**network 192.168.12.0**
R2(config-router)#**network 192.168.23.0**
R2(config-router)#**network 192.168.2.0**

（3）R3 路由器的配置

R3(config)#**router rip**
R3(config-router)#**network 192.168.13.0**
R3(config-router)#**network 192.168.23.0**
R3(config-router)#**network 172.16.0.0**
//这里需要注意,在 RIP 通告直连网络时,如果划分了子网,只需要通告主类网络,即使通过了子网地址,在 running-config 里面只能看到有类的网络地址

动态路由协议 RIP 使用全局配置命令配置,命令格式如下:

Router(config)#**router** *rip*

Router (config-router)#**network** *directly-connected-classful-network-address*

其中"*network-address*"表示直连网络的有类网络地址。

2. 查看路由器路由信息

（1）R1 路由器的路由表

R1#**show ip route**
(------省略部分输出------)
C　　192.168.12.0/24 is directly connected, Serial0/0/0
C　　192.168.13.0/24 is directly connected, Serial0/0/1
R　　172.16.0.0/16 [120/1] via 192.168.13.3, 00:00:20, Serial0/0/1
//由于 RIPv1 是有类路由协议,不发送子网掩码信息,所以 R1 路由器只能学习到主类网络
R　　192.168.23.0/24 [120/1] via 192.168.13.3, 00:00:20, Serial0/0/1
[120/1] via 192.168.12.2, 00:00:09, Serial0/0/0
//以上两条路由条目只有一个目的地网络,有两个下一跳 IP 地址,表示等价路径,路由器执行负载均衡

```
C     192.168.1.0/24 is directly connected, Loopback0
R     192.168.2.0/24 [120/1] via 192.168.12.2, 00:00:09, Serial0/0/0
```

（2）R2 路由器的路由表

```
R2#show ip route
(------省略部分输出------)
C     192.168.12.0/24 is directly connected, Serial0/0/0
R     192.168.13.0/24 [120/1] via 192.168.23.3, 00:00:23, Serial0/0/1
                      [120/1] via 192.168.12.1, 00:00:27, Serial0/0/0
R     172.16.0.0/16 [120/1] via 192.168.23.3, 00:00:23, Serial0/0/1
C     192.168.23.0/24 is directly connected, Serial0/0/1
R     192.168.1.0/24 [120/1] via 192.168.12.1, 00:00:27, Serial0/0/0
C     192.168.2.0/24 is directly connected, Loopback0
```

（3）R3 路由器的路由表

```
R3#show ip route
(------省略部分输出------)
R     192.168.12.0/24 [120/1] via 192.168.23.2, 00:00:13, Serial0/0/1
                      [120/1] via 192.168.13.1, 00:00:05, Serial0/0/0
C     192.168.13.0/24 is directly connected, Serial0/0/0
      172.16.0.0/24 is subnetted, 1 subnets
C        172.16.3.0 is directly connected, Loopback0
C     192.168.23.0/24 is directly connected, Serial0/0/1
R     192.168.1.0/24 [120/1] via 192.168.13.1, 00:00:05, Serial0/0/0
R     192.168.2.0/24 [120/1] via 192.168.23.2, 00:00:13, Serial0/0/1
```

路由表中由 RIP 协议学习到的路由条目含义如表 3-5 所示。

表 3-5　路由条目描述

输　出	描　述
R	标识路由来源是 RIP
172.16.0.0/16	表示目的地网络地址与子网掩码
[120/1]	表示管理距离是 120,度量是 1,即到达目的地网络的跳数是 1
192.168.13.3	通往目的地网络的下一跳 IP 地址
00:00:20	表示此条路由信息已经学习到的时间是 20 s,下一次更新应该在 10 s 后
Serial0/0/1	通往目的地网络的本地接口

在查看路由表时,如果只想查看通过 RIP 协议学习到的路由,也可以用命令"show ip route rip",这样在显示路由表时,只有 R 字母标识的路由显示。

（4）查看 RIP 路由条目

R1#**show ip route rip**

R 　　　172.16.0.0/16〔120/1〕via 192.168.13.3，00：00：07，Serial0/0/1

R 　　　192.168.23.0/24〔120/1〕via 192.168.13.3，00：00：07，Serial0/0/1

　　　　　　　　　　〔120/1〕via 192.168.12.2，00：00：16，Serial0/0/0

R 　　　192.168.2.0/24〔120/1〕via 192.168.12.2，00：00：16，Serial0/0/0

（5）查看路由协议 RIP

R1#**show ip protocols**

Routing Protocol is "rip"

//指明运行的路由协议是 RIP

　　Outgoing update filter list for all interfaces is not set

//在出接口上没有设置分布列表

　　Incoming update filter list for all interfaces is not set

//在入接口上没有设置分布列表

　　Sending updates every 30 seconds，next due in 18 seconds

　　Invalid after 180 seconds，hold down 180，flushed after 240

　　Redistributing：rip

　　Default version control：send version 1，receive any version

　　　　Interface 　　　　　Send 　Recv 　Triggered RIP 　Key-chain

　　　　Serial0/0/0 　　　　　1 　　 1 2

　　　　Serial0/0/1 　　　　　1 　　 1 2

　　　　Loopback0 　　　　　1 　　 1 2

//以上说明各个接口发送的 RIP 数据包版本号是 1；可以接收版本号为 1 或 2 的数据包

　　Automatic network summarization is in effect

//默认开启自动汇总

　　Maximum path：4

//等价路径默认 4 条，最大可以 32 条

　　Routing for Networks：

　　　　192.168.1.0

　　　　192.168.12.0

　　　　192.168.13.0

//以上三条为配置通告的网络地址

　　Routing Information Sources：

　　　　Gateway 　　　　　Distance 　　　Last Update

　　　　192.168.13.3 　　　120 　　　　　00：00：07

//192.168.13.3 是学习路由的下一跳 IP 地址，管理距离 AD 为 120，上一次更新时间为 7 s

　　　　192.168.12.2 　　　120 　　　　　00：00：02

　　Distance：（default is 120） 　//路由协议默认管理距离为 120

RIP 运行中有 4 个时间值,分别为更新时间、失效时间、抑制时间和刷新时间,具体含义如表 3-6 所示。

表 3-6 RIP 时间值描述

时间值	描　述
更新时间(update time)	默认为 30 s 更新一次,路由器向相邻路由器广播更新的时间间隔
失效时间(invalid time)	默认为 180 s,路由器从上次收到路由更新后,过了失效时间还没收到该路由更新信息,就会将该路由设为失效,并向外广播
抑制时间(holddown time)	默认为 180 s,路由器收到路由失效的消息后,会等待一段时间,这段时间内会将路由设置为 possibly down 状态,如果这段时间内有新的路由,就对该路由进行更新
刷新时间(flush time)	默认为 240 s,从上次接收路由更新信息到超过刷新时间后,路由器会将无效的路由条目删除

路由器可以通过以下命令来调整相关的参数。

Router (config-router)#**distance** *administrative distance*
//设置管理距离,默认情况下为 120
Router (config-router)#**maximum-paths** *number*
//设置等价路径条数,默认 4 条
Router(config-router)**timers basic** *updates invalid holddown flush*
//调整路由器 4 个时间值
Router (config-if)#**ip rip receive version** *1 或 2*
Router (config-if)#**ip rip send version** *1 或 2*
//设置接口发送和接受 RIP 更新信息的版本

(6) 查看 RIP 数据库

R1#**show ip rip database**
172.16.0.0/16　　**auto-summary**
//RIPv1 版本会进行自动汇总,把无类的 IP 地址汇总成有类的 IP 地址
172.16.0.0/16
　　[1] via 192.168.13.3, 00:00:03, Serial0/0/1
192.168.1.0/24　　auto-summary
192.168.1.0/24　　directly connected, Loopback0
192.168.2.0/24　　auto-summary
192.168.2.0/24
　　[1] via 192.168.12.2, 00:00:13, Serial0/0/0
192.168.12.0/24　　auto-summary
192.168.12.0/24　　directly connected, Serial0/0/0
192.168.13.0/24　　auto-summary
192.168.13.0/24　　directly connected, Serial0/0/1
192.168.23.0/24　　auto-summary

192.168.23.0/24

    [1] via 192.168.13.3, 00:00:03, Serial0/0/1

    [1] via 192.168.12.2, 00:00:13, Serial0/0/0

（7）查看调试信息

R1#**debug ip rip**

RIP protocol debugging is on

R1#

*Aug   2 03:56:33.607: RIP: received v1 update from 192.168.13.3 on Serial0/0/1

*Aug   2 03:56:33.607:   172.16.0.0 in 1 hops

*Aug   2 03:56:33.607:   192.168.2.0 in 2 hops

*Aug   2 03:56:33.607:   192.168.23.0 in 1 hops

//以上输出表示从接口Serial0/0/1收到版本1的更新报文

*Aug   2 03:56:35.675: RIP: sending v1 update to 255.255.255.255 via Serial0/0/0 (192.168.12.1)

*Aug   2 03:56:35.675: RIP: build update entries

*Aug   2 03:56:35.675:   network 172.16.0.0 metric 2

*Aug   2 03:56:35.675:   network 192.168.1.0 metric 1

*Aug   2 03:56:35.675:   network 192.168.13.0 metric 1

//以上输出表示从接口Serial0/0/0发送版本1的更新报文,并且是广播方式

*Aug   2 03:56:43.111: RIP: sending v1 update to 255.255.255.255 via Loopback0 (192.168.1.1)

*Aug   2 03:56:43.111: RIP: build update entries

*Aug   2 03:56:43.111:   network 172.16.0.0 metric 2

*Aug   2 03:56:43.111:   network 192.168.2.0 metric 2

*Aug   2 03:56:43.111:   network 192.168.12.0 metric 1

*Aug   2 03:56:43.111:   network 192.168.13.0 metric 1

*Aug   2 03:56:43.111:   network 192.168.23.0 metric 2

//以上输出表示从接口Loopback0发送版本1的更新报文,并且是广播方式

*Aug   2 03:56:45.175: RIP: sending v1 update to 255.255.255.255 via Serial0/0/1 (192.168.13.1)

*Aug   2 03:56:45.175: RIP: build update entries

*Aug   2 03:56:45.175:   network 192.168.1.0 metric 1

*Aug   2 03:56:45.175:   network 192.168.2.0 metric 2

*Aug   2 03:56:45.175:   network 192.168.12.0 metric 1

//以上输出表示从接口Serial0/0/0发送版本1的更新报文,并且是广播方式

*Aug   2 03:56:57.251: RIP: received v1 update from 192.168.12.2 on Serial0/0/0

*Aug   2 03:56:57.251:   172.16.0.0 in 2 hops

*Aug   2 03:56:57.251:   192.168.2.0 in 1 hops

*Aug   2 03:56:57.251:   192.168.23.0 in 1 hops

//以上输出表示从接口Serial0/0/0收到版本1的更新报文

3.5.2　被动接口与单播更新

【实训目的】

- 掌握被动接口的含义及配置方法。
- 掌握单播更新的配置方法及应用。

【实训拓扑图】

实训拓扑图如图 3-5 所示。

图 3-5　实训拓扑图

设备参数如表 3-7 所示。

表 3-7　设备参数

设　备	接　口	IP 地址	子网掩码	默认网关
R1	Fa0/0	192.168.1.1	255.255.255.0	N/A
	Fa0/1	192.168.2.1	255.255.255.0	N/A
R2	Fa0/0	192.168.1.2	255.255.255.0	N/A
	Loopback0	192.168.20.20	255.255.255.0	N/A
R3	Fa0/0	192.168.1.3	255.255.255.0	N/A

【实训内容】

1. 给路由器配置 RIP

（1）R1 路由器的配置

```
R1(config)#router rip
R1(config-router)#network 192.168.1.0
R1(config-router)#network 192.168.2.0
```

（2）R2 路由器的配置

R2（config）#**router rip**
R2（config-router）#**network 192.168.1.0**
R2（config-router）#**network 192.168.20.0**

（3）R3 路由器的配置

R3（config）#**router rip**
R3（config-router）#**network 192.168.1.0**

2. 被动接口

（1）打开 R1 路由器 RIP 的调试信息

R1#**debug ip rip**
RIP protocol debugging is on
R1#
* Aug　2 06:23:38.379: RIP: sending v1 update to 255.255.255.255 via FastEthernet0/0 (192.168.1.1)
* Aug　2 06:23:38.379: RIP: build update entries
* Aug　2 06:23:38.379:　　network 192.168.2.0 metric 1
* Aug　2 06:23:52.919: RIP: sending v1 update to 255.255.255.255 via FastEthernet0/1 (192.168.2.1)
* Aug　2 06:23:52.919: RIP: build update entries
* Aug　2 06:23:52.919:　　network 192.168.1.0 metric 1
* Aug　2 06:23:52.919:　　network 192.168.20.0 metric 2
* Aug　2 06:23:54.523: RIP: received v1 update from 192.168.1.2 on FastEthernet0/0
* Aug　2 06:23:54.523:　　　192.168.20.0 in 1 hops

从调试信息中可以看出,RIP 的广播更新消息从 Fa0/1 端口发出,由于此端口是局域
网端口,没有连接路由器,所以根本不需要发送路由更新消息到此接口,否则会影响带宽,
带来安全隐患,所以我们利用被动接口的作用,不让更新消息发送,配置命令如下。

R1（config）#**router rip**
R1（config-router）#**passive-interface fastEthernet0/1**
//配置接口 Fa0/1 为被动接口

（2）查看调试信息

R1#
* Aug　2 06:30:51.851: RIP: received v1 update from 192.168.1.2 on FastEthernet0/0
* Aug　2 06:30:51.851:　　　192.168.20.0 in 1 hops
* Aug　2 06:30:53.999: RIP: sending v1 update to 255.255.255.255 via FastEthernet0/0 (192.168.1.1)
* Aug　2 06:30:53.999: RIP: build update entries
* Aug　2 06:30:53.999:　　network 192.168.2.0 metric 1

从以上显示的信息可以看出,由于配置了被动接口,路由器 R1 的 Fa0/1 端口不再发送
RIP 路由更新消息。

3. 单播更新

RIPv1 版本路由器采用广播的方式发送路由更新信息,默认情况下,R2 路由器广播的路由更新信息 R1 路由器与 R3 路由器都能收到,如果 R2 路由器只想把路由更新信息发送到 R3 路由器上,为了达到目的,我们可以设置 R2 路由器的 Fa0/0 端口为被动接口,然后设置单播更新信息,指定 R3 路由器为指定接收路由更新信息的邻居。

（1）R2 路由器的配置

```
R2(config)#router rip
R2(config-router)#passive-interface fastEthernet0/0      //配置被动接口
R2(config-router)#neighbor 192.168.1.3                    //指定单播更新邻居
```

（2）查看路由表

```
R1#show ip route
(------省略部分输出------)
R     192.168.20.0/24 [120/1] via 192.168.1.2, 00:01:42, FastEthernet0/0
C     192.168.1.0/24 is directly connected, FastEthernet0/0
C     192.168.2.0/24 is directly connected, FastEthernet0/1
```

从以上路由表信息中可以看出,由于 R2 路由器的 Fa0/0 端口设置为被动接口,并且只指定 R3 路由器为发送更新消息的邻居,所以 R1 路由器经过 1 min 42 s 后依然没有收到路由更新消息,但是 RIP 协议默认失效时间是 180 s,所以此路由条目仍然有效。

当时间超过 180 s 后进入抑制时间,此路由条目被标识为 **possibly down**,此刻此路由条目已经失效,但是没有从路由表和数据库中删除,直到刷新时间 240 s 到达后才从路由表中删除。

```
R1#show ip route
(------省略部分输出------)
R     192.168.20.0/24 is possibly down, routing via 192.168.1.2, FastEthernet0/0
C     192.168.1.0/24 is directly connected, FastEthernet0/0
C     192.168.2.0/24 is directly connected, FastEthernet0/1
R1#show ip rip database
192.168.1.0/24        auto-summary
192.168.1.0/24        directly connected, FastEthernet0/0
192.168.2.0/24        auto-summary
192.168.2.0/24        directly connected, FastEthernet0/1
192.168.20.0/24 is possibly down
192.168.20.0/24 is possibly down
```

240 s 过后再次查看路由表,发现路由条目已经被删除。

```
R1#show ip route
(------省略部分输出------)
C    192.168.1.0/24 is directly connected, FastEthernet0/0
C    192.168.2.0/24 is directly connected, FastEthernet0/1
```

而 R3 路由器由于是指定邻居,所以 R3 路由器能够收到 R1 路由器的路由更新,其路由表如下。

```
R3#show ip route
(------省略部分输出------)
R    192.168.20.0/24 [120/1] via 192.168.1.2, 00:00:18, FastEthernet0/0
C    192.168.1.0/24 is directly connected, FastEthernet0/0
R    192.168.2.0/24 [120/1] via 192.168.1.1, 00:00:01, FastEthernet0/0
```

3.5.3 默认路由

【实训目的】

- 掌握 RIP 网络中引入默认路由的方法。
- 掌握 ip default-network 命令。
- 掌握 default-information originate 命令。

【实训拓扑图】

实训拓扑图如图 3-6 所示。

图 3-6 实训拓扑图

设备参数如表 3-8 所示。

表 3-8 设备参数

设 备	接 口	IP 地址	子网掩码	默认网关
R1	Se0/0/0	192.168.12.1	255.255.255.0	N/A
	Fa0/0	192.168.1.1	255.255.255.0	N/A
R2	Se0/0/0	192.168.12.2	255.255.255.0	N/A
	Se0/0/1	192.168.2.2	255.255.255.0	N/A
ISP	Se0/0/1	192.168.2.3	255.255.255.0	N/A

【实训内容】

R1 路由器、R2 路由器以及交换机组成了局域网,R2 路由器为边缘路由器,连接 ISP,对边缘路由器 R2 进行配置,引入默认路由,使得 R1 路由器能够学到通向外网的默认路由。

1. 为路由器配置 RIP 与静态路由

(1) R1 路由器的配置

```
R1(config)#router rip
R1(config-router)#network 192.168.1.0
R1(config-router)#network 192.168.12.0
```

(2) R2 路由器的配置

```
R2(config)#router rip
R2(config-router)#network 192.168.12.0
```

(3) 因特网服务提供方(the internet service provider,简称 ISP)路由器的配置

```
ISP(config)#ip route 192.168.1.0 255.255.255.0 192.168.2.2
ISP(config)#ip route 192.168.12.0 255.255.255.0 192.168.2.2
```

2. 通过"ip default-network"命令引入默认路由

```
R2#debug ip rip
RIP protocol debugging is on
R2(config)#ip default-network 192.168.2.0
*Aug  2 07:03:51.519: RIP: sending v1 update to 255.255.255.255 via Serial0/0/0 (192.168.12.2)
*Aug  2 07:03:51.519: RIP: build update entries
*Aug  2 07:03:51.519:     subnet 0.0.0.0 metric 1
*Aug  2 07:03:53.003: RIP: sending v1 flash update to 255.255.255.255 via Serial0/0/0 (192.168.12.2)
*Aug  2 07:03:53.003: RIP: build flash update entries
*Aug  2 07:03:53.003:     subnet 0.0.0.0 metric 1s
```

以上输出显示,通过配置"ip default-network 192.168.2.0",R2 路由器发送了一条子网是 0.0.0.0 的路由更新信息,再次查看 R2 路由器和 R1 路由器的路由表。

(1) R2 路由器的路由表

```
R2#show ip route
(------省略部分输出------)
C    192.168.12.0/24 is directly connected, Serial0/0/0
R    192.168.1.0/24 [120/1] via 192.168.12.1, 00:00:26, Serial0/0/0
C*   192.168.2.0/24 is directly connected, Serial0/0/1
//R2 产生了一条 C* 的本地直连路由
```

（2）R1 路由器的路由表

```
R1#show ip route
（------省略部分输出------）
C    192.168.12.0/24 is directly connected, Serial0/0/0
C    192.168.1.0/24 is directly connected, FastEthernet0/0
R *    0.0.0.0/0 [120/1] via 192.168.12.2, 00:00:09, Serial0/0/0
//R1 学习到了一条默认路由，以字母 R* 标识。
```

3. 通过"default-information originate"命令引入默认路由

```
R2(config)#router rip
R2(config-router)#default-information originate
* Aug  2 07:15:02.527: RIP: sending v1 flash update to 255.255.255.255 via Serial0/0/0 (192.168.12.2)
* Aug  2 07:15:02.527: RIP: build flash update entries
* Aug  2 07:15:02.527:     subnet 0.0.0.0 metric 1
* Aug  2 07:15:13.595: RIP: sending v1 update to 255.255.255.255 via Serial0/0/0 (192.168.12.2)
* Aug  2 07:15:13.595: RIP: build update entries
* Aug  2 07:15:13.595:     subnet 0.0.0.0 metric 1
```

输入"default-information originate"后 R2 路由器发送了一条 0.0.0.0 子网的路由更新信息，使得 R1 路由器学习到了默认路由。

（1）查看 R1 路由器的路由表

```
R1#show ip route
（------省略部分输出------）
C    192.168.12.0/24 is directly connected, Serial0/0/0
C    192.168.1.0/24 is directly connected, FastEthernet0/0
R *    0.0.0.0/0 [120/1] via 192.168.12.2, 00:00:25, Serial0/0/0
```

（2）查看连通性

测试默认路由，在 R1 路由器上 ping 192.168.2.3，指定源地址 192.168.1.1。

```
R1#ping 192.168.2.3 source 192.168.1.1
Type escape sequence to abort.
Sending 5, 100-byte ICMP Echos to 192.168.2.3, timeout is 2 seconds:
Packet sent with a source address of 192.168.1.1
!!!!!
Success rate is 100 percent (5/5), round-trip min/avg/max = 1/3/4 ms
```

成功率为 100%，说明默认路由工作正常，否则 R1 路由器无法与 192.168.2.0 网段通信。

3.6 实训项目二 RIPv2 配置

✻✻✻✻✻✻✻✻✻✻✻✻✻✻✻✻✻✻✻✻✻

【实训目的】

- 掌握不连续网络的含义。
- 理解 RIP 自动汇总的方法。
- 掌握部署 RIPv2 动态路由协议的方法。

【实训拓扑图】

实训拓扑图如图 3-7 所示。

图 3-7 实训拓扑图

设备参数如表 3-9 所示。

表 3-9 设备参数

设 备	接 口	IP 地址	子网掩码	默认网关
R1	Se0/0/0	192.168.12.1	255.255.255.0	N/A
	Loopback0	172.16.1.1	255.255.255.0	N/A
	Loopback1	172.16.2.1	255.255.255.0	N/A
R2	Se0/0/0	192.168.12.2	255.255.255.0	N/A
	Se0/0/1	192.168.23.2	255.255.255.0	N/A
R3	Se0/0/1	192.168.23.3	255.255.255.0	N/A
	Loopback0	172.16.3.3	255.255.255.0	N/A
	Loopback1	172.16.4.3	255.255.255.0	N/A

【实训内容】

1. 不连续网络路由配置

本实训中,172.16.0.0 网络被划分了 4 个子网,分别连接了路由器 R1 和 R3,而这 4 个子网没有连在一起,被其他网络分开了,所以被称为不连续网络。

RIP 配置如下。

（1）R1 路由器的配置

```
R1(config)#router rip
R1(config-router)#network 192.168.12.0
R1(config-router)#network 172.16.0.0
```

（2）R2 路由器的配置

```
R2(config)#router rip
R2(config-router)#network 192.168.12.0
R2(config-router)#network 192.168.23.0
```

（3）R3 路由器的配置

```
R3(config)#router rip
R3(config-router)#network 192.168.23.0
R3(config-router)#network 172.16.0.0
```

（4）查看联通性

在 R1 路由器上 ping R3 路由器的环回接口 172.16.3.3。

```
R1#ping 172.16.3.3
Type escape sequence to abort.
Sending 5, 100-byte ICMP Echos to 172.16.3.3, timeout is 2 seconds:
.....
Success rate is 0 percent (0/5)
```

以上输出显示 R1 路由器 ping 不通目的网络,查看路由表发现 R1 路由器没有通往子类网络的路由条目,因为 RIPv1 在发送路由更新信息时不发送子网掩码,R1 路由器只会收到 172.16.0.0 的主类网络条目,由于自身有直连的网络,故路由表里只有直连条目。

```
R1#show ip route
(------省略部分输出------)
C    192.168.12.0/24 is directly connected, Serial0/0/0
     172.16.0.0/24 is subnetted, 2 subnets
C       172.16.1.0 is directly connected, Loopback0
C       172.16.2.0 is directly connected, Loopback1
R    192.168.23.0/24 [120/1] via 192.168.12.2, 00:00:02, Serial0/0/0
```

在 R2 路由器上分别 ping 路由器 R3 的环回接口 172.16.3.3 和 172.16.4.3。

```
R2#ping 172.16.3.3
Type escape sequence to abort.
Sending 5, 100-byte ICMP Echos to 172.16.3.3, timeout is 2 seconds:
U.U.U
Success rate is 0 percent (0/5)
R2#ping 172.16.4.3
Type escape sequence to abort.
Sending 5, 100-byte ICMP Echos to 172.16.4.3, timeout is 2 seconds:
!!!!!
Success rate is 100 percent (5/5), round-trip min/avg/max = 1/2/4 ms
```

以上输出显示 R2 路由器 ping 不通网络 172.16.3.3,而 ping 172.16.4.3 成功。查看 R2 路由器的路由表,发现有两条通往 172.16.0.0 的路由条目,并且执行了负载均衡,原因是 R2 路由器分别收到了 R1 路由器与 R3 路由器的路由更新信息,里面都包括了主类网络 172.16.0.0,并且度量相同。

```
R2#show ip route
(------省略部分输出------)
C    192.168.12.0/24 is directly connected, Serial0/0/0
R    172.16.0.0/16 [120/1] via 192.168.23.3, 00:00:21, Serial0/0/1
                   [120/1] via 192.168.12.1, 00:00:06, Serial0/0/0
C    192.168.23.0/24 is directly connected, Serial0/0/1
```

导致只有一个 ping 成功的原因是路由器在执行负载均衡时是由 CEF 来控制的,CEF 是根据目的地网络实现负载均衡的。如果要基于数据包实现负载均衡,只需要关闭 CEF 即可,输入命令"no ip cef"。

```
R2(config)#no ip cef
R2(config)#exit
R2#ping 172.16.3.3
Type escape sequence to abort.
Sending 5, 100-byte ICMP Echos to 172.16.3.3, timeout is 2 seconds:
U!.!U
Success rate is 40 percent (2/5), round-trip min/avg/max = 1/1/1 ms
R2#ping 172.16.4.3
Type escape sequence to abort.
Sending 5, 100-byte ICMP Echos to 172.16.4.3, timeout is 2 seconds:
!U!.!
Success rate is 60 percent (3/5), round-trip min/avg/max = 1/1/1 ms
```

关闭了 cef 后再执行 ping 操作,路由器基于数据包执行负载均衡,ping 操作发送的 5 个包被分流后,结果变成了 40% 或 60% 的成功率。

2. RIPv2 版本配置

配置 RIPv2 版本只需要输入命令"**version 2**",对于不连续网络,必须关闭自动汇总,使用命令"**no auto-summary**"。

（1）R1 路由器的配置

```
R1(config)#router rip
R1(config-router)#version 2
R1(config-router)#no auto-summary
```

（2）R2 路由器的配置

```
R2(config)#router rip
R2(config-router)#version 2
R2(config-router)#no auto-summary
```

（3）R3 路由器的配置

```
R3(config)#router rip
R3(config-router)#version 2
R3(config-router)#no auto-summary
```

（4）R1 路由器的路由表

```
R1#show ip route rip
     172.16.0.0/24 is subnetted, 4 subnets
R        172.16.4.0 [120/2] via 192.168.12.2, 00:00:20, Serial0/0/0
R        172.16.3.0 [120/2] via 192.168.12.2, 00:00:20, Serial0/0/0
R     192.168.23.0/24 [120/1] via 192.168.12.2, 00:00:20, Serial0/0/0
```

（5）R2 路由器的路由表

```
R2#show ip route rip
     172.16.0.0/24 is subnetted, 4 subnets
R        172.16.4.0 [120/1] via 192.168.23.3, 00:00:05, Serial0/0/1
R        172.16.1.0 [120/1] via 192.168.12.1, 00:00:00, Serial0/0/0
R        172.16.2.0 [120/1] via 192.168.12.1, 00:00:00, Serial0/0/0
R        172.16.3.0 [120/1] via 192.168.23.3, 00:00:05, Serial0/0/1
```

（6）R3 路由器的路由表

```
R3#show ip route rip
R     192.168.12.0/24 [120/1] via 192.168.23.2, 00:00:05, Serial0/0/1
     172.16.0.0/24 is subnetted, 4 subnets
R        172.16.1.0 [120/2] via 192.168.23.2, 00:00:05, Serial0/0/1
R        172.16.2.0 [120/2] via 192.168.23.2, 00:00:05, Serial0/0/1
```

以上输出显示路由表已经完全收敛,子类网络条目都能存在路由表中。再次查看路由协议如下。

```
R1#show ip protocols
Routing Protocol is "rip"
  Outgoing update filter list for all interfaces is not set
  Incoming update filter list for all interfaces is not set
  Sending updates every 30 seconds, next due in 18 seconds
  Invalid after 180 seconds, hold down 180, flushed after 240
  Redistributing: rip
  Default version control: send version 2, receive version 2
      Interface            Send   Recv   Triggered RIP   Key-chain
      Serial0/0/0           2      2
      Loopback0             2      2
      Loopback1             2      2
  Automatic network summarization is not in effect
  Maximum path: 4
  Routing for Networks:
      172.16.0.0
      192.168.12.0
  Routing Information Sources:
      Gateway              Distance        Last Update
      192.168.12.2         120             00:00:19
  Distance: (default is 120)
```

因为启用了 RIPv2 版本,所以接口发送与接收的路由更新都是第 2 个版本。用 R2 路由器再次 ping R3 路由器的环回接口结果如下。

```
R2#ping 172.16.3.3
Type escape sequence to abort.
Sending 5, 100-byte ICMP Echos to 172.16.3.3, timeout is 2 seconds:
!!!!!
Success rate is 100 percent (5/5), round-trip min/avg/max = 1/2/4 ms
R2#ping 172.16.4.3
Type escape sequence to abort.
Sending 5, 100-byte ICMP Echos to 172.16.4.3, timeout is 2 seconds:
!!!!!
Success rate is 100 percent (5/5), round-trip min/avg/max = 1/2/4 ms
```

3.7 实训项目三 RIPv2 扩展配置

✻✻✻✻✻✻✻✻✻✻✻✻✻✻✻✻✻✻✻✻✻✻✻✻✻✻✻✻

3.7.1 RIP 认证与手工汇总

【实训目的】

- 掌握 RIP 的认证。
- 掌握 RIP 手工汇总的方法。
- 掌握部署 RIP 手工汇总路由的方法。
- 了解 RIPv2 不支持 CIDR,能够传递 CIDR。

【实训拓扑图】

实训拓扑图如图 3-8 所示。

图 3-8 实训拓扑图

设备参数如表 3-10 所示。

表 3-10 设备参数

设 备	接 口	IP 地址	子网掩码	默认网关
R1	Se0/0/0	172.16.12.1	255.255.255.0	N/A
	Loopback0	10.10.10.10	255.255.255.0	N/A
R2	Se0/0/0	172.16.12.2	255.255.255.0	N/A
	Se0/0/1	172.16.23.2	255.255.255.0	N/A
R3	Se0/0/1	172.16.23.3	255.255.255.0	N/A
	Loopback0	3.3.0.3	255.255.255.0	N/A
	Loopback1	3.3.1.3	255.255.255.0	N/A
	Loopback2	3.3.2.3	255.255.255.0	N/A
	Loopback3	3.3.3.3	255.255.255.0	N/A

【实训内容】

R1 与 R2 路由器的串行接口之间启用明文认证,R2 与 R3 路由器的串行接口之间启用 MD5 认证,在 R3 路由器上进行手工汇总,把 4 个环回接口的地址汇总后发送给 R1 与 R2 路由器。

1. 基本路由配置

(1) R1 路由器的配置

```
R1(config)#router rip
R1(config-router)#version 2
R1(config-router)#no auto-summary
R1(config-router)#network 172.16.0.0
R1(config-router)#network 10.0.0.0
R1(config-router)#passive-interface default      //把所有接口设置为被动接口
R1(config-router)#no passive-interface Serial0/0/0
```

(2) R2 路由器的配置

```
R2(config)#router rip
R2(config-router)#version 2
R2(config-router)#no auto-summary
R2(config-router)#network 172.16.0.0
R2(config-router)#passive-interface default
R2(config-router)#no passive-interface Serial0/0/0
R2(config-router)#no passive-interface Serial0/0/1
```

(3) R3 路由器的配置

```
R3(config)#router rip
R3(config-router)#version 2
R3(config-router)#no auto-summary
R3(config-router)#network 172.16.0.0
R3(config-router)#network 3.0.0.0
R3(config-router)#passive-interface default
R3(config-router)#no passive-interface Serial0/0/1
```

2. 启用 RIP 认证

(1) R1 路由器配置明文认证

```
R1(config)#key chain cisco                  //配置钥匙链名字为 cisco
R1(config-keychain)#key 1                   //配置 key ID
R1(config-keychain-key)#key-string siso     //配置密钥为 siso
R1(config-keychain-key)#exit
R1(config-keychain)#exit
```

```
R1(config)#interface Serial0/0/0
R1(config-if)#ip rip authentication mode text
//启用认证,认证模式为明文,默认情况下也为明文认证
R1(config-if)#ip rip authentication key-chain cisco     //在接口上调用钥匙链
```

开启 R1 路由器的 RIP 调试信息。

```
R1#debug ip rip
RIP protocol debugging is on
* Aug   4 02:27:13.367: RIP: ignored v2 packet from 172.16.12.2 (invalid authentication)
* Aug   4 02:27:18.091: RIP: sending v2 update to 224.0.0.9 via Serial0/0/0 (172.16.12.1)
* Aug   4 02:27:18.091: RIP: build update entries
* Aug   4 02:27:18.091:    10.10.10.0/24 via 0.0.0.0, metric 1, tag 0
```

以上输出显示,RIPv2 使用组播地址 224.0.0.9 发送更新信息,由于 R2 路由器没有启用认证,所以 R1 路由器不接收 R2 路由器发来的更新信息。

（2）R2 路由器配置明文与 MD5 认证

```
R2(config)#key chain cisco
R2(config-keychain)#key 1
R2(config-keychain-key)#key-string siso
R2(config-keychain-key)#exit
R2(config-keychain)#exit
R2(config)#interface Serial0/0/0
R2(config-if)#ip rip authentication mode text
R2(config-if)#ip rip authentication key-chain cisco
R2(config)#key chain ccna
R2(config-keychain)#key 1
R2(config-keychain-key)#key-string siso
R2(config-keychain-key)#exit
R2(config-keychain)#exit
R2(config)#interface Serial0/0/1
R2(config-if)#ip rip authentication mode md5
//启用认证,认证模式为 MD5
R2(config-if)#ip rip authentication key-chain ccna
```

（3）R3 路由器配置 MD5 认证

```
R3(config)#key chain ccna
R3(config-keychain)#key 1
R3(config-keychain-key)#key-string siso
R3(config-keychain-key)#exit
```

```
R3(config-keychain)#exit
R3(config)#interface Serial0/0/1
R3(config-if)#ip rip authentication mode md5
R3(config-if)#ip rip authentication key-chain ccna
```

（4）在 R2 路由器上查看路由协议

```
R2#show ip protocols
Routing Protocol is "rip"
  Outgoing update filter list for all interfaces is not set
  Incoming update filter list for all interfaces is not set
  Sending updates every 30 seconds, next due in 20 seconds
  Invalid after 180 seconds, hold down 180, flushed after 240
  Redistributing: rip
  Default version control: send version 2, receive version 2
    Interface          Send   Recv   Triggered RIP   Key-chain
    Serial0/0/0         2      2                      cisco
    Serial0/0/1         2      2                      ccna
  Automatic network summarization is not in effect
  Maximum path: 4
  Routing for Networks:
    172.16.0.0
  Passive Interface(s):
    FastEthernet0/0
    FastEthernet0/1
//把所有接口设置为被动接口
  SSLVPN-VIF0
    VoIP-Null0
  Routing Information Sources:
    Gateway          Distance      Last Update
    172.16.23.3       120          00:00:20
    172.16.12.1       120          00:00:12
  Distance: (default is 120)
```

以上输出显示 R2 路由器在接口上使用了认证。

3. 配置手工汇总

（1）开启 R3 路由器的 RIP 调试信息，配置汇总路由

```
R3#debug ip rip
RIP protocol debugging is on
R3(config)#interface Serial0/0/1
R3(config-if)#ip summary-address rip 3.3.0.0 255.255.252.0
//在接口上配置手工汇总地址,汇总地址的计算请见第2章中的静态路由
*Aug  4 02:42:31.915: RIP: sending v2 flash update to 224.0.0.9 via Serial0/0/1 (172.16.23.3)
*Aug  4 02:42:31.915: RIP: build flash update entries
*Aug  4 02:42:31.915:    3.3.0.0/22 via 0.0.0.0, metric 1, tag 0
```

(2) 查看路由表

```
R1#show ip route rip
3.0.0.0/22 is subnetted, 1 subnets
R        3.3.0.0 [120/2] via 172.16.12.2, 00:00:12, Serial0/0/0
     172.16.0.0/24 is subnetted, 2 subnets
R        172.16.23.0 [120/1] via 172.16.12.2, 00:00:12, Serial0/0/0
R2#show ip route rip
3.0.0.0/22 is subnetted, 1 subnets
R        3.3.0.0 [120/1] via 172.16.23.3, 00:00:19, Serial0/0/1
     10.0.0.0/24 is subnetted, 1 subnets
R        10.10.10.0 [120/1] via 172.16.12.1, 00:00:20, Serial0/0/0
```

以上输出显示 R1 与 R2 路由器的路由表已经更新了 R3 路由器发来的汇总路由。

其实,RIPv2 不完全支持 CIDR,我们在 R3 路由器上修改环回接口 Loopback0 ~ Loopback3 的地址分别为 192.168.0.3/24、192.168.1.3/23、192.168.2.3/24、192.168.3. 3/24,修改 R3 路由器的配置如下。

```
R3(config)#router rip
R3(config-router)#no network 3.0.0.0
R3(config-router)#network 192.168.0.0
R3(config-router)#network 192.168.1.0
R3(config-router)#network 192.168.2.0
R3(config-router)#network 192.168.3.0
R3(config)#interface Serial0/0/1
R3(config-if)#no ip summary-address rip 3.3.0.0 255.255.252.0
R3(config-if)#ip summary-address rip 192.168.0.0 255.255.252.0
```

此时路由器提示如下信息:

"Summary mask must be greater or equal to major net"

说明 CIDR 汇总后的掩码长度必须大于或等于主类网络的掩码长度,因为 22 < 24,所以不能汇总。RIPv2 不完全支持 CIDR,但是可以通过路由重分布传递 CIDR 汇总。

可以用静态路由发布汇总路由：

R3（config）#**ip route 192.168.0.0 255.255.252.0 null 0**

R3（config）#**router rip**

R3（config-router）#**no network 192.168.0.0**

R3（config-router）#**no network 192.168.1.0**

R3（config-router）#**no network 192.168.2.0**

R3（config-router）#**no network 192.168.3.0**

R3（config-router）#**redistribute static**

//重分布静态路由，使得之前配置的汇总静态路由能够由 R3 路由器发布路由更新信息给 R1 与 R2 路由器

* Aug   4 06:37:32.382: RIP: sending v2 flash update to 224.0.0.9 via Serial0/0/1（172.16.23.3）

* Aug   4 06:37:32.382: RIP: build flash update entries

* **Aug   4 06:37:32.382:   192.168.0.0/22 via 0.0.0.0，metric 1，tag 0**

查看路由表：

R1#**show ip route rip**

    172.16.0.0/24 is subnetted，2 subnets

R   172.16.23.0［120/1］via 172.16.12.2，00:00:20，Serial0/0/0

R   192.168.0.0/22［120/2］via 172.16.12.2，00:00:20，Serial0/0/0

R2#**show ip route rip**

    10.0.0.0/24 is subnetted，1 subnets

R   10.10.10.0［120/1］via 172.16.12.1，00:00:25，Serial0/0/0

R   192.168.0.0/22［120/1］via 172.16.23.3，00:00:21，Serial0/0/1

结果显示 R1 与 R2 路由器都学习到了汇总路由。

3.7.2　水平分割与触发更新

【实训目的】

- 理解水平分割的含义。
- 掌握水平分割的配置方法。
- 理解触发更新的含义。
- 掌握触发更新的配置方法。

【实训拓扑图】

实训拓扑图如图 3-9 所示。

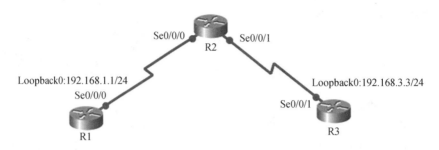

图 3-9   实训拓扑图

设备参数如表 3-11 所示。

表 3-11   设备参数

设　备	接　口	IP 地址	子网掩码	默认网关
R1	Se0/0/0	172.16.12.1	255.255.255.0	N/A
	Loopback0	192.168.1.1	255.255.255.0	N/A
R2	Se0/0/0	172.16.12.2	255.255.255.0	N/A
	Se0/0/1	172.16.23.2	255.255.255.0	N/A
R3	Se0/0/1	172.16.23.3	255.255.255.0	N/A
	Loopback0	192.168.3.3	255.255.255.0	N/A

【实训内容】

路由器运行 RIP 时,默认已经启用水平分割,我们通过关闭 R2 路由器 Serial0/0/0 接口的水平分割来观察路由更新信息的变化,RIP 默认是周期更新,没有开启触发更新,本实训在 R2 路由器与 R3 路由器之间开启触发更新,观察路由更新信息。

1. 完成基本配置

（1）R1 路由器的基本配置

```
R1(config)#router rip
R1(config-router)#version 2
R1(config-router)#no auto-summary
R1(config-router)#network 172.16.0.0
R1(config-router)#network 192.168.1.0
R1(config-router)#passive-interface default
R1(config-router)#no passive-interface Serial0/0/0
```

（2）R2 路由器的基本配置

```
R2(config)#router rip
R2(config-router)#version 2
R2(config-router)#no auto-summary
R2(config-router)#network 172.16.0.0
```

```
R2(config-router)#passive-interface default
R2(config-router)#no passive-interface Serial0/0/0
R2(config-router)#no passive-interface Serial0/0/1
```

（3）R3 路由器的基本配置

```
R3(config)#router rip
R3(config-router)#version 2
R3(config-router)#no auto-summary
R3(config-router)#network 192.168.3.0
R3(config-router)#network 172.16.0.0
R3(config-router)#passive-interface default
R3(config-router)#no passive-interface Serial0/0/1
```

2. 水平分割

R2 路由器开启 RIP 调试信息。

```
R2#debug ip rip
RIP protocol debugging is on
*Aug   4 07:50:03.391: RIP: received v2 update from 172.16.12.1 on Serial0/0/0
*Aug   4 07:50:03.391:        192.168.1.0/24 via 0.0.0.0 in 1 hops
*Aug   4 07:50:05.767: RIP: received v2 update from 172.16.23.3 on Serial0/0/1
*Aug   4 07:50:05.767:        192.168.3.0/24 via 0.0.0.0 in 1 hops
*Aug   4 07:50:07.935: RIP: sending v2 update to 224.0.0.9 via Serial0/0/0 (172.16.12.2)
*Aug   4 07:50:07.935: RIP: build update entries
*Aug   4 07:50:07.935:     172.16.23.0/24 via 0.0.0.0, metric 1, tag 0
*Aug   4 07:50:07.935:     192.168.3.0/24 via 0.0.0.0, metric 2, tag 0
*Aug   4 07:50:11.375: RIP: sending v2 update to 224.0.0.9 via Serial0/0/1 (172.16.23.2)
*Aug   4 07:50:11.375: RIP: build update entries
*Aug   4 07:50:11.375:     172.16.12.0/24 via 0.0.0.0, metric 1, tag 0
*Aug   4 07:50:11.375:     192.168.1.0/24 via 0.0.0.0, metric 2, tag 0
```

以上调试信息显示,R2 路由器发送给 R1 路由器的路由更新信息没有包含 R1 路由器的环回接口 192.168.1.0/24,发送给 R3 路由器的路由更新信息没有包含 R3 路由器的环回接口 192.168.3.0/24,说明默认情况下启用了水平分割。我们可以在接口上用命令"**no ip split-horizon**"关闭水平分割,关闭水平分割之后调试信息如下。

```
R2(config)#interface Serial0/0/0
R2(config-if)#no ip split-horizon        //关闭水平分割
R2(config)#interface Serial0/0/1
R2(config-if)#no ip split-horizon
*Aug   4 07:52:53.571: RIP: received v2 update from 172.16.23.3 on Serial0/0/1
```

```
* Aug    4 07:52:53.571:        192.168.3.0/24 via 0.0.0.0 in 1 hops
* Aug    4 07:52:54.267: RIP: received v2 update from 172.16.12.1 on Serial0/0/0
* Aug    4 07:52:54.267:        192.168.1.0/24 via 0.0.0.0 in 1 hops
* Aug    4 07:52:54.287: RIP: sending v2 update to 224.0.0.9 via Serial0/0/1（172.16.23.2）
* Aug    4 07:52:54.287: RIP: build update entries
* Aug    4 07:52:54.287:        172.16.12.0/24 via 0.0.0.0, metric 1, tag 0
* Aug    4 07:52:54.287:        172.16.23.0/24 via 0.0.0.0, metric 1, tag 0
* Aug    4 07:52:54.287:        192.168.1.0/24 via 0.0.0.0, metric 2, tag 0
* Aug    4 07:52:54.287:        192.168.3.0/24 via 172.16.23.3, metric 2, tag 0
* Aug    4 07:52:55.435: RIP: sending v2 update to 224.0.0.9 via Serial0/0/0（172.16.12.2）
* Aug    4 07:52:55.435: RIP: build update entries
* Aug    4 07:52:55.435:        172.16.12.0/24 via 0.0.0.0, metric 1, tag 0
* Ang    4 07:52:55.435:        172.16.23.0/24 via 0.0.0.0, metric 1, tag 0
* Aug    4 07:52:55.435:        192.168.1.0/24 via 172.16.12.1, metric 2, tag 0
* Aug    4 07:52:55.435:        192.168.3.0/24 via 0.0.0.0, metric 2, tag 0
```

可以看出,从接收端口收到的路由更新信息又重新发送给了对方,这样就有可能造成环路,所以水平分割功能在平时配置时不需要关闭。

3. 触发更新

触发更新在默认情况下是没有开启的,我们用命令"**ip rip triggered**"开启 R2 与 R3 路由器 Serial0/0/1 端口的触发更新,因为触发更新需要协商,所以路由器两端都需要开启。

```
R2（config）#interface Serial0/0/1
R2（config-if）#ip rip triggered          //开启触发更新
R3（config）#interface Serial0/0/1
R3（config-if）#ip rip triggered
R3（config-if）#end
R3#debug ip rip
RIP protocol debugging is on
```

由于启用了触发更新,所有 R3 路由器的调试信息里都没有看到 30 s 一次的周期性路由更新消息。此时我们把 R3 路由器的环回接口关闭。

```
R3（config）#interface loopback 0
R3（config-if）#shutdown
* Aug    4 08:16:31.891: %LINK-5-CHANGED: Interface Loopback0, changed state to administratively down
* Aug    4 08:16:31.895: RIP: send v2 triggered update to 172.16.23.2 on Serial0/0/1
* Aug    4 08:16:31.895: RIP: build update entries
* Aug    4 08:16:31.895:        route 20: 192.168.3.0/24 metric 16, tag 0
```

//R3 路由器发送了度量为 16 的路由条目,此为路由毒化,R2 路由器收到此条目后会再次发送给 R3 路由器,即毒性逆转

* Aug　4 08: 16: 31. 895: RIP: Update contains 1 routes, start 20, end 21

* Aug　4 08: 16: 31. 895: RIP: start retransmit timer of 172. 16. 23. 2

* **Aug　4 08: 16: 31. 895: RIP: received v2 triggered ack from 172. 16. 23. 2 on Serial0/0/1 seq# 5**

* Aug　4 08: 16: 32. 891: % LINEPROTO-5-UPDOWN: Line protocol on Interface Loopback0, changed state to down

由于启用了触发更新,拓扑变化时,R3 路由器才发送路由更新信息给 R2 路由器。

查看 R3 路由器的路由协议。

R3#**show ip protocols**

Routing Protocol is "rip"

　Outgoing update filter list for all interfaces is not set

　Incoming update filter list for all interfaces is not set

　Sending updates every 30 seconds, next due in 8 seconds

　Invalid after 180 seconds, **hold down 0**, flushed after 240

　Redistributing: rip

　Default version control: send version 2, receive version 2

Interface	Send	Recv	**Triggered RIP**	Key-chain
Serial0/0/1	2	2	**Yes**	

　Automatic network summarization is not in effect

　Maximum path: 4

　Routing for Networks:

　　172. 16. 0. 0

　　192. 168. 3. 0

　Passive Interface(s):

　　FastEthernet0/0

　　FastEthernet0/1

　　Serial0/0/0

　　SSLVPN-VIF0

　　Loopback0

　　VoIP-Null0

　Routing Information Sources:

Gateway	Distance	Last Update
Gateway	Distance	Last Update
172. 16. 23. 2	120	00: 04: 16

　Distance: (default is 120)

以上输出显示 R3 路由器在接口 Serial0/0/1 上卡开启了触发更新,抑制计时器的时间

设置成了 0,在运行配置文件中也看到了相关的配置信息。

```
R3#show running-config | begin router rip
router rip
 version 2
 timers basic 30 180 0 240
 //由于触发更新,在配置中自动加上一行命令,把 holddown-time 设置为 0
 passive-interface default
 no passive-interface Serial0/0/1
 network 172.16.0.0
 network 192.168.3.0
 no auto-summary
```

第 4 章

OSPF

OSPF 是一个内部网关协议,用于在单一自治系统内决策路由。OSPF 是典型的链路状态路由协议,相对于距离矢量路由协议,它的性能更加优越,应用更加广泛。

4.1　OSPF 概述

1998 年 4 月,OSPFv2 规范在 RFC 2328 中得以更新,也就是 OSPF 的现行 RFC 版本。OSPF 是一种无类路由协议,适用于大型网络,收敛速度迅速,扩展性好。但当运行 OSPF 路由协议时,对路由器的 CPU 处理能力及内存的大小都有一定的要求,性能低的路由器不推荐使用 OSPF。

4.1.1　OSPF 的特点

OSPF 具有的以下特点:
① 通过发送和接收 Hello 包来建立和维持邻居关系,并交换路由信息。
② 采用组播(224.0.0.5 或 224.0.0.6)传输协议数据包。
③ OSPF 的管理距离为 110。
④ 收敛速度快,无路由环路。
⑤ 支持简单明文认证和 MD5 认证。
⑥ 支持 VLSM(可变长子网掩码)和 CIDR(无类别域间路由),支持不连续子网。
⑦ 支持区域划分,能够形成层次型网络,提供路由分层管理。
⑧ 支持等价负载均衡。

4.1.2　OSPF 消息格式

OSPF 消息的数据部分是封装在 IP 数据包内的 OSPF 报文,类型如表 4-1 所示。

表 4-1　OSPF 报文的类型

类　型	作　用
Hello	用于建立和维持邻居关系
DBD (database description)	数据库描述:包括发送方路由器的链路状态、数据库的简略列表,接收方用于与本地数据库对比
LSR (link state request)	链路状态请求:接收方路由器用来请求 DBD 中的详细条目信息
LSU (link state update)	链路状态更新:用来向对端路由器发送所需要的 LSA,内容是多条 LSA 的集合
LSAck (link state acknowledge)	链路状态确认:用于对接收到的 LSU 报文进行确认

OSPF 数据报头和包类型的数据都会被封装到 IP 数据包中,IP 数据包的协议字段被置为 89 以说明该数据包是 OSPF 消息,目的地则为组播 224.0.0.5 或 224.0.0.6,如果 OSPF 的 IP 数据包在以太网中传输,则目的 MAC 地址为组播地址 01-00-5E-00-00-05 或 01-00-5E-00-00-06。OSPF 的封装结构如图 4-1 所示。

图 4-1　OSPF 的封装结构

OSPF 报文中各个字段的含义如表 4-2 所示。

表 4-2　OSPF 报文中各个字段的含义

字　段	含　义
版本	OSPF 的版本号
类型	hello = 1, DBD = 2, LSR = 3, LSU = 4, LSAck = 5
路由器 ID	始发路由器 ID
区域 ID	始发区域
校验和	整个 IP 数据包的校验和
身份验证类型	指明 OSPF 认证的类型:不认证 = 0,简单口令认证 = 1,MD5 认证 = 2
身份验证	数据包验证信息
网络掩码	与发送方接口关联的子网掩码
Hello 间隔	发送 Hello 数据包的时间间隔:默认情况下,点对点网络和广播每隔 10 s 发送过一次,非广播多路访问每隔 30 s 发送一次
路由器优先级	用于 DR/BDR 的选举
Dead 间隔	路由器宣告邻居无效所等待的最长时间,Dead 间隔到期,而路由器还没有收到邻居的 Hello 数据包,则会从链路状态数据库中删除该邻居,思科默认 Dead 时间是 Hello 时间的 4 倍
指定路由器 DR	DR 的路由器 ID,一般广播网络会进行 DR/BDR 的选举
备份指定路由器 BDR	BDR 的路由器 ID
邻居列表	邻居路由器的 ID 列表

　　在 OSPF 的 IP 数据包中除了 Hello 消息以外,还有 DBD,LSR,LSU,LSAck,其编码格式如图 4-2 所示。除了类型字段取值不同外,OSPF 的包头格式基本一致,所以对头部格式不再一一描述。

图 4-2　OSPF DBD,LSR,LSU 数据包格式

以上数据包中相关字段含义如下。

1. DBD 数据包

- MTU：最大传输单元，接口能够发送数据的最大单位。
- Options：路由器支持的可选功能。
- "I"bit 取 1，指明数据包是数据库描述报文中的第一个；"M"bit 取 1 指明后续还有其他数据库描述报文；"MS"bit 取 1 指明此路由器是数据库交换过程中的主路由器。
- DD 序列号：为收到的数据库描述报文排序，初始值的设置必须是唯一的。
- LSA 头部：LSA 报文的首部。

2. LSR 数据包

- LS 类型：指明请求的链路状态的类型。
- Link State ID：指明所请求链路状态的路由器的 ID，该 ID 取决于 LSA 的类型。
- 通告路由器：请求 LSA 的路由器的 ID。

3. LSU 数据包

- #LSAs：指明更新中包含 LSA 的数量。
- 链路状态通告：具体 LSA 的条目。

4.1.3　OSPF 路由器类型

为了适应大型的网络，OSPF 路由协议是一种基于区域的路由协议，将网络中的所有路由器划分成不同的区域，每个区域负责各自区域精确的 LSA 传递与路由计算，每个 OSPF 路由器只维护所在区域的完整的链路状态信息。而在不同的区域中，每个路由器的角色也不同，如图 4-3 所示。

图 4-3　OSPF 路由器类型

- 骨干路由器：连接区域 0 的路由器。
- 内部路由器：在某个区域内部的路由器。
- 区域边界路由器：连接多个区域的路由器。
- 自治系统边界路由器：与外部的 AS 相连相互交换路由的路由器。

4.1.4 OSPF 区域类型

OSPF 的区域类型是基于路由器对外部路由的处理方式来划分的,不同的区域发送和接受 LSA 的类型也不同,OSPF 主要有以下几种区域类型。

- 骨干区域:Area 0 称为骨干区域。
- 标准区域:可以接收链路更新信息,包括区域内路由、区域间路由以及外部路由。
- 末梢区域(stub):能学习其他区域的路由,不接收外部路由。
- 完全末梢区域(totally stubby):不接收外部路由以及区域间路由。
- 非纯末梢区域(NSSA,not-so-stubby area):接收本区域引入的 7 类 LSA,并且会把它转化为 5 类 LSA,不接收其他区域的路由。

4.1.5 OSPF LSA 类型

链路状态更新报文用于 OSPF 的路由更新,在 LSU 报文编码格式的最后字段存储了链路状态通告信息,LSA 通告目前有 11 种类型,如表 4-3 所示。

表 4-3 LSA 类型

LSA 类型	名 称	描 述
1	路由器 LSA	区域内路由器发出,描述路由器接口或链路的状态信息
2	网络 LSA	区域内 DR 发出,在本区域内传播
3	网络汇总 LSA	ABR 发出,描述区域内的汇总链路通告
4	ASBR 汇总 LSA	ABR 发出,描述 ASBR 的可达信息
5	AS 外部 LSA	ASBR 发出,通告外部路由
6	组成员 LSA	标识 OSPF 组播中的成员
7	NSSA 外部 LSA	NSSA 区域的 ASBR 发出,通告本区域连接的外部路由
8	外部属性 LSA	用于 BGP 的外部属性 LSA
9	不透明 LSA (本地链路范围)	MPLS 流量工程使用
10	不透明 LSA (本地区域范围)	
11	不透明 LSA (AS 范围)	

在所有的 LSA 类型中,目前我们最常用的是 1,2,3,4,5,7 这六种。每一个 LSA 都有一个标准的 20 字节头部,图 4-4 显示了 LSA 头部的编码格式。

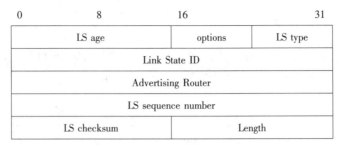

图 4-4 LSA 头部编码格式

LSA 头部数据包相关字段含义如下。

- LS age：LSA 的生成时间。
- LS type：LSA 的类型，主要是 1，2，3，4，5，7。
- Link State ID：代表整个路由器，而不是某条链路，由 LSA 的类型决定。
- Advertising Router：通告路由器，生成 LSA 的路由器的 ID。
- LS sequence number：LS 序列号，LSA 的连续实例生成的连续序列号，检测旧的或重复的 LSA。
- LS checksum：对整个 LSA 报文的校验和。
- Length：LSA 的长度。

图 4-5 给出了最常见的路由器 LSA 的编码格式，其他 LSA 的编码格式请读者自行查阅 RFC 文档 RFC 2328。

图 4-5 路由器 LSA 编码格式

LSA 头部数据包相关字段的含义如下。

- Bit"V"：指明该路由器是虚链路的端点。
- Bit"E"：指明该路由器是一个 ASBR。
- Bit"B"：指明该路由器是一个 ABR。
- #links：LSA 中描述的路由器链路的数量。
- Link ID：代表整个路由器，而不是某条链路，由 LSA 的类型决定。
- Link Data：依赖于链路的类型，如果是连接的 stub 网络，该字段指明网络的 IP 地址掩码。
- Type：路由器链路的描述，有点对点、stub、虚链路等。
- #TOS：该链路不同 TOS 度量的数量，如果没有额外的 TOS 度量，该字段置 0。
- Metric：使用该链路的开销。
- TOS：IP 服务类型。
- TOS metric：TOS 具体度量信息。

4.1.6　OSPF 工作过程

在 OSPF 区域内每一个路由器都必须要有一个路由器 ID（Router ID）来唯一标识一台路由器，该值是一个 IP 地址。Router ID 由路由器选举产生，产生的规则顺序如下：首先，路由器可以在路由协议模式下使用命令"**router-id**"指定；其次，如果没有使用命令指定 Router ID，则路由器选择其环回接口中 IP 地址最大值作为它的 Router ID；最后，如果路由器没有环回接口，则选择物理接口中 IP 最大值作为其 Router ID。图 4-6 显示了 OSPF 的工作过程。

图 4-6　OSPF 工作过程

① 路由器发送 Hello 包，NBMA 模式时进入 Attempt 状态。

② 路由器收到 Hello 包，检查参数，如果匹配则进入 Init 状态；并且将对方的 Hello 包中的 Router ID 添加到自己要发送的 Hello 包中。

③ 路由器收到邻居的含有自己 Router ID 的 Hello 包,进入 Two-way 状态,形成 OSPF 邻居关系,并且把该路由器的 Router ID 添加到自己的 OSPF 邻居表中。

④ 进入 Two-way 状态后,广播、非广播多路访问网络进行 DR 与 BDR 的选举,如果是点对点网络,则不需要 DR/BDR 选举。DR 的选举规则如下:首先是时间,最先启动成为 DR,可以 **reload** 或 **clear ip ospf process** 来重新选举;其次,具有最高 OSPF 优先级的路由器会被选为 DR,默认情况 OSPF 的优先级是 1;最后,如果 OSPF 优先级相同,则具有最高 Router ID 的路由器会被选为 DR。

⑤ 在 DR 选举完成或跳过 DR 选举后,建立 OSPF 邻接关系,进入 Exstart(准启动)状态;并通过交换 DBD 交换主从路由器,由主路由器定义 DBD 序列号,Router ID 大的为主路由器。

⑥ 主从路由器选举完成后,进入 Exchange(交换)状态,通过交换携带 LSA 头部信息的 DBD 包描述各自的 LSDB。

⑦ 进入 Loading 状态,对链路状态数据库和收到的 DBD 的 LSA 头部进行比较,发现自己数据库中没有的 LSA 就发送 LSR,向邻居请求该 LSA;邻居收到 LSR 后,回应 LSU;收到邻居发来的 LSU 后,存储这些 LSA 到自己的链路状态数据库,并发送 LSAck 确认。

⑧ LSA 交换完成后,进入 FULL 状态,同一个区域内所有 OSPF 路由器都拥有相同链路状态数据库。

⑨ 周期性发送 Hello 包来维护邻居关系。

4.2 实训项目一 单区域 OSPF 配置

4.2.1 点对点链路 OSPF 配置

【实训目的】

- 掌握部署 OSPF 动态路由协议的方法。
- 熟悉 OSPF 邻居关系表、OSPF 数据库。
- 掌握 OSPF 度量计算方法。
- 掌握 OSPF 网络引入默认路由器的方法。

【实训拓扑图】

实训拓扑图如图 4-7 所示。

图4-7 实训拓扑图

设备参数如表4-4所示。

表4-4 设备参数

设 备	接 口	IP 地址	子网掩码	默认网关
R1	Se0/0/0	192.168.12.1	255.255.255.0	N/A
	Se0/0/1	192.168.13.1	255.255.255.0	N/A
	Loopback0	10.10.10.10	255.255.255.0	N/A
R2	Se0/0/0	192.168.12.2	255.255.255.0	N/A
	Se0/0/1	192.168.23.2	255.255.255.0	N/A
	Loopback0	20.20.20.20	255.255.255.0	N/A
R3	Se0/0/0	192.168.13.3	255.255.255.0	N/A
	Se0/0/1	192.168.23.3	255.255.255.0	N/A
	Loopback0	30.30.30.30	255.255.255.0	N/A

【实训内容】

1. 配置路由协议

（1）R1 路由器的基本配置

```
R1(config)#router ospf 1
//启动 OSPF 路由协议,进程号为1,OSPF 的进程号 ID 范围在1~65535 之间,只具有本地意义
R1(config-router)#network 192.168.12.0 0.0.0.255 area 0
//通告网络
R1(config-router)#network 192.168.13.0 0.0.0.255 area 0
R1(config-router)#network 10.10.10.0 0.0.0.255 area 0
```

（2）R2 路由器的基本配置

```
R2(config)#router ospf 1
R2(config-router)#network 192.168.12.0 0.0.0.255 area 0
R2(config-router)#network 192.168.23.0 0.0.0.255 area 0
R2(config-router)#network 20.20.20.0 0.0.0.255 area 0
```

（3）R3 路由器的基本配置

```
R3(config)#router ospf 1
R3(config-router)#network 192.168.13.0 0.0.0.255 area 0
R3(config-router)#network 192.168.23.0 0.0.0.255 area 0
R3(config-router)#network 30.30.30.0 0.0.0.255 area 0
```

OSPF 协议在通告网络时必须加上通配符掩码与区域号码,具体格式为

Router(config-router)#**network** *network-address wildcard-mask* **area** *area-id*

在单区域的 OSPF 配置中,区域号必须为 0,为骨干区域。

2. 查看邻居关系

```
R1#show ip ospf neighbor
```

Neighbor ID	Pri	State	Dead Time	Address	Interface
30.30.30.30	0	FULL/ -	00:00:37	192.168.13.3	Serial0/0/1
20.20.20.20	0	FULL/ -	00:00:30	192.168.12.2	Serial0/0/0

```
R2#show ip ospf neighbor
```

Neighbor ID	Pri	State	Dead Time	Address	Interface
30.30.30.30	0	FULL/ -	00:00:30	192.168.23.3	Serial0/0/1
10.10.10.10	0	FULL/ -	00:00:31	192.168.12.1	Serial0/0/0

```
R3#show ip ospf neighbor
```

Neighbor ID	Pri	State	Dead Time	Address	Interface
20.20.20.20	0	FULL/ -	00:00:31	192.168.23.2	Serial0/0/1
10.10.10.10	0	FULL/ -	00:00:36	192.168.13.1	Serial0/0/0

show ip ospf neighbor 命令的输出包括以下内容。

- Neighbor ID:邻居路由器的 ID。
- Pri:邻居路由器接口的优先级,用于 DR/BDR 的选举。
- State:邻居路由器的接口状态。
- Dead Time:路由器宣告邻居无效所等待的最长时间。
- Address:邻居路由器接口的 IP 地址。
- Interface:连接邻居路由器的本地接口。

3. 查看路由信息

```
R1#show ip protocols
Routing Protocol is "ospf 1"
//路由器运行 OSPF 协议的进程号为 1
    Outgoing update filter list for all interfaces is not set
//在出接口上没有设置分布列表
    Incoming update filter list for all interfaces is not set
```

//在入接口上没有设置分布列表

    Router ID 10.10.10.10

//路由器 ID 为 10.10.10.10,由于没有手工指定路由器 ID,路由器选择环回接口的地址作为其路由器 ID

    Number of areas in this router is 1. 1 normal 0 stub 0 nssa

//路由器中的区域数量(是 1)及区域类型数量

    Maximum path: 4

//支持等价负载均衡默认 4 条路径,最大可以设置 32 条

    Routing for Networks:

        10.10.10.0 0.0.0.255 area 0

        192.168.12.0 0.0.0.255 area 0

        192.168.13.0 0.0.0.255 area 0

//路由器通告的网络及区域

    Reference bandwidth unit is 100 Mbps

//计算度量的参考带宽是 100 Mbps

    Routing Information Sources:

        Gateway   Distance   Last Update

        30.30.30.30   110   00:10:19

        20.20.20.20   110   00:11:14

    Distance: （default is 110）

//默认管理距离 110

4. 查看路由表

（1）R1 路由器的路由表

```
R1#show ip route
（-----省略部分输出-----）
C    192.168.12.0/24 is directly connected, Serial0/0/0
C    192.168.13.0/24 is directly connected, Serial0/0/1
     20.0.0.0/32 is subnetted, 1 subnets
O       20.20.20.20 [110/65] via 192.168.12.2, 00:21:04, Serial0/0/0
     10.0.0.0/24 is subnetted, 1 subnets
C    10.10.10.0 is directly connected, Loopback0
O    192.168.23.0/24 [110/128] via 192.168.13.3, 00:19:03, Serial0/0/1
                     [110/128] via 192.168.12.2, 00:19:48, Serial0/0/0
     30.0.0.0/32 is subnetted, 1 subnets
O       30.30.30.30 [110/65] via 192.168.13.3, 00:18:54, Serial0/0/1
```

（2）R2 路由器的路由表

```
R2#show ip route
（------省略部分输出------）
C    192.168.12.0/24 is directly connected, Serial0/0/0
O    192.168.13.0/24 [110/128] via 192.168.23.3, 00:19:25, Serial0/0/1
                     [110/128] via 192.168.12.1, 00:20:20, Serial0/0/0
     20.0.0.0/24 is subnetted, 1 subnets
C    20.20.20.0 is directly connected, Loopback0
     10.0.0.0/32 is subnetted, 1 subnets
O    10.10.10.10 [110/65] via 192.168.12.1, 00:21:37, Serial0/0/0
C    192.168.23.0/24 is directly connected, Serial0/0/1
     30.0.0.0/32 is subnetted, 1 subnets
O    30.30.30.30 [110/65] via 192.168.23.3, 00:19:17, Serial0/0/1
```

（3）R3 路由器的路由表

```
R3#show ip route
（------省略部分输出------）
O    192.168.12.0/24 [110/128] via 192.168.23.2, 00:19:41, Serial0/0/1
                     [110/128] via 192.168.13.1, 00:19:51, Serial0/0/0
C    192.168.13.0/24 is directly connected, Serial0/0/0
     20.0.0.0/32 is subnetted, 1 subnets
O    20.20.20.20 [110/65] via 192.168.23.2, 00:19:41, Serial0/0/1
     10.0.0.0/32 is subnetted, 1 subnets
O    10.10.10.10 [110/65] via 192.168.13.1, 00:19:51, Serial0/0/0
C    192.168.23.0/24 is directly connected, Serial0/0/1
     30.0.0.0/24 is subnetted, 1 subnets
C    30.30.30.0 is directly connected, Loopback0
```

以上输出显示，在同一个区域内，通过 OSPF 学习的路由，以大写字母"O"标识。

5. OSPF 度量分析

（1）查看 R1 路由器的 OSPF 路由

```
R1#show ip route ospf
     20.0.0.0/32 is subnetted, 1 subnets
O    20.20.20.20 [110/65] via 192.168.12.2, 00:26:52, Serial0/0/0
O    192.168.23.0/24 [110/128] via 192.168.13.3, 00:24:51, Serial0/0/1
                     [110/128] via 192.168.12.2, 00:25:36, Serial0/0/0
     30.0.0.0/32 is subnetted, 1 subnets
O    30.30.30.30 [110/65] via 192.168.13.3, 00:24:41, Serial0/0/1
```

OSPF 网络的度量计算方式是 10^8/带宽（单位：bps），是路由学习方向所有度量之和。

到网络 192.168.23.0/24 的度量计算如下：

$Cost = \sum 10^8/带宽 = [10^8/1\ 544\ 000] + [10^8/1\ 544\ 000] = 128$，这与路由器计算的度量是一致的。（"$[X]$"表示不超过 X 的最大整数）

也可以通过如下命令直接修改接口的 Cost 值。

Router(config-if)**ip ospf cost** *Cost*

（2）修改 R1 路由器配置

```
R1(config)#interface Serial0/0/0
R1(config-if)#ip ospf cost 1000
R1(config)#interface Serial0/0/1
R1(config-if)#ip ospf cost 1000
R1#show ip route ospf
     20.0.0.0/32 is subnetted, 1 subnets
O       20.20.20.20 [110/1001] via 192.168.12.2, 00:00:35, Serial0/0/0
O    192.168.23.0/24 [110/1064] via 192.168.13.3, 00:00:35, Serial0/0/1
                      [110/1064] via 192.168.12.2, 00:00:35, Serial0/0/0
     30.0.0.0/32 is subnetted, 1 subnets
O       30.30.30.30 [110/1001] via 192.168.13.3, 00:00:35, Serial0/0/1
```

由于 R1 的两个入接口的开销值都改成了 1 000，所以到网络 192.168.23.0 的度量值变为：$Cost = 1\ 000 + [10^8/1\ 544\ 000] = 1\ 064$，这与路由器计算的值也是一样的。

6. 查看 OSPF 数据库

```
R1#show ip ospf database
          OSPF Router with ID (10.10.10.10) (Process ID 1)
               Router Link States (Area 0)
```

Link ID	ADV Router	Age	Seq#	Checksum	Link count
10.10.10.10	10.10.10.10	219	0x80000009	0x00DC46	5
20.20.20.20	20.20.20.20	512	0x80000005	0x00224D	5
30.30.30.30	30.30.30.30	346	0x80000004	0x00FD1E	5

以上输出的是 R1 路由器的数据库，R2 与 R3 路由器的数据库应该是一样的，其含义如下。

● Router Link States：因为是单区域而且是点对点链路，所以只有 1 类的 LSA 产生，即路由器 LSA。

● Link ID：这里实际上指的是 Link-State ID，代表整个路由器而不是代表某个链路。这里是 Router Link，所以要用通告它的路由器的 ID 号代表。

● ADV Router：通告链路状态信息的路由器的 ID 号，即 Link ID 名下的内容是由它通告的。

● Age：LSA 的老化时间。

● Seq#：LSA 的序列号。

- Checksum：LSA 的校验和。
- Link count：通告路由器（ADV Router）在本区域（当前是区域 0）的链路数目。

7. OSPF 网络中注入默认路由

在 R3 路由器上引入默认路由，把它传播到 OSPF 的区域。

```
R3(config)#router ospf 1
R3(config-router)#default-information originate always
//引入默认路由,使用 always 命令,即使 R3 没有配置默认路由,路由器也会引入默认路由
```

再次查看 R1 与 R2 两个路由器的 OSPF 路由如下。

```
R1#show ip route ospf
     20.0.0.0/32 is subnetted, 1 subnets
O        20.20.20.20 [110/1001] via 192.168.12.2, 00:34:55, Serial0/0/0
O     192.168.23.0/24 [110/1064] via 192.168.13.3, 00:34:55, Serial0/0/1
                      [110/1064] via 192.168.12.2, 00:34:55, Serial0/0/0
     30.0.0.0/32 is subnetted, 1 subnets
O        30.30.30.30 [110/1001] via 192.168.13.3, 00:34:55, Serial0/0/1
O * E2 0.0.0.0/0 [110/1] via 192.168.13.3, 00:00:56, Serial0/0/1
R2#show ip route ospf
O     192.168.13.0/24 [110/128] via 192.168.23.3, 01:11:06, Serial0/0/1
     10.0.0.0/32 is subnetted, 1 subnets
O        10.10.10.10 [110/65] via 192.168.12.1, 01:13:18, Serial0/0/0
     30.0.0.0/32 is subnetted, 1 subnets
O        30.30.30.30 [110/65] via 192.168.23.3, 01:10:56, Serial0/0/1
O * E2 0.0.0.0/0 [110/1] via 192.168.23.3, 00:01:11, Serial0/0/1
```

以上输出显示，R1 与 R2 两个路由器都学习到了默认路由，以字母"**O * E2**"标识，说明是外部路由类型 E2。

4.2.2　广播多路访问网络 OSPF 配置

【实训目的】

- 掌握广播多路访问 OSPF 的特征。
- 掌握路由器 ID 的选举控制。
- 掌握广播网络 DR/BDR 的选举控制。
- 掌握 OSPF 网络类型配置方法。

【实训拓扑图】

实训拓扑图如图 4-8 所示。

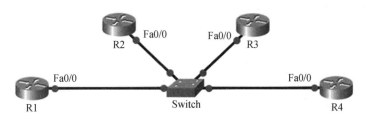

图 4-8 实训拓扑图

设备参数如表 4-5 所示。

表 4-5 设备参数

设　备	接　口	IP 地址	子网掩码	默认网关
R1	Fa0/0	192.168.1.1	255.255.255.0	N/A
	Loopback	10.10.10.10	255.255.255.0	N/A
R2	Fa0/0	192.168.1.2	255.255.255.0	N/A
	Loopback0	20.20.20.20	255.255.255.0	N/A
R3	Fa0/0	192.168.1.3	255.255.255.0	N/A
	Loopback0	30.30.30.30	255.255.255.0	N/A
R4	Fa0/0	192.168.1.4	255.255.255.0	N/A
	Loopback0	40.40.40.40	255.255.255.0	N/A

【实训内容】

1. 路由器配置 RIP 协议

（1）R1 路由器的配置

```
R1（config）#router ospf 1
R1（config-router）#network 192.168.1.0 0.0.0.255 area 0
R1（config-router）#network 10.10.10.0 0.0.0.255 area 0
```

（2）R2 路由器的配置

```
R2（config）#router ospf 1
R2（config-router）#network 192.168.1.0 0.0.0.255 area 0
R2（config-router）#network 20.20.20.0 0.0.0.255 area 0
```

（3）R3 路由器的配置

```
R3（config）#router ospf 1
R3（config-router）#network 192.168.1.0 0.0.0.255 area 0
R3（config-router）#network 30.30.30.0 0.0.0.255 area 0
```

（4）R4 路由器的配置

```
R4(config)#router ospf 1
R4(config-router)#network 192.168.1.0 0.0.0.255 area 0
R4(config-router)#network 40.40.40.0 0.0.0.255 area 0
```

2. 查看邻居列表

```
R1#show ip ospf neighbor

Neighbor ID      Pri    State           Dead Time    Address        Interface
20.20.20.20      1      FULL/BDR        00:00:33     192.168.1.2    FastEthernet0/0
30.30.30.30      1      FULL/DROTHER    00:00:39     192.168.1.3    FastEthernet0/0
40.40.40.40      1      FULL/DROTHER    00:00:36     192.168.1.4    FastEthernet0/0
```

以上输出显示，R1 路由器有 3 个邻居，因为 R1 路由器最先启动 OSPF，并且路由器接口的优先级默认情况下都是 1，所以它自身是指定路由器 DR，邻居路由器 R2 是备份指定路由器 BDR，R3 与 R4 是 DROTHER。

3. 修改路由器 ID

下面手工指定 R1 与 R2 路由器的 ID，分别为 1.1.1.1 与 2.2.2.2。

```
R1(config)#router ospf 1
R1(config-router)#router-id 1.1.1.1
Reload or use "clear ip ospf process" command, for this to take effect
R1#clear ip ospf process
Reset ALL OSPF processes? [no]: y
R2(config)#router ospf 1
R2(config-router)#router-id 2.2.2.2
Reload or use "clear ip ospf process" command, for this to take effect
R2#clear ip ospf process
Reset ALL OSPF processes? [no]: y
```

以上输出显示，手工指定路由器 ID 的命令需要重启，或者用命令"**clear ip ospf process**"重置路由协议进程才能生效，重启后，R3 路由器的邻居关系如下所示。

```
R3#show ip ospf neighbor

Neighbor ID      Pri    State           Dead Time    Address        Interface
1.1.1.1          1      FULL/DROTHER    00:00:36     192.168.1.1    FastEthernet0/0
2.2.2.2          1      FULL/DROTHER    00:00:39     192.168.1.2    FastEthernet0/0
40.40.40.40      1      FULL/DR         00:00:36     192.168.1.4    FastEthernet0/0
```

由于重新启动路由协议进程，DR 与 BDR 进行了重新选举，根据选举规则，R4 路由器成为 DR，R3 路由器成为 BDR。如果想让 R1 路由器重新成为 DR，可以改变接口的优先级，在接口模式下使用命令"**ip ospf priority** *priority*"。

```
R1(config)#interface fastEthernet 0/0
R1(config-if)#ip ospf priority 255
R2(config)#interface fastEthernet 0/0
R2(config-if)#ip ospf priority 254
```

重新启动进程后,再次查看 R3 路由器的邻居。

```
R3#show ip ospf neighbor
Neighbor ID      Pri   State          Dead Time      Address         Interface
1.1.1.1          255   FULL/DR        00:00:31       192.168.1.1     FastEthernet0/0
2.2.2.2          254   FULL/BDR       00:00:30       192.168.1.2     FastEthernet0/0
40.40.40.40      1     2WAY/DROTHER   00:00:32       192.168.1.4     FastEthernet0/0
```

以上输出显示,R1 路由器重新成为 DR,R2 路由器成为 BDR。

4. 修改 OSPF 网络类型

（1）查看 R1 路由器的 OSPF 的接口信息

```
R1#show ip ospf interface fastEthernet 0/0
FastEthernet0/0 is up, line protocol is up
  Internet Address 192.168.1.1/24, Area 0
  Process ID 1, Router ID 1.1.1.1, Network Type BROADCAST, Cost: 1
  Transmit Delay is 1 sec, State DR, Priority 255
//以上输出显示,网络类型是广播,此路由器是指定路由器 DR
  Designated Router (ID) 1.1.1.1, Interface address 192.168.1.1
//DR 路由器的 ID 以及接口的 IP 地址
  Backup Designated router (ID) 2.2.2.2, Interface address 192.168.1.2
//BDR 的路由器 ID 以及接口的 IP 地址
  Timer intervals configured, Hello 10, Dead 40, Wait 40, Retransmit 5
    oob-resync timeout 40
    Hello due in 00:00:03
  Supports Link-local Signaling (LLS)
  Cisco NSF helper support enabled
  IETF NSF helper support enabled
  Index 1/1, flood queue length 0
  Next 0x0(0)/0x0(0)
  Last flood scan length is 1, maximum is 2
  Last flood scan time is 4 msec, maximum is 4 msec
  Neighbor Count is 3, Adjacent neighbor count is 3
//邻居数是 3 个,并且形成 3 个邻接关系
    Adjacent with neighbor 2.2.2.2  (Backup Designated Router)
    Adjacent with neighbor 30.30.30.30
    Adjacent with neighbor 40.40.40.40
  Suppress hello for 0 neighbor(s)
```

可以通过如下命令修改 OSPF 网络类型。

　　　　R1（config-if）#**ip ospf network** *network-type*

（2）修改配置

R1（config）#**interface loopback0**

R1（config-if）#**ip ospf network point-to-point**

//修改 OSPF 网络类型为点对点

R1#**show ip ospf interface loopback0**

Loopback0 is up, line protocol is up

　　Internet Address 10.10.10.10/24, Area 0

　　Process ID 1, Router ID 1.1.1.1, **Network Type POINT_TO_POINT**, Cost: 1

//网络类型点对点

　　Transmit Delay is 1 sec, State POINT_TO_POINT

　　Timer intervals configured, Hello 10, Dead 40, Wait 40, Retransmit 5

　　　oob-resync timeout 40

　　Supports Link-local Signaling (LLS)

　　Cisco NSF helper support enabled

　　IETF NSF helper support enabled

　　Index 2/2, flood queue length 0

　　Next 0x0(0)/0x0(0)

　　Last flood scan length is 0, maximum is 0

　　Last flood scan time is 0 msec, maximum is 0 msec

　　Neighbor Count is 0, Adjacent neighbor count is 0

　　Suppress hello for 0 neighbor(s)

以上输出显示环回接口的 OSPF 网络类型已经修改成点对点。

4.3　实训项目二　OSPF 扩展配置

* *

【实训目的】

- 掌握 OSPF 基于区域的认证配置方法。
- 掌握 OSPF 基于接口的认证配置方法。

【实训拓扑图】

实训拓扑图如图 4-9 所示。

图 4-9 实训拓扑图

设备参数如表4-6所示。

表 4-6 设备参数

设 备	接 口	IP 地址	子网掩码	默认网关
R1	Se0/0/0	192.168.12.1	255.255.255.0	N/A
	Loopback0	10.10.10.10	255.255.255.0	N/A
R2	Se0/0/0	192.168.12.2	255.255.255.0	N/A
	Loopback0	20.20.20.20	255.255.255.0	N/A

一、OSPF 区域认证

1. 基于区域的简单口令认证

（1）R1 路由器的配置

```
R1（config）#router ospf 1
R1（config-router）#network 192.168.12.0 0.0.0.255 area 0
R1（config-router）#network 10.10.10.0 0.0.0.255 area 0
R1（config-router）#area 0 authentication
//启动区域认证,在该区域中所有的接口都必须启用认证
R1（config-router）#exit
R1（config）#interface Serial0/0/0
R1（config-if）#ip ospf authentication-key 0 siso
//设置认证口令 siso
```

（2）R2 路由器的配置

```
R2（config）#router ospf 1
R2（config-router）#network 192.168.12.0 0.0.0.255 area 0
R2（config-router）#network 20.20.20.0 0.0.0.255 area 0
R2（config-router）#area 0 authentication
R2（config-router）#exit
R2（config）#interface Serial0/0/0
R2（config-if）#ip ospf authentication-key siso
```

（3）查看 OSPF 认证信息

```
R1#show ip ospf interface Serial0/0/0
Serial0/0/0 is up, line protocol is up
  Internet Address 192.168.12.1/24, Area 0
```

Process ID 1, Router ID 10.10.10.10, Network Type POINT_TO_POINT, Cost: 64

Transmit Delay is 1 sec, State POINT_TO_POINT

Timer intervals configured, Hello 10, Dead 40, Wait 40, Retransmit 5

  oob-resync timeout 40

  Hello due in 00:00:02

Supports Link-local Signaling (LLS)

Cisco NSF helper support enabled

IETF NSF helper support enabled

Index 1/1, flood queue length 0

Next 0x0(0)/0x0(0)

Last flood scan length is 1, maximum is 1

Last flood scan time is 0 msec, maximum is 0 msec

Neighbor Count is 1, Adjacent neighbor count is 1

  Adjacent with neighbor 20.20.20.20

Suppress hello for 0 neighbor(s)

Simple password authentication enabled

//启用了简单口令认证

R1#**show ip ospf**

 Routing Process "ospf 1" with ID 10.10.10.10

 Start time: 00:06:58.528, Time elapsed: 00:11:14.416

 Supports only single TOS(TOS0) routes

 Supports opaque LSA

 Supports Link-local Signaling (LLS)

 Supports area transit capability

 Router is not originating router-LSAs with maximum metric

 Initial SPF schedule delay 5000 msecs

 Minimum hold time between two consecutive SPFs 10000 msecs

 Maximum wait time between two consecutive SPFs 10000 msecs

 Incremental-SPF disabled

 Minimum LSA interval 5 secs

 Minimum LSA arrival 1000 msecs

 LSA group pacing timer 240 secs

 Interface flood pacing timer 33 msecs

 Retransmission pacing timer 66 msecs

 Number of external LSA 0. Checksum Sum 0x000000

 Number of opaque AS LSA 0. Checksum Sum 0x000000

Number of DCbitless external and opaque AS LSA 0

Number of DoNotAge external and opaque AS LSA 0

Number of areas in this router is 1. 1 normal 0 stub 0 nssa

Number of areas transit capable is 0

External flood list length 0

IETF NSF helper support enabled

Cisco NSF helper support enabled

    Area BACKBONE(0)

        Number of interfaces in this area is 2 (1 loopback)

        Area has simple password authentication

//区域使用了简单口令认证

        SPF algorithm last executed 00:04:29.900 ago

        SPF algorithm executed 4 times

        Area ranges are

        Number of LSA 2. Checksum Sum 0x013D29

        Number of opaque link LSA 0. Checksum Sum 0x000000

        Number of DCbitless LSA 0

        Number of indication LSA 0

        Number of DoNotAge LSA 0

        Flood list length 0

2. 基于区域的 MD5 认证

(1) R1 路由器的配置

R1(config)#**router ospf 1**

R1(config-router)#**network 192.168.12.0 0.0.0.255 area 0**

R1(config-router)#**network 10.10.10.0 0.0.0.255 area 0**

R1(config-router)#**area 0 authentication message-digest**

//启动区域 MD5 认证,在该区域中所有的接口都必须启用认证

R1(config-router)#**exit**

R1(config)#**interface Serial0/0/0**

R1(config-if)#**ip ospf message-digest-key 1 md5 0 siso**

//设置 MD5 认证口令 siso

(2) R2 路由器的配置

R2(config)#**router ospf 1**

R2(config-router)#**network 192.168.12.0 0.0.0.255 area 0**

R2(config-router)#**network 20.20.20.0 0.0.0.255 area 0**

R2(config-router)#**area 0 authentication message-digest**

R2(config-router)#**exit**

R2(config)#**interface Serial0/0/0**

R2(config-if)#**ip ospf message-digest-key 1 md5 0 siso**

（3）查看 OSPF 认证信息

R1#**show ip ospf interface Serial0/0/0**

Serial0/0/0 is up，line protocol is up

   Internet Address 192.168.12.1/24，Area 0

   Process ID 1，Router ID 10.10.10.10，Network Type POINT_TO_POINT，Cost: 64

   Transmit Delay is 1 sec，State POINT_TO_POINT

   Timer intervals configured，Hello 10，Dead 40，Wait 40，Retransmit 5

     oob-resync timeout 40

     Hello due in 00:00:09

   Supports Link-local Signaling（LLS）

   Cisco NSF helper support enabled

   IETF NSF helper support enabled

   Index 1/1，flood queue length 0

   Next 0x0(0)/0x0(0)

   Last flood scan length is 1，maximum is 1

   Last flood scan time is 0 msec，maximum is 0 msec

   Neighbor Count is 1，Adjacent neighbor count is 1

     Adjacent with neighbor 20.20.20.20

   Suppress hello for 0 neighbor(s)

Message digest authentication enabled

   Youngest key id is 1

//启用了 MD5 认证，key id 是 1

R1#**show ip ospf**

Routing Process "ospf 1" with ID 10.10.10.10

 Start time: 00:06:58.528，Time elapsed: 00:18:29.728

 Supports only single TOS(TOS0) routes

 Supports opaque LSA

 Supports Link-local Signaling（LLS）

 Supports area transit capability

 Router is not originating router-LSAs with maximum metric

 Initial SPF schedule delay 5000 msecs

 Minimum hold time between two consecutive SPFs 10000 msecs

 Maximum wait time between two consecutive SPFs 10000 msecs

 Incremental-SPF disabled

 Minimum LSA interval 5 secs

 Minimum LSA arrival 1000 msecs

 LSA group pacing timer 240 secs

 Interface flood pacing timer 33 msecs

 Retransmission pacing timer 66 msecs

Number of external LSA 0. Checksum Sum 0x000000

Number of opaque AS LSA 0. Checksum Sum 0x000000

Number of DCbitless external and opaque AS LSA 0

Number of DoNotAge external and opaque AS LSA 0

Number of areas in this router is 1. 1 normal 0 stub 0 nssa

Number of areas transit capable is 0

External flood list length 0

IETF NSF helper support enabled

Cisco NSF helper support enabled

　　Area BACKBONE(0)

　　　Number of interfaces in this area is 2 (1 loopback)

　　　Area has message digest authentication

　　　SPF algorithm last executed 00:00:32.208 ago

　　　SPF algorithm executed 6 times

　　　Area ranges are

　　　Number of LSA 2. Checksum Sum 0x01352D

　　　Number of opaque link LSA 0. Checksum Sum 0x000000

　　　Number of DCbitless LSA 0

　　　Number of indication LSA 0

　　　Number of DoNotAge LSA 0

　　　Flood list length 0

二、OSPF 接口认证

1. 基于接口的简单口令认证

(1) R1 路由器的配置

R1(config)#**router ospf 1**

R1(config-router)#**network 192.168.12.0 0.0.0.255 area 0**

R1(config-router)#**network 10.10.10.0 0.0.0.255 area 0**

R1(config-router)#**exit**

R1(config)#**interface serial 0/0/0**

R1(config-if)#**ip ospf authentication**

//启用接口简单口令认证

R1(config-if)#**ip ospf authentication-key siso**

//设置简单口令认证密码为 siso

---

(2) R2 路由器的配置

R2(config)#**router ospf 1**

R2(config-router)#**network 192.168.12.0 0.0.0.255 area 0**

R2(config-router)#**network 20.20.20.0 0.0.0.255 area 0**

R2(config-router)#**exit**

R2(config)#**interface serial 0/0/0**

R2(config-if)#**ip ospf authentication**

R2(config-if)#**ip ospf authentication-key siso**

(3) 查看 OSPF 认证信息

R1#**show ip ospf interface Serial0/0/0**

Serial0/0/0 is up, line protocol is up

  Internet Address 192.168.12.1/24, Area 0

  Process ID 1, Router ID 10.10.10.10, Network Type POINT_TO_POINT, Cost: 64

  Transmit Delay is 1 sec, State POINT_TO_POINT

  Timer intervals configured, Hello 10, Dead 40, Wait 40, Retransmit 5

    oob-resync timeout 40

    Hello due in 00:00:00

  Supports Link-local Signaling (LLS)

  Cisco NSF helper support enabled

  IETF NSF helper support enabled

  Index 1/1, flood queue length 0

  Next 0x0(0)/0x0(0)

  Last flood scan length is 1, maximum is 1

  Last flood scan time is 0 msec, maximum is 0 msec

  Neighbor Count is 1, Adjacent neighbor count is 1

    Adjacent with neighbor 20.20.20.20

  Suppress hello for 0 neighbor(s)

Simple password authentication enabled

//接口上启用了简单口令认证

R1# **show ip ospf**

 Routing Process "ospf 1" with ID 10.10.10.10

(------省略部分输出------)

    Area BACKBONE(0)

      Number of interfaces in this area is 2 (1 loopback)

      Area has no authentication

//区域没有进行认证

      SPF algorithm last executed 00:02:13.636 ago

      SPF algorithm executed 10 times

      Area ranges are

Number of LSA 2. Checksum Sum 0x012535

Number of opaque link LSA 0. Checksum Sum 0x000000

Number of DCbitless LSA 0

Number of indication LSA 0

Number of DoNotAge LSA 0

Flood list length 0

2. 基于接口的 MD5 认证

（1）R1 路由器的配置

R1（config）#**router ospf 1**

R1（config-router）#**network 192.168.12.0 0.0.0.255 area 0**

R1（config-router）#**network 10.10.10.0 0.0.0.255 area 0**

R1（config-router）#**exit**

R1（config）#**interface Serial0/0/0**

R1（config-if）#**ip ospf authentication message-digest**

//启用接口 MD5 认证

R1（config-if）#**ip ospf message-digest-key 1 md5 0 siso**

//设置 MD5 认证密码为 siso

（2）R2 路由器的配置

R2（config）#**router ospf 1**

R2（config-router）#**network 192.168.12.0 0.0.0.255 area 0**

R2（config-router）#**network 20.20.20.0 0.0.0.255 area 0**

R2（config-router）#**exit**

R2（config）#**interface serial 0/0/0**

R2（config-if）#**ip ospf authentication message-digest**

R2（config-if）#**ip ospf message-digest-key 1 md5 0 siso**

（3）查看 OSPF 认证信息

R1#**show ip ospf interface Serial0/0/0**

Serial0/0/0 is up，line protocol is up

　Internet Address 192.168.12.1/24，Area 0

　Process ID 1，Router ID 10.10.10.10，Network Type POINT_TO_POINT，Cost: 64

　Transmit Delay is 1 sec，State POINT_TO_POINT

　Timer intervals configured，Hello 10，Dead 40，Wait 40，Retransmit 5

　　oob-resync timeout 40

　　Hello due in 00:00:09

　Supports Link-local Signaling（LLS）

　Cisco NSF helper support enabled

　IETF NSF helper support enabled

Index 1/1, flood queue length 0

Next 0x0(0)/0x0(0)

Last flood scan length is 1, maximum is 1

Last flood scan time is 0 msec, maximum is 0 msec

Neighbor Count is 0, Adjacent neighbor count is 0

Suppress hello for 0 neighbor(s)

Message digest authentication enabled

Youngest key id is 1

//启用了 MD5 认证,key id 是 1

R1#**show ip ospf**

 Routing Process "ospf 1" with ID 10.10.10.10

(------省略部分输出------)

　Area BACKBONE(0)(Inactive)

　　　　Number of interfaces in this area is 2(1 loopback)

　　　　Area has no authentication

//没有进行区域认证

　　　　SPF algorithm last executed 00:02:17.544 ago

　　　　SPF algorithm executed 11 times

　　　　Area ranges are

　　　　Number of LSA 2. Checksum Sum 0x00E28C

　　　　Number of opaque link LSA 0. Checksum Sum 0x000000

　　　　Number of DCbitless LSA 0

　　　　Number of indication LSA 0

　　　　Number of DoNotAge LSA 0

　　　　Flood list length 0

4.4 实训项目三　多区域 OSPF 配置

4.4.1　多区域 OSPF 基本配置

【实训目的】

- 理解 OSPF 多区域的概念。
- 掌握多区域 OSPF 配置命令。
- 理解 OSPF LSA 类型。

【实训拓扑图】

实训拓扑图如图 4-10 所示。

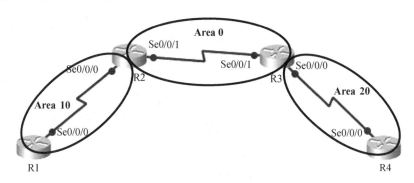

图 4-10　实训拓扑图

设备参数如表 4-7 所示。

表 4-7　设备参数

设　备	接　口	IP 地址	子网掩码	默认网关
R1	Se0/0/0	192.168.12.1	255.255.255.0	N/A
	Loopback0	10.10.10.10	255.255.255.0	N/A
R2	Se0/0/0	192.168.12.2	255.255.255.0	N/A
	Se0/0/1	192.168.23.2	255.255.255.0	N/A
	Loopback0	20.20.20.20	255.255.255.0	N/A
R3	Se0/0/0	192.168.34.3	255.255.255.0	N/A
	Se0/0/1	192.168.23.3	255.255.255.0	N/A
	Loopback0	30.30.30.30	255.255.255.0	N/A
R4	Se0/0/0	192.168.34.4	255.255.255.0	N/A
	Loopback0	40.40.40.40	255.255.255.0	N/A

【实训内容】

在本实训中设置 3 个区域:区域 0、区域 10 和区域 20。

1. 配置路由协议

(1) R1 路由器的配置

```
R1(config)#router ospf 1
R1(config-router)#network 192.168.12.0 0.0.0.255 area 10
R1(config-router)#network 10.10.10.0 0.0.0.255 area 10
```

（2）R2 路由器的配置

```
R2(config)#router ospf 1
R2(config-router)#network 192.168.12.0 0.0.0.255 area 10
R2(config-router)#network 192.168.23.0 0.0.0.255 area 0
R2(config-router)#network 20.20.20.0 0.0.0.255 area 0
//环回接口宣告在骨干区域中
```

（3）R3 路由器的配置

```
R3(config)#router ospf  1
R3(config-router)#network 192.168.23.0 0.0.0.255 area 0
R3(config-router)#network 30.30.30.0 0.0.0.255 area 0
R3(config-router)#network 192.168.34.0 0.0.0.255 area 20
```

（4）R4 路由器的配置

```
R4(config)#router ospf 1
R4(config-router)#network 192.168.34.0 0.0.0.255 area 20
R4(config-router)#network 40.40.40.0 0.0.0.255 area 20
```

2. 查看 OSPF 路由表

（1）R1 路由器的 OSPF 路由

```
R1#show ip route ospf
      20.0.0.0/32 is subnetted, 1 subnets
O IA     20.20.20.20 [110/65] via 192.168.12.2, 00:05:21, Serial0/0/0
      40.0.0.0/32 is subnetted, 1 subnets
O IA     40.40.40.40 [110/193] via 192.168.12.2, 00:01:42, Serial0/0/0
O IA 192.168.23.0/24 [110/128] via 192.168.12.2, 00:04:15, Serial0/0/0
O IA 192.168.34.0/24 [110/192] via 192.168.12.2, 00:02:10, Serial0/0/0
      30.0.0.0/32 is subnetted, 1 subnets
O IA     30.30.30.30 [110/129] via 192.168.12.2, 00:03:16, Serial0/0/0
```

（2）R2 路由器的 OSPF 路由

```
R2#show ip route ospf
      40.0.0.0/32 is subnetted, 1 subnets
O IA     40.40.40.40 [110/129] via 192.168.23.3, 00:02:26, Serial0/0/1
      10.0.0.0/32 is subnetted, 1 subnets
O        10.10.10.10 [110/65] via 192.168.12.1, 00:06:10, Serial0/0/0
O IA 192.168.34.0/24 [110/128] via 192.168.23.3, 00:02:54, Serial0/0/1
      30.0.0.0/32 is subnetted, 1 subnets
O        30.30.30.30 [110/65] via 192.168.23.3, 00:04:00, Serial0/0/1
```

（3）R3 路由器的 OSPF 路由

```
R3#show ip route ospf
O IA 192.168.12.0/24 ［110/128］via 192.168.23.2,00:03:24,Serial0/0/1
      20.0.0.0/32 is subnetted,1 subnets
O        20.20.20.20 ［110/65］via 192.168.23.2,00:03:24,Serial0/0/1
      40.0.0.0/32 is subnetted,1 subnets
O        40.40.40.40 ［110/65］via 192.168.34.4,00:02:50,Serial0/0/0
      10.0.0.0/32 is subnetted,1 subnets
O IA     10.10.10.10 ［110/129］via 192.168.23.2,00:03:24,Serial0/0/1
```

（4）R4 路由器的 OSPF 路由

```
R4#show ip route ospf
O IA 192.168.12.0/24 ［110/192］via 192.168.34.3,00:03:21,Serial0/0/0
      20.0.0.0/32 is subnetted,1 subnets
O IA     20.20.20.20 ［110/129］via 192.168.34.3,00:03:21,Serial0/0/0
      10.0.0.0/32 is subnetted,1 subnets
O IA     10.10.10.10 ［110/193］via 192.168.34.3,00:03:21,Serial0/0/0
O IA 192.168.23.0/24 ［110/128］via 192.168.34.3,00:03:21,Serial0/0/0
      30.0.0.0/32 is subnetted,1 subnets
O IA     30.30.30.30 ［110/65］via 192.168.34.3,00:03:21,Serial0/0/0
```

路由表中以字母"**O**"标识的条目是区域内路由,以字母"**O IA**"标识的条目代表区域间路由。

3. 查看 OSPF 数据库

（1）R1 路由器的数据库

```
R1#show ip ospf database
          OSPF Router with ID (10.10.10.10) (Process ID 1)
          Router Link States (Area 10)
Link ID          ADV Router         Age        Seq#          Checksum Link count
10.10.10.10       10.10.10.10        1547       0x80000004 0x00FEDC 3
20.20.20.20       20.20.20.20        1529       0x80000002 0x0008E4 2
          Summary Net Link States (Area 10)
Link ID          ADV Router         Age        Seq#          Checksum
20.20.20.20       20.20.20.20        1524       0x80000001 0x009DFD
30.30.30.30       20.20.20.20        1399       0x80000001 0x0052E0
40.40.40.40       20.20.20.20        1305       0x80000001 0x0007C3
192.168.23.0       20.20.20.20       1458       0x80000001 0x00022A
192.168.34.0       20.20.20.20       1333       0x80000001 0x000BD5
```

（2）R2 路由器的数据库

```
R2#show ip ospf database
          OSPF Router with ID（20.20.20.20）（Process ID 1）
              Router Link States（Area 0）
Link ID              ADV Router           Age        Seq#          Checksum      Link count
20.20.20.20          20.20.20.20          1467       0x80000004 0x002EF4         3
30.30.30.30          30.30.30.30          1392       0x80000003 0x006D65         3
              Summary Net Link States（Area 0）
Link ID              ADV Router           Age        Seq#          Checksum
10.10.10.10          20.20.20.20          1582       0x80000001 0x00ED95
40.40.40.40          30.30.30.30          1359       0x80000001 0x00578B
192.168.12.0         20.20.20.20          1582       0x80000001 0x007BBB
192.168.34.0         30.30.30.30          1388       0x80000001 0x005B9D
              Router Link States（Area 10）
Link ID              ADV Router           Age        Seq#          Checksum      Link count
10.10.10.10          10.10.10.10          1602       0x80000004 0x00FEDC         3
20.20.20.20          20.20.20.20          1582       0x80000002 0x0008E4         2
              Summary Net Link States（Area 10）
Link ID              ADV Router           Age        Seq#          Checksum
20.20.20.20          20.20.20.20          1577       0x80000001 0x009DFD
30.30.30.30          20.20.20.20          1454       0x80000001 0x0052E0
40.40.40.40          20.20.20.20          1360       0x80000001 0x0007C3
192.168.23.0         20.20.20.20          1513       0x80000001 0x00022A
192.168.34.0         20.20.20.20          1388       0x80000001 0x000BD5
```

（3）R3 路由器的数据库

```
R3#show ip ospf database
          OSPF Router with ID（30.30.30.30）（Process ID 1）
              Router Link States（Area 0）
Link ID              ADV Router           Age        Seq#          Checksum      Link count
20.20.20.20          20.20.20.20          1501       0x80000004 0x002EF4         3
30.30.30.30          30.30.30.30          1424       0x80000003 0x006D65         3
              Summary Net Link States（Area 0）
Link ID              ADV Router           Age        Seq#          Checksum
10.10.10.10          20.20.20.20          1616       0x80000001 0x00ED95
40.40.40.40          30.30.30.30          1391       0x80000001 0x00578B
192.168.12.0         20.20.20.20          1616       0x80000001 0x007BBB
192.168.34.0         30.30.30.30          1420       0x80000001 0x005B9D
              Router Link States（Area 20）
Link ID              ADV Router           Age        Seq#          Checksum      Link count
30.30.30.30          30.30.30.30          1406       0x80000003 0x0008ED         2
40.40.40.40          40.40.40.40          1392       0x80000002 0x009884         3
```

Summary Net Link States（Area 20）				
Link ID	ADV Router	Age	Seq#	Checksum
10. 10. 10. 10	30. 30. 30. 30	1425	0x80000001	0x0043D7
20. 20. 20. 20	30. 30. 30. 30	1426	0x80000001	0x00F240
30. 30. 30. 30	30. 30. 30. 30	1426	0x80000001	0x00A2A8
192. 168. 12. 0	30. 30. 30. 30	1426	0x80000001	0x00D0FD
192. 168. 23. 0	30. 30. 30. 30	1426	0x80000001	0x00D42F

（4）R4 路由器的数据库

R4#show ip ospf database

OSPF Router with ID（40.40.40.40）（Process ID 1）

Router Link States（Area 20）					
Link ID	ADV Router	Age	Seq#	Checksum	Link count
30. 30. 30. 30	30. 30. 30. 30	1434	0x80000003	0x0008ED	2
40. 40. 40. 40	40. 40. 40. 40	1419	0x80000002	0x009884	3

Summary Net Link States（Area 20）				
Link ID	ADV Router	Age	Seq#	Checksum
10. 10. 10. 10	30. 30. 30. 30	1452	0x80000001	0x0043D7
20. 20. 20. 20	30. 30. 30. 30	1452	0x80000001	0x00F240
30. 30. 30. 30	30. 30. 30. 30	1452	0x80000001	0x00A2A8
192. 168. 12. 0	30. 30. 30. 30	1452	0x80000001	0x00D0FD
192. 168. 23. 0	30. 30. 30. 30	1452	0x80000001	0x00D42F

以上输出显示,在整个 OSPF 区域中产生了两种类型的 LSA:路由器 LSA 和网络汇总 LSA。

4.4.2　OSPF STUB 区域配置

【实训目的】

- 深入理解 OSPF 多种 LSA 类型。
- 掌握末梢区域与完全末梢区域的特点。
- 掌握 STUB 区域配置命令。

【实训拓扑图】

实训拓扑图如图 4-11 所示。

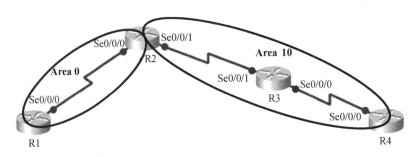

图 4-11 实训拓扑图

设备参数如表4-8所示。

表 4-8 设备参数

设 备	接 口	IP 地址	子网掩码	默认网关
R1	Se0/0/0	192.168.12.1	255.255.255.0	N/A
	Loopback0	10.10.10.10	255.255.255.0	N/A
R2	Se0/0/0	192.168.12.2	255.255.255.0	N/A
	Se0/0/1	192.168.23.2	255.255.255.0	N/A
	Loopback0	20.20.20.20	255.255.255.0	N/A
R3	Se0/0/0	192.168.34.3	255.255.255.0	N/A
	Se0/0/1	192.168.23.3	255.255.255.0	N/A
	Loopback0	30.30.30.30	255.255.255.0	N/A
R4	Se0/0/0	192.168.34.4	255.255.255.0	N/A
	Loopback0	40.40.40.40	255.255.255.0	N/A

本实训中把区域10设置为末梢区域与完全末梢区域来观察路由表以及LSA的变化。

【实训内容】

1. 配置路由协议

（1）R1 路由器的基本配置

```
R1(config)#router ospf 1
R1(config-router)#network 192.168.12.0 0.0.0.255 area 0
R1(config-router)#redistribute connected subnets
//引入直连路由,构造5类LSA
```

（2）R2 路由器的基本配置

```
R2(config)#router ospf 1
R2(config-router)#network 192.168.12.0 0.0.0.255 area 0
R2(config-router)#network 20.20.20.0 0.0.0.255 area 0
R2(config-router)#network 192.168.23.0 0.0.0.255 area 10
```

（3）R3 路由器的基本配置

R3(config)#**router ospf 1**
R3(config-router)#**network 192.168.23.0 0.0.0.255 area 10**
R3(config-router)#**network 192.168.34.0 0.0.0.255 area 10**
R3(config-router)#**network 30.30.30.0 0.0.0.255 area 10**

（4）R4 路由器的基本配置

R4(config)#**router ospf 1**
R4(config-router)#**network 192.168.34.0 0.0.0.255 area 10**
R4(config-router)#**network 40.40.40.0 0.0.0.255 area 10**

（5）查看 OSPF 路由表

R1#**show ip route ospf**
　　20.0.0.0/32 is subnetted, 1 subnets
O　　　20.20.20.20 [110/65] via 192.168.12.2, 00:13:57, Serial0/0/0
　　40.0.0.0/32 is subnetted, 1 subnets
O IA　40.40.40.40 [110/193] via 192.168.12.2, 00:10:02, Serial0/0/0
O IA 192.168.23.0/24 [110/128] via 192.168.12.2, 00:13:45, Serial0/0/0
O IA 192.168.34.0/24 [110/192] via 192.168.12.2, 00:11:57, Serial0/0/0
　　30.0.0.0/32 is subnetted, 1 subnets
O IA　　30.30.30.30 [110/129] via 192.168.12.2, 00:10:56, Serial0/0/0
R2#**show ip route ospf**
　　40.0.0.0/32 is subnetted, 1 subnets
O　　　40.40.40.40 [110/129] via 192.168.23.3, 00:10:16, Serial0/0/1
　　10.0.0.0/24 is subnetted, 1 subnets
O E2　10.10.10.0 [110/20] via 192.168.12.1, 00:14:04, Serial0/0/0
O　　192.168.34.0/24 [110/128] via 192.168.23.3, 00:12:10, Serial0/0/1
　　30.0.0.0/32 is subnetted, 1 subnets
O　　　30.30.30.30 [110/65] via 192.168.23.3, 00:11:09, Serial0/0/1
R3#**show ip route ospf**
O IA 192.168.12.0/24 [110/128] via 192.168.23.2, 00:12:36, Serial0/0/1
　　20.0.0.0/32 is subnetted, 1 subnets
O IA　20.20.20.20 [110/65] via 192.168.23.2, 00:12:36, Serial0/0/1
　　40.0.0.0/32 is subnetted, 1 subnets
O　　　40.40.40.40 [110/65] via 192.168.34.4, 00:10:31, Serial0/0/0
　　10.0.0.0/24 is subnetted, 1 subnets
O E2　10.10.10.0 [110/20] via 192.168.23.2, 00:12:36, Serial0/0/1
R4#**show ip route ospf**
O IA 192.168.12.0/24 [110/192] via 192.168.34.3, 00:11:00, Serial0/0/0
　　20.0.0.0/32 is subnetted, 1 subnets

```
O IA     20.20.20.20 [110/129] via 192.168.34.3, 00:11:00, Serial0/0/0
    10.0.0.0/24 is subnetted, 1 subnets
O E2    10.10.10.0 [110/20] via 192.168.34.3, 00:11:00, Serial0/0/0
O      192.168.23.0/24 [110/128] via 192.168.34.3, 00:11:00, Serial0/0/0
    30.0.0.0/32 is subnetted, 1 subnets
O      30.30.30.30 [110/65] via 192.168.34.3, 00:11:00, Serial0/0/0
```

以上路由表中,以字母"**O E2**"标识的路由代表外部路由,类型 2。OSPF 的外部路由引入时分为两种类型:类型 1 与类型 2,分别以字母"E1""E2"标识,区别在于度量的计算方式不同,两种计算度量的方法如下。

- 类型 1:外部路径成本与内部路径成本之和。
- 类型 2:只计算外部路径成本之和,不计入到达 ASBR 路由器的路径代价。

(6) 查看 R4 路由器的 OSPF 链路状态数据库

```
R4#show ip ospf database
        OSPF Router with ID (40.40.40.40) (Process ID 1)
            Router Link States (Area 10)
Link ID        ADV Router      Age      Seq#      Checksum      Link count
20.20.20.20    20.20.20.20     1199     0x80000002 0x002A5C    2
30.30.30.30    30.30.30.30     1084     0x80000004 0x001069    5
40.40.40.40    40.40.40.40     1070     0x80000002 0x009884    3
            Summary Net Link States (Area 10)
Link ID        ADV Router      Age      Seq#      Checksum
20.20.20.20    20.20.20.20     1297     0x80000001 0x009DFD
192.168.12.0   20.20.20.20     1297     0x80000001 0x007BBB
            Summary ASB Link States (Area 10)
Link ID        ADV Router      Age      Seq#      Checksum
10.10.10.10    20.20.20.20     1297     0x80000001 0x00D5AD
            Type-5 AS External Link States
Link ID        ADV Router      Age      Seq#      Checksum      Tag
10.10.10.0     10.10.10.10     1453     0x80000001 0x005109    0
```

以上输出显示,R4 路由器有 4 种类型的 LSA,分别是路由器 LSA、网络汇总 LSA、ASBR 汇总 LSA 和外部 LSA。

2. STUB 区域配置

(1) R2 路由器的配置

```
R2(config)#router ospf 1
R2(config-router)#area 10 stub
//配置区域 10 为末梢区域
```

（2）R3 路由器的配置

R3（config）#**router ospf 1**

R3（config-router）#**area 10 stub**

（3）R4 路由器的配置

R4（config）#**router ospf 1**

R4（config-router）#**area 10 stub**

（4）R3 与 R4 两个路由器的 OSPF 路由

R3#**show ip route ospf**

O IA 192.168.12.0/24［110/128］via 192.168.23.2，00：05：02，Serial0/0/1

　　20.0.0.0/32 is subnetted，1 subnets

O IA　　20.20.20.20［110/65］via 192.168.23.2，00：05：02，Serial0/0/1

　　40.0.0.0/32 is subnetted，1 subnets

O　　　40.40.40.40［110/65］via 192.168.34.4，00：04：42，Serial0/0/0

O ∗ IA 0.0.0.0/0［110/65］via 192.168.23.2，00：05：02，Serial0/0/1

R4#**show ip route ospf**

O IA 192.168.12.0/24［110/192］via 192.168.34.3，00：04：54，Serial0/0/0

　　20.0.0.0/32 is subnetted，1 subnets

O IA　　20.20.20.20［110/129］via 192.168.34.3，00：04：54，Serial0/0/0

O　　192.168.23.0/24［110/128］via 192.168.34.3，00：04：54，Serial0/0/0

　　30.0.0.0/32 is subnetted，1 subnets

O　　　30.30.30.30［110/65］via 192.168.34.3，00：04：54，Serial0/0/0

O ∗ IA 0.0.0.0/0［110/129］via 192.168.34.3，00：04：54，Serial0/0/0

以上输出显示，区域 10 配置成为末梢区域之后不再接受 5 类的 LSA，所以路由表中没有外部引入的路由，取而代之的是一条以"**O ∗ IA**"标识的默认路由。

3. totally stubby 区域配置

（1）修改 R2 路由器的配置

R2（config）#**router ospf 1**

R2（config-router）#**area 10 stub no-summary**

//配置区域 10 为完全末梢区域

（2）观察 R3 与 R4 路由器的路由表变化

R3#**show ip route ospf**

　　40.0.0.0/32 is subnetted，1 subnets

O　　　40.40.40.40［110/65］via 192.168.34.4，00：09：18，Serial0/0/0

O ∗ IA 0.0.0.0/0［110/65］via 192.168.23.2，00：01：01，Serial0/0/1

R4#**show ip route ospf**

O　　192.168.23.0/24［110/128］via 192.168.34.3，00：09：29，Serial0/0/0

　　30.0.0.0/32 is subnetted，1 subnets

```
O        30.30.30.30 [110/65] via 192.168.34.3, 00:09:29, Serial0/0/0
O * IA 0.0.0.0/0 [110/129] via 192.168.34.3, 00:01:14, Serial0/0/0
```

以上输出显示,区域 10 变成完全末梢区域之后不接收外部路由以及区域间路由,仍然会生成一条以"**O * IA**"标识的默认路由。

4.4.3　OSPF NSSA 区域配置

【实训目的】

- 掌握 NSSA 区域的特点。
- 掌握 NSSA 区域配置命令的使用方法。

【实训拓扑图】

实训拓扑图如图 4-12 所示。

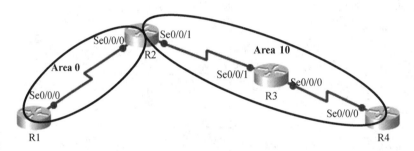

图 4-12　实训拓扑图

设备参数如表 4-9 所示。

表 4-9　设备参数

设　备	接　口	IP 地址	子网掩码	默认网关
R1	Se0/0/0	192.168.12.1	255.255.255.0	N/A
	Loopback0	10.10.10.10	255.255.255.0	N/A
R2	Se0/0/0	192.168.12.2	255.255.255.0	N/A
	Se0/0/1	192.168.23.2	255.255.255.0	N/A
	Loopback0	20.20.20.20	255.255.255.0	N/A
R3	Se0/0/0	192.168.34.3	255.255.255.0	N/A
	Se0/0/1	192.168.23.3	255.255.255.0	N/A
	Loopback0	30.30.30.30	255.255.255.0	N/A
R4	Se0/0/0	192.168.34.4	255.255.255.0	N/A
	Loopback0	40.40.40.40	255.255.255.0	N/A

【实训内容】

1. 配置路由协议

（1）R1 路由器的配置

R1(config)#**router ospf 1**

R1(config-router)#**network 192.168.12.0 0.0.0.255 area 0**

R1(config-router)#**redistribute connected subnets metric-type 1**

//引入直连路由,构造 5 类 LSA,指定引入路由类型为 E1

（2）R2 路由器的配置

R2(config)#**router ospf 1**

R2(config-router)#**network 192.168.12.0 0.0.0.255 area 0**

R2(config-router)#**network 192.168.23.0 0.0.0.255 area 10**

R2(config-router)#**redistribute connected subnets metric-type 1**

（3）R3 路由器的配置

R3(config)#**router ospf 1**

R3(config-router)#**network 192.168.23.0 0.0.0.255 area 10**

R3(config-router)#**network 192.168.34.0 0.0.0.255 area 10**

R3(config-router)#**redistribute connected subnets metric-type 1**

（4）R4 路由器的配置

R4(config)#**router ospf 1**

R4(config-router)#**network 192.168.34.0 0.0.0.255 area 10**

R4(config-router)#**network 40.40.40.0 0.0.0.255 area 10**

2. 配置 NSSA 区域

（1）R2 路由器的配置

R2(config)#**router ospf 1**

R2(config-router)#**area 10 nssa**

//配置区域 10 为非纯末梢区域

（2）R3 路由器的配置

R3(config)#**router ospf 1**

R3(config-router)#**area 10 nssa**

（3）R4 路由器的配置

R4(config)#**router ospf 1**

R4(config-router)#**area 10 nssa**

（4）查看 R3 与 R4 两个路由器的路由表

```
R3#show ip route ospf
O IA 192.168.12.0/24 [110/128] via 192.168.23.2, 00:01:35, Serial0/0/1
        20.0.0.0/24 is subnetted, 1 subnets
O N1    20.20.20.0 [110/84] via 192.168.23.2, 00:01:35, Serial0/0/1
        40.0.0.0/32 is subnetted, 1 subnets
O       40.40.40.40 [110/65] via 192.168.34.4, 00:01:14, Serial0/0/0
R4#show ip route ospf
O IA 192.168.12.0/24 [110/192] via 192.168.34.3, 00:00:45, Serial0/0/0
        20.0.0.0/24 is subnetted, 1 subnets
O N1    20.20.20.0 [110/148] via 192.168.34.3, 00:00:45, Serial0/0/0
O       192.168.23.0/24 [110/128] via 192.168.34.3, 00:00:45, Serial0/0/0
        30.0.0.0/24 is subnetted, 1 subnets
O N1    30.30.30.0 [110/84] via 192.168.34.3, 00:00:45, Serial0/0/0
```

以上输出显示 NSSA 区域只能学习区域间路由以及本区域引入的外部路由,其他区域引入的外部路由不能进入 NSSA 区域,学习到的外部路由以字母"**O N1**"标识。

（5）查看 R1 与 R3 两个路由器的链路状态数据库

```
R1#show ip ospf database
            OSPF Router with ID (10.10.10.10) (Process ID 1)
              Router Link States (Area 0)
```

Link ID	ADV Router	Age	Seq#	Checksum	Link count
10.10.10.10	10.10.10.10	315	0x80000004	0x0049C9	2
20.20.20.20	20.20.20.20	833	0x80000006	0x0006E0	2

```
              Summary Net Link States (Area 0)
```

Link ID	ADV Router	Age	Seq#	Checksum	
40.40.40.40	20.20.20.20	284	0x80000001	0x0007C3	
192.168.23.0	20.20.20.20	225	0x80000002	0x00FF2B	
192.168.34.0	20.20.20.20	312	0x80000001	0x000BD5	

```
            Type-5 AS External Link States
```

Link ID	ADV Router	Age	Seq#	Checksum	Tag
10.10.10.0	10.10.10.10	915	0x80000001	0x00CD0D	0
20.20.20.0	20.20.20.20	572	0x80000001	0x00375D	0
30.30.30.0	20.20.20.20	311	0x80000001	0x00E304 0	

```
R3#show ip ospf database
            OSPF Router with ID (30.30.30.30) (Process ID 1)
              Router Link States (Area 10)
```

Link ID	ADV Router	Age	Seq#	Checksum	Link count
20.20.20.20	20.20.20.20	245	0x80000005	0x00CFAB	2
30.30.30.30	30.30.30.30	125	0x80000009	0x0033C2	4
40.40.40.40	40.40.40.40	35	0x80000005	0x0038DB	3

Summary Net Link States（Area 10）				
Link ID	ADV Router	Age	Seq#	Checksum
192.168.12.0	20.20.20.20	245	0x80000004	0x001B13

Type-7 AS External Link States（Area 10）

Link ID	ADV Router	Age	Seq#	Checksum	Tag
20.20.20.0	20.20.20.20	385	0x80000001	0x001B77	0
30.30.30.0	30.30.30.30	337	0x80000001	0x002293	0

以上输出显示,在 NSSA 区域引入的路由是 7 类 LSA,到区域 0 之后转换成了 5 类 LSA。

3. 配置 Totally NSSA 区域

（1）修改 R2 路由器的配置

```
R2(config)#router ospf 1
R2(config-router)#area 10 nssa no-summary
//配置区域10为完全非纯末梢区域
```

（2）查看 R3 与 R4 两个路由器的路由表

```
R3#show ip route ospf
     20.0.0.0/24 is subnetted, 1 subnets
O N1     20.20.20.0 [110/84] via 192.168.23.2, 00:11:43, Serial0/0/1
     40.0.0.0/32 is subnetted, 1 subnets
O        40.40.40.40 [110/65] via 192.168.34.4, 00:11:23, Serial0/0/0
O * IA 0.0.0.0/0 [110/65] via 192.168.23.2, 00:02:18, Serial0/0/1
R4#show ip route ospf
     20.0.0.0/24 is subnetted, 1 subnets
O N1     20.20.20.0 [110/148] via 192.168.34.3, 00:11:29, Serial0/0/0
O        192.168.23.0/24 [110/128] via 192.168.34.3, 00:11:29, Serial0/0/0
     30.0.0.0/24 is subnetted, 1 subnets
O N1     30.30.30.0 [110/84] via 192.168.34.3, 00:11:29, Serial0/0/0
O * IA 0.0.0.0/0 [110/129] via 192.168.34.3, 00:02:32, Serial0/0/0
```

以上输出显示,完全非纯末梢区域比非纯末梢区域多了一条以"O * IA"标识的默认路由。

4.4.4　OSPF 虚链路配置

【实训目的】

- 理解 OSPF 虚链路的含义。
- 掌握 OSPF 虚链路的配置方法。

【实训拓扑图】

实训拓扑图如图 4-13 所示。

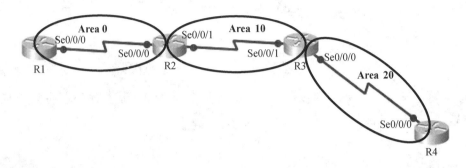

图 4-13　实训拓扑图

设备参数如表 4-10 所示。

表 4-10　设备参数

设　备	接　口	IP 地址	子网掩码	默认网关
R1	Se0/0/0	192.168.12.1	255.255.255.0	N/A
	Loopback0	10.10.10.10	255.255.255.0	N/A
R2	Se0/0/0	192.168.12.2	255.255.255.0	N/A
	Se0/0/1	192.168.23.2	255.255.255.0	N/A
R3	Se0/0/0	192.168.34.3	255.255.255.0	N/A
	Se0/0/1	192.168.23.3	255.255.255.0	N/A
R4	Se0/0/0	192.168.34.4	255.255.255.0	N/A
	Loopback0	40.40.40.40	255.255.255.0	N/A

【实训内容】

1. 配置路由协议

（1）R1 路由器的配置

```
R1(config)#router ospf 1
R1(config-router)#network 192.168.12.0 0.0.0.255 area 0
R1(config-router)#network 10.10.10.0 0.0.0.255 area 0
```

（2）R2 路由器的配置

```
R2(config)#router ospf 1
R2(config-router)#network 192.168.12.0 0.0.0.255 area 0
R2(config-router)#network 20.20.20.0 0.0.0.255 area 0
R2(config-router)#network 192.168.23.0 0.0.0.255 area 10
R2(config-router)#area 10 virtual-link 30.30.30.30
//配置虚链路,指定对端路由器 ID
```

（3）R3 路由器的配置

```
R3(config)#router ospf 1
R3(config-router)#network 192.168.23.0 0.0.0.255 area 10
R3(config-router)#network 30.30.30.0 0.0.0.255 area 10
R3(config-router)#network 192.168.34.0 0.0.0.255 area 20
R3(config-router)#area 10 virtual-link 20.20.20.20
```

（4）R4 路由器的配置

```
R4(config)#router ospf 1
R4(config-router)#network 192.168.34.0 0.0.0.255 area 20
R4(config-router)#network 40.40.40.0 0.0.0.255 area 20
```

2. 查看邻居关系

```
R2#show ip ospf neighbor
```

Neighbor ID	Pri	State	Dead Time	Address	Interface
30.30.30.30	**0**	**FULL/ -**	**-**	**192.168.23.3**	**OSPF_VL1**
10.10.10.10	0	FULL/ -	00:00:32	192.168.12.1	Serial0/0/0
30.30.30.30	0	FULL/ -	00:00:34	192.168.23.3	Serial0/0/1

```
R3#show ip ospf neighbor
```

Neighbor ID	Pri	State	Dead Time	Address	Interface
20.20.20.20	**0**	**FULL/ -**	**-**	**192.168.23.2**	**OSPF_VL1**
20.20.20.20	0	FULL/ -	00:00:38	192.168.23.2	Serial0/0/1
40.40.40.40	0	FULL/ -	00:00:31	192.168.34.4	Serial0/0/0

以上输出显示 R2 与 R3 两个路由器的虚链路邻居关系。

3. 查看虚链路

```
R2#show ip ospf virtual-links
Virtual Link OSPF_VL1 to router 30.30.30.30 is up
  Run as demand circuit
  DoNotAge LSA allowed.
  Transit area 10, via interface Serial0/0/1, Cost of using 64
  Transmit Delay is 1 sec, State POINT_TO_POINT,
  Timer intervals configured, Hello 10, Dead 40, Wait 40, Retransmit 5
    Hello due in 00:00:01
    Adjacency State FULL (Hello suppressed)
    Index 2/3, retransmission queue length 0, number of retransmission 0
    First 0x0(0)/0x0(0) Next 0x0(0)/0x0(0)
    Last retransmission scan length is 0, maximum is 0
    Last retransmission scan time is 0 msec, maximum is 0 msec
```

以上输出显示 R2 路由器与路由器 ID 30.30.30.30 建立了虚链路。

4. 查看 R4 路由器的路由表

R4#**show ip route ospf**
O IA 192.168.12.0/24 [110/192] via 192.168.34.3, 00:05:11, Serial0/0/0
　　20.0.0.0/32 is subnetted, 1 subnets
O IA 　　20.20.20.20 [110/129] via 192.168.34.3, 00:05:11, Serial0/0/0
　　10.0.0.0/32 is subnetted, 1 subnets
O IA 　　10.10.10.10 [110/193] via 192.168.34.3, 00:05:11, Serial0/0/0
O IA 192.168.23.0/24 [110/128] via 192.168.34.3, 00:05:21, Serial0/0/0
　　30.0.0.0/32 is subnetted, 1 subnets
O IA 　　30.30.30.30 [110/65] via 192.168.34.3, 00:05:21, Serial0/0/0

以上输出显示 R4 路由器的路由表学习正常。

第 5 章

BGP 和策略路由

BGP(border gateway protocol)是一种不同自治系统的路由设备之间进行通信的外部网关协议(exterior gateway protocol,简称 EGP),其主要功能是在不同的自治系统(AS)之间交换网络可达信息,并通过协议自身机制来消除路由环路。

5.1　BGP 概述

BGP 使用 TCP 作为传输协议,通过 TCP 的可靠传输机制保证 BGP 的传输可靠性。

5.1.1　BGP 特征

BGP 的特点如下:

① BGP 使用 TCP 作为其传输层协议(监听端口号为 179),提高了协议的可靠性。

② BGP 进行域间的路由选择,对协议的稳定性要求非常高。因此用 TCP 协议的高可靠性来保证 BGP 协议的稳定性。

③ BGP 的对等体之间必须逻辑上连通,并进行 TCP 连接。目的端口号为 179,本地端口号没有限制。

④ BGP 支持无类别域间路由 CIDR。

⑤ 路由更新时,BGP 只发送更新的路由,大大减少了 BGP 传播路由所占用的带宽,适用于在 Internet 上传播大量的路由信息。

⑥ BGP 是一种距离矢量路由协议,从设计上避免了环路的发生。AS 之间:BGP 通过携带 AS 路径信息标记途经的 AS,带有本地 AS 号的路由将被丢弃,从而避免了域间产生环路。AS 内部:BGP 在 AS 内学到的路由不会在 AS 中转发,避免了 AS 内产生环路。

⑦ BGP 提供了丰富的路由策略,能够对路由实现灵活的过滤和选择。

⑧ BGP 易于扩展,能够适应网络新的发展。

5.1.2　BGP 对等体

运行 BGP 的路由器被称为 BGP Speaker 或者 BGP 路由器,两台 BGP 路由器之间建立的关系叫作 BGP 对等体或 BGP 邻居,对等体之间交换 BGP 路由表,BGP 的对等体分为两种:EBGP 和 IBGP。

1. EBGP

EBGP(external border gateway protocol,外部边界网关协议)为运行于不同 AS 之间的 BGP,互为 EBGP 对等体的路由器彼此所属的 AS 号不同,EBGP Peer 一般基于直连接口建立,Neighbor 命令所指定的邻居 IP 地址要可达,TCP 连接要能够正确建立,EBGP 的路由管理距离为 20,因为 AS 之间 BGP 比 IGP 更优。

2. IBGP

IBGP(internal border gateway protocol,内部边界网关协议)同属一个 AS 的路由器之间建立的 BGP 邻居关系,互为 IBGP 对等体的 BGP 路由器属于同一个 AS,IBGP 对等体一般基于 Loopback 接口建立,只要 TCP 连接能够正确建立,对等体之间可以跨越路由器建立邻居关系,IBGP 的路由管理距离为 200,因此在一个 AS 内部,IGP 有更高的优先级。

5.1.3　BGP 协议报文

BGP 协议公有五种报文类型,分别是 Open、Update、Notification、Keepalive 和 Route-refresh。

1. Open 消息

Open 消息是 TCP 连接建立后发送的第一个消息,用于建立 BGP 对等体之间的链接关系并进行参数协商。内容包括使用的 BGP 版本号、自己所属的 AS 号、路由 ID、HoldTime 值、认证信息等信息。

2. Update 消息

Update 消息主要用于在对等体之间交换路由信息。它既可以发布可达路由信息,也可以发布不可达路由消息;一条 Update 消息可以通过一类具有相同路径属性的可达路由,同时还可以携带多条不可达路由。

3. Notification 消息

Notification 的作用就是错误通知。BGP 发言者如果检测到对方发过来的消息有错误或者主动断开 BGP 链接,都会发出 Notification 消息来通知 BGP 邻居,并关闭链接回到 idle 状态;如果收到邻居发来的 Notification 消息,也会将链接状态变为 idle。Notification 消息的内容包括错误代码和错误子代码及错误数据等信息。

4. Keepalive 消息

BGP 会周期性地向对等体发出 Keepalive 消息,主要作用就是让 BGP 邻居知道自己的存在,保持邻居关系的稳定;另外一个作用就是对收到的 Open 消息进行回应。消息格式中只包含消息头,没有附加任何字段。其长度为 19 字节,消息只有标记、长度、类型,不包括数据域。

5. Route-refresh 消息

为保证网络稳定,触发更新路由的机制,当路由策略发生变化时,触发请求邻居重新通告路由。

Open 消息格式如图 5-1 所示。

图 5-1 Open 消息格式

Open 消息格式的主要组成部分如下。

- 版本:BGP 版本信息号,目前为 4。
- 自身 AS 号码:自身 AS 的号码,用于确定和邻居是 EBGP 还是 IBGP。
- 保持时间(hold time):在建立对等体关系时两端要协商保持时间,并保持一致。如果在这个时间内未收到对端发来的 Keepalive 消息或 Update 消息,则认为 BGP 连接中断。
- BGP 标示符:用于唯一标识一台 BGP speaker。
- 可选参数长度:为 0 表示没有参数。
- 可选参数:用于认证和能力协商。

Update 消息格式如图 5-2 所示。

图 5-2 Update 消息格式

Update 消息格式的主要组成部分如下。

- 被撤销的路由长度:以字节为单位,如果为 0,则说明没有被撤销的路由。
- 被撤销的路由(withdrawn routes):说明哪些路由因为不可达而被撤销。
- 路径属性长度(total path attribute length):以字节为单位,如果为 0,则说明没有 NLRI 字段。
- 路径属性(path attributes):与 NLRI 相关的所有路径属性列表,每个路径属性由一个 TLV 构成。BGP 正是根据这些属性值来避免环路、选路,协议扩展等。

● 网络层可达信息 NLRI(network layer reachability information):可达路由的前缀和前缀长度二元组。

5.1.4 BGP 路径属性

BGP 对等体之间通过发送 Update 报文来传递 BGP 路由,一个 Update 报文中含有多条 BGP 路由,每条 BGP 路由都拥有多个路径属性,有些是必须携带的,有些是可选添加的,BGP 的路径属性将影响最优路由的选择。BGP 路径属性是描述路由的一组参数,BGP 根据路由的属性选择最佳路由,可以人为置值,以便执行路由策略。BGP 的路径属性分为公认属性和可选属性。

1. 公认必遵

BGP 必须都能够识别,且在更新消息中必须包含。

● 起源(Origin):标识路由的来源,共有三种属性,即 IGP、EGP 和 Incomplete,优先原则是 IGP > EGP > Incomplete,IGP 最优先进入路由表。

① IGP:路由是用 network 命令注入 BGP 路由表中的。

② EGP:路由是通过 EGP 得知的。

③ Incomplete:路由是用 redistribute 命令注入 BGP 路由表中的。

● AS-PATH:描述到达目标网络所要经过的 AS 序列,向 EBGP 对等体通告路由时,在 AS 属性的最左边添加自己的 AS 号,即最左边的是刚经过的 AS,最右边的是起源 AS,路由决策时优选 as-path 最短的路由。

● Next_hop:Ebgp 使用对等体作为自己的下一跳,IBGP 缺省不改变下一跳,可能导致下一跳不可达,一般通过配置 Next-hop-self 解决。

2. 公认自决

● Local preference:缺省 local-pref 为 100,一般只在 AS 内部 IBGP 对等体之间交换传递,用于告知路由器离开 AS 时如何选择路径,不会传递给 EBGP 对等体。

● Atomic_Aggregate:当路由进行聚合时,导致信息丢失,因为路由的来源和属性可能不同,原子聚合属性指出被丢失的信息。

3. 可选传递

● Community:团体属性给路由打标记,标识一些有相同特性的前缀,以便统一处理,一个路由可以有多个团体属性。

● Aggregator:当路由被汇总时,执行汇总的路由器会为汇总路由添加此属性,记录本地 AS 号和本地路由器 ID。

4. 可选不传递

● MED:MED 是一种度量值,用于向外部对等体指出进入 AS 的首选路径,即当入口有多个时,自治系统可以使用 MED 动态决定其他 AS 如何选择进入路径。

● Originator_ID:路由反射器会附加此属性,它携带本 AS 源路由器的 ID,用于防止环路。

● Cluster_list:显示反射路径。

5.1.5　BGP 路由决策

在 BGP 协议中,路由的下一跳不可达或没有解决同步问题,则不能参与路由选择;否则 BGP 协议按照以下优先级选路:选择 weight 值最高的路由——思科私有;选择 LOCAL_PREF 较大的路由;选择本地路由器产生的路由;选择 AS 路径较短的路由;依次选择 origin属性为 IGP、EGP 和 Incomplete 类型的路由;选择 MED 较小的路由;优选 EBGP 而不是IBGP;选择下一跳 IGP 度量值较小的路由;选择 BGP Router ID 小的 BGP 对等体通告的路由。

5.2　BGP 路由反射器

＊＊＊＊＊＊＊＊＊＊＊＊＊＊＊＊＊

路由反射器能够解决 IBGP 的水平分割(从 IBGP 邻居学习到的路由不会再传递给自己其他的 IBGP 邻居)问题。路由反射器可以将自己的最优 BGP 路由反射给自己的 client,从而突破水平分割的限制,反射规则如下:

① 将从 EBGP 邻居学习到的路由发送给所有的 client 和非 clinet,也就是发送给所有邻居;

② 将从非 client 学习到的路由发送给所有的 client;

③ 将从 client 学习到的路由发送给所有的 client 和非 client,也就是发送给所有的邻居。

Router（config）#**router bgp** *Autonomous system number*
Router（config-router）#**neighbor** *Neighbor address* **route-reflector-client**
//指定路由器反射器的客户端

5.3　策略路由

＊＊＊＊＊＊＊＊＊＊＊＊＊＊＊

策略路由(policy-based routing,简称 PBR)提供了一种比基于目的地址进行路由转发更加灵活的数据包路由转发机制。策略路由可以根据 IP/IPv6 报文源地址、目的地址、端口、报文长度等内容灵活地进行路由选择。

路由器通过 route-map 语句对符合条件的数据包实施路由策略。

Router（config）# **route-map** *route-map-name* [｛**permit** | **deny**｝*sequence*]

//定义路由图，一个路由图可以由好多策略组成，策略按序号大小排列，只要符合了前面策略，就退出路由图的执行

Router（config-route-map）# **match ip address**｛*access-list-number* | *access-list-name*｝

//匹配访问列表中的地址

Router（config-route-map）# **match length** *minmax*

//匹配报文的长度

Router（config-route-map）# **set ip next-hop** *ip-address* [*weight*] [*ip-address* [*weight*]]

//设置数据包的下一跳 IP 地址

Router（config-route-map）# **set interface** *intf_name*

//设置报文的出接口

Router（config-route-map）# **set ip default next-hop** *ip-address* [*weight*] [*ip-address* [*weight*]]

//为路由表中没有明确路由的数据分组指定下一跳 IP 地址

Router（config-route-map）# **set default interface** *intf_name*

//设置 IP 报文的默认出接口

Router（config）# **interface** *interface-type interface-number*

//选择要应用策略路由的接口

Router（config-if）# **ip policy route-map** *name*

//在接口应用策略路由

路由器实施路由策略的流程图如图 5-3 所示。

图 5-3　路由器实施路由策略的流程图

5.4　实训项目一　BGP 协议配置

****

【实训目的】

- 掌握部署 BGP 动态路由协议的方法。
- 熟悉 BGPP 邻居关系表、路由表。
- 掌握 BGP 协议路由汇总。
- 掌握 BGP 路由反射器的配置的方法。

【实训拓扑图】

实训拓扑图如图 5-4 所示。

图 5-4　实训拓扑图

设备参数如表 5-1 所示。

表 5-1　设备参数

设　备	接　口	IP 地址	子网掩码	默认网关
R1	Gi0/0	50.1.0.9	255.255.255.252	N/A
	Se2/0	50.1.0.1	255.255.255.252	N/A
	LoopBack 0	11.1.0.1	255.255.255.255	N/A
R2	Se2/0	50.1.0.2	255.255.255.252	N/A
	Se3/0	50.1.0.5	255.255.255.252	N/A
	LoopBack 0	11.1.0.2	255.255.255.255	N/A

续表

设　备	接　口	IP 地址	子网掩码	默认网关
R3	Gi0/0	50.1.0.13	255.255.255.252	N/A
	Se3/0	50.1.0.6	255.255.255.252	N/A
	LoopBack0	11.1.0.3	255.255.255.255	N/A
S1	Gi0/24	50.1.0.10	255.255.255.252	N/A
	VLAN10	60.1.10.254	255.255.255.0	N/A
	VLAN20	60.1.20.254	255.255.255.0	N/A
S2	Gi0/24	50.1.0.14	255.255.255.252	N/A
	VLAN10	70.1.10.254	255.255.255.0	N/A
	VLAN20	70.1.20.254	255.255.255.0	N/A

【实训内容】

1. 部署 OSPF 动态路由

```
R1(config)# router ospf 10
R1(config-router)#router-id 11.1.0.1
Change router-id and update OSPF process![yes/no]:y
R1(config-router)#network 50.1.0.1 0.0.0.0 area 0
R1(config-router)#network 50.1.0.9 0.0.0.0 area 0
R1(config-router)#network 11.1.0.1 0.0.0.0 area 0

R2(config)# router ospf 10
R2(config-router)#router-id 11.1.0.2
Change router-id and update OSPF process![yes/no]:y
R2(config-router)#network 50.1.0.2 0.0.0.0 area 0
R2(config-router)#network 50.1.0.5 0.0.0.0 area 0
R2(config-router)#network 11.1.0.2 0.0.0.0 area 0

R3(config)# router ospf 10
R3(config-router)#router-id 11.1.0.3
Change router-id and update OSPF process![yes/no]:y
R3(config-router)#network 50.1.0.6 0.0.0.0 area 0
R3(config-router)#network 50.1.0.13 0.0.0.0 area 0
R3(config-router)#network 11.1.0.3 0.0.0.0 area 0
//OSPF 实现网络可达
```

2. 部署 R1,R2,R3 路由器的 IBGP

```
R1(config)# router bgp 100
//BGP 路由协议,AS 号 100
R1(config-router)#neighbor 11.1.0.2 remote-as 100
//指定 IBGP 邻居
R1(config-router)#neighbor 11.1.0.2 update-source loopback0
//指定更新源
R2(config)# router bgp 100
R2(config-router)#neighbor 11.1.0.1 remote-as 100
R2(config-router)#neighbor 11.1.0.1 update-source loopback0
R2(config-router)#neighbor 11.1.0.3 remote-as 100
R2(config-router)#neighbor 11.1.0.3 update-source loopback0

R3(config)# router bgp 100
R3(config-router)#neighbor 11.1.0.2 remote-as 100
R3(config-router)#neighbor 11.1.0.2 update-source loopback0
```

3. 部署 R2 路由器为 R1,R3 路由器的路由反射器

```
R2(config)# router bgp 100
R2(config-router)#neighbor 11.1.0.1 route-reflector-client
//在 R2 上指定 R1 路由器为路由反射器的客户端
R2(config-router)#neighbor 11.1.0.3 route-reflector-client
```

4. 部署 R1 路由器、S1 交换机的 EBGP

```
R1(config)# router bgp 100
R1(config-router)#neighbor 50.1.0.10 remote-as 110

S1(config)#router bgp 110
S1(config-router)#neighbor 50.1.0.9 remote-as 100
```

5. 部署 R3 路由器、S2 交换机的 EBGP

```
R3(config)# router bgp 100
R3(config-router)#neighbor 50.1.0.14 remote-as 120

S2(config)#router bgp 120
S2(config-router)#neighbor 50.1.0.13 remote-as 100
```

6. 路由汇总

```
S1(config)#router bgp 110
S1(config-router)#network 60.1.10.0 mask 255.255.255.0
//宣告本地网段
S1(config-router)#network 60.1.20.0 mask 255.255.255.0
S1(config-router)#aggregate-address 60.1.0.0 255.255.0.0 as-set summary-only
//宣告路由聚合网段

S2(config)#router bgp 120
S2(config-router)#network 70.1.10.0 mask 255.255.255.0
S2(config-router)#network 70.1.20.0 mask 255.255.255.0
S2(config-router)#aggregate-address 70.1.0.0 255.255.0.0 as-set summary-only
```

7. 查看 BGP 邻居

(1) 查看 R1 路由器的 BGP 邻居

```
R1#show ip bgp summary
Neighbor      V    AS    MsgRcvd   MsgSent   TblVer   InQ OutQ   Up/Down     State/PfxRcd
11.1.0.2      4    100    27        26        3        0       0 00:20:56        1
50.1.0.10     4    110    13        13        5        0       0 00:09:21        1
Total number of neighbors 2
```

(2) 查看 R2 路由器的邻居

```
R2#show ip bgp summary
Neighbor      V    AS    MsgRcvd   MsgSent   TblVer   InQ OutQ   Up/Down     State/PfxRcd
11.1.0.1      4    100    30        30        5        0       0 00:24:00        1
11.1.0.3      4    100    30        30        3        0       0 00:23:53        1
Total number of neighbors 2
```

(3) 查看 R3 路由器的邻居

```
R3#show ip bgp summary
Neighbor      V    AS    MsgRcvd   MsgSent   TblVer   InQ OutQ   Up/Down     State/PfxRcd
11.1.0.2      4    100    31        32        5        0       0 00:25:08        1
50.1.0.14     4    120    17        17        3        0       0 00:12:27        1
Total number of neighbors 2
```

(4) 查看 S1 路由器的邻居

```
S1#show ip bgp summary
Neighbor      V    AS    MsgRcvd   MsgSent   TblVer   InQ OutQ   Up/Down     State/PfxRcd
50.1.0.9      4    100    19        20        2        0       0 00:14:14        1
Total number of neighbors 1
```

（5）查看 S2 路由器的邻居

```
S2#show ip bgp summary
Neighbor        V     AS    MsgRcvd   MsgSent   TblVer   InQ OutQ   Up/Down      State/PfxRcd
50.1.0.13       4     100      19        19        2        0    0 00:14:17         1
Total number of neighbors 1
```

8. 查看路由表

```
S1#show ip route
C    11.1.0.6/32 is local host.
C    50.1.0.8/30 is directly connected, GigabitEthernet 0/24
C    50.1.0.10/32 is local host.
B    60.1.0.0/16 [200/0] via 0.0.0.0, 00:13:21, Null 0
C    60.1.10.0/24 is directly connected, VLAN10
C    60.1.10.254/32 is local host.
C    60.1.20.0/24 is directly connected, VLAN20
C    60.1.20.254/32 is local host.
B    70.1.0.0/16 [20/0] via 50.1.0.9, 00:09:16
```

```
S2#show ip route
C    50.1.0.12/30 is directly connected, GigabitEthernet 0/24
C    50.1.0.14/32 is local host.
B    60.1.0.0/16 [20/0] via 50.1.0.13, 00:15:34
B    70.1.0.0/16 [200/0] via 0.0.0.0, 00:11:59, Null 0
C    70.1.10.0/24 is directly connected, VLAN10
C    70.1.10.254/32 is local host.
C    70.1.20.0/24 is directly connected, VLAN20
C    70.1.20.254/32 is local host.
```

5.5 实训项目二 策略路由配置

* *

【实训目的】

- 熟悉路由图的配置。
- 会部署策略路由。

【实训拓扑图】

实训拓扑图如图 5-5 所示。

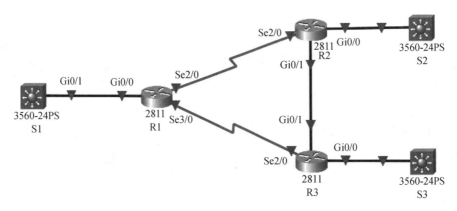

图 5-5 实训拓扑图

设备参数如表 5-2 所示。

表 5-2 设备参数

设 备	接 口	IP 地址	子网掩码	默认网关
R1	Gi0/0	10.1.1.1	255.255.255.252	N/A
	Se2/0	10.1.0.1	255.255.255.252	N/A
	Se3/0	10.2.0.1	255.255.255.252	N/A
R2	Gi0/0	172.16.10.254	255.255.255.0	N/A
	Gi0/1	10.3.0.1	255.255.255.252	N/A
	Se2/0	10.1.0.2	255.255.255.252	N/A
R3	Gi0/0	172.16.20.254	255.255.255.0	N/A
	Gi0/1	10.3.0.2	255.255.255.252	N/A
	Se2/0	10.2.0.2	255.255.255.252	N/A
S1	Gi0/1	10.1.1.2	255.255.255.252	N/A
	VLAN10	192.168.10.254	255.255.255.0	N/A
	VLAN20	192.168.20.254	255.255.255.0	N/A

【实训内容】

1. 基本配置保证路由可达

R1（config）#**ip route 192.168.10.0 255.255.255.0 10.1.1.2**

R1（config）#**ip route 192.168.20.0 255.255.255.0 10.1.1.2**

//R1 路由器只需要设置达到 S1 的两个子网的路由,到达外部的路由则由策略路由控制

```
S1(config)#ip route 0.0.0.0 0.0.0.0 10.1.1.1
R2(config)#ip route 0.0.0.0 0.0.0.0 10.1.0.1
R2(config)#ip route 172.16.20.0 255.255.255.0 10.3.0.2
R3(config)#ip route 0.0.0.0 0.0.0.0 10.2.0.1
R3(config)#ip route 172.16.10.0 255.255.255.0 10.3.0.1
//以上路由的配置暂不考虑外网的冗余备份情况
```

2. 定义 ACL

```
R1(config)#access-list 1 permit 192.168.10.0 0.0.0.255
//匹配子网 1 的流量
R1(config)#access-list 2 permit 192.168.20.0 0.0.0.255
//匹配子网 2 的流量
```

3. 配置策略 route-map

（1）子网 1 的策略

```
R1(config)#route-map Fenliu permit 10
//定义路由图 Fenliu,路由图匹配序列号为 10
R1(config-route-map)#match ip address 1
//匹配子网 1
R1(config-route-map)#set ip next-hop 10.1.0.2
//设定下一跳地址
R1(config-route-map)#set ip next-hop 10.2.0.2
//设定下一跳备份地址
```

（2）子网 2 的策略

```
R1(config)#route-map Fenliu permit 20
R1(config-route-map)#match ip address 2
R1(config-route-map)#set ip next-hop 10.2.0.2
R1(config-route-map)#set ip next-hop 10.1.0.2
```

4. 配置策略模式与接口应用

```
R1(config)#ip policy redundance
//配置策略路由负载分担模式为冗余备份
R1(config)#interface gigabitEthernet 0/0
R1(config-if-GigabitEthernet 0/0)#ip policy route-map Fenliu
//在接口上应用策略路由
```

测试结果如下：

```
R1#show ip policy
Balance mode: redundance
Interface                          Route map
GigabitEthernet 0/0                Fenliu
```

在子网 1 中用主机追踪路径，如图 5-6 所示。

图 5-6　策略路由路径

以上输出显示，子网 1 中的流量出去的路径首先经过 R2 路由器的 10.1.0.2，证明是由策略路由实行的策略。

第6章

交换机基本概念和配置

交换机(switch)是目前局域网中最常见的网络设备,它工作在 TCP/IP 协议栈的第二层——数据链路层,根据接收到的数据帧中的目的 MAC 地址进行数据的转发与过滤。交换机是局域网的纽带,广泛服务于各种行业的内部网络。目前,交换机的厂商和产品多样,本章主要介绍思科交换机的概念、工作原理、基本配置以及交换机密码恢复方法。

6.1　Cisco 交换机概述

思科的网络交换机拥有高性能和安全性,同时兼备扩展能力,符合企业成本效益,能够满足各种规模企业的数据、语音、视频等网络服务需求。

思科交换设备型号众多,如 Cisco 200/220 系列,适合小型远程办公机构;Cisco 2960 系列,适合小型企业和分支机构;Cisco 3560 系列,适合中小型企业和分支机构。本书所有路由实训项目将以 Cisco 3560 系列交换机为例。

6.1.1　交换机的工作原理

当讨论 Cisco 交换时,说的都是第二层以太网交换,除非另有所指。交换机是局域网的主要部署设备,起到分割冲突域、数据帧转发与过滤等功能。交换机与路由器的硬件配置基本相似,包含 CPU、RAM、FLASH 等模块,网络连接接口按照速率分为:十兆、百兆、千兆和万兆。Cisco 交换机主要功能有两个:维护 MAC 地址表和根据接收到的数据帧进行转发。

1. 交换机的四种基本动作

交换机通过接收到的数据帧中的源 MAC 地址构建 MAC 表,然后根据数据帧中的目的 MAC 地址决定进行转发。交换机在整个数据交换过程中主要有四种基本动作:学习、过滤、泛洪和转发。接下来以一个实例对四种动作进行简述,实例中的拓扑图及交换机初始 MAC 地址表如图 6-1 所示。

图 6-1　交换机连接及初始 MAC 地址表

（1）学习

没有使用过的交换机开机后,初始 MAC 地址表状态为空,当 PC-A 发送数据帧给 PC-C 时,交换机将从 Fa0/1 接收到 PC-A 的数据帧。交换机会检查自己的 MAC 地址表。如果数据帧的源 MAC 地址不在交换机的 MAC 地址表中,交换机将 MAC 地址和接口信息添加进自己的 MAC 表中,如果源 MAC 地址已经在交换机的 MAC 地址表中,那么将刷新地址的老化时间,此例中交换机将进行地址学习添加 PC-A 的 MAC 地址,如表 6-1 所示。

表 6-1　交换机 MAC 地址学习

MAC 地址表		
MAC 地址	类址	接口号
0050-56C0-1111	dynamic	Fa0/1

（2）过滤

如果数据帧中的目的 MAC 地址和源 MAC 地址所对应的接口是相同的端口,交换机将过滤数据帧,只进行地址学习,不进行泛洪或转发。另外,如果交换机接收到的数据帧有破损也会进行过滤操作。

（3）泛洪

如果数据帧中的目的 MAC 地址为组播地址、广播地址或不存在于交换机 MAC 地址表中的单播地址,则交换机将泛洪该数据帧,即除了接收该数据帧外的其他所有交换机接口转发数据帧,这种数据帧属于组播帧、广播帧或者未知单播帧。如图 6-2 所示,当 PC-A 发送数据给 PC-C 时,因为交换机中没有 PC-C 的地址信息,所以交换机会将 PC-A 发出的数据帧进行泛洪操作,实例中使用的数据帧类型为未知单播帧。

图 6-2　交换机的泛洪动作

（4）转发

如果数据帧的目的 MAC 地址为单播地址，且该地址存在于交换机 MAC 地址表中，交换机将从目的 MAC 地址所对应的接口转发该数据帧。图 6-3 的实例中在运行一段时间后交换机通过学习功能获得网络中 4 台设备的 MAC 地址及其对应的连接接口，此时交换机的 MAC 地址表进入稳定状态，当网络中任何一台设备要发送数据帧到其他三台设备交换机时都会以单播帧进行转发，PC-A 再次发送数据帧到 PC-C 时交换机会将收到的数据帧从 Fa0/2 接口发送出去。

图 6-3　交换机的数据帧转发动作

2. 交换机转发数据帧的模式

（1）存储转发模式

存储转发模式，是指只有当交换机接收完一个完整数据帧并进行 CRC 校验，如果 CRC 校验失败则丢弃数据帧，如果校验成功才进行转发的模式，这种模式可以保证每个转发的数据帧是无差错的，但是相应的代价是增加了传输过程中的延迟。相比其他两种模式，转发的数据帧越多，传输的延迟越大。

（2）直通转发模式

直通转发也被称作快速转发，是指当交换机接收数据帧时，一旦接收到完整的目的 MAC 地址就立刻进行转发数据帧的模式，接收数据帧和转发数据帧同时进行。这种模式的一个特点就是转发速率快，但是和存储转发相比，由于没有接收完整个数据帧便进行

CRC 校验,可能造成将一些错误帧转发给目的设备,从而浪费网络中的带宽资源。相比其他两种转发模式,直通转出模式转发的速率提高了,但准确率降低了。

（3）无碎片转发模式

无碎片转发也被称为混合转发,是指交换机接收数据帧时,一旦检测到数据帧不是冲突帧就进行转发的模式,冲突帧是指在以太网中由于网络中的冲突导致的残帧或破损帧,这类数据帧的共同特点是小于 64 个字节。这种转发模式的实质是一旦接收到的数据帧大于 64 个字节就进行转发,转发的速率和准确率介于存储转发和直通转发之间,有些书籍也用混合转发描述这种模式。

6.1.2 交换机安全

自"斯诺登事件"后人们逐渐意识到自己身处的网络环境是如此的不安全,政府机关、企事业单位开始越来越重视自己的局域网安全建设,而它们的局域网大部分是交换网络,交换机又是交换网络的核心,所以如何保障交换机在网络中的安全一直是网络中的热点话题。要理清交换机安全问题,我们先要看看网络中针对交换机有哪些攻击手段。

1. 密码攻击

交换机的密码设计如果复杂度不高或者以明文传输都会带来极大的危险,黑客通常会使用中间人攻击或者穷举攻击的方式破获交换机的准入控制密码,进而获得交换机的控制权,所以密码的保护是网络中所有设备都应该最为重视的安全环节。

2. ARP 攻击

交换机是二层网络设备,数据帧在进行交换时主要的依据是二层的 MAC 地址。黑客往往恶意篡改交换机的源 MAC 地址和目的 MAC 地址对应的 IP 地址,导致网络内部部分主机甚至是全部主机出现连接中断的现象,破坏网络的稳定性。

3. DHCP 攻击

交换机不存储数据,只是数据的搬运工。DHCP 协议是网络中最重要的一个协议,负责给设备动态分配 IP 地址,黑客经常在网络中欺骗交换机,伪造 DHCP 服务器给用户发送非法的 IP 地址,用户一旦使用这些非法地址上网,则会造成数据泄露等诸多安全性问题。

交换机针对上述攻击手段也有非常丰富的应对措施,以 Cisco 的交换机为例,在应对密码攻击时,交换机使用双层的加密手段,一种是普通的 password 加密,一种是安全性更高的 secret 加密。针对 ARP 攻击,交换机启用多种 ARP 防护措施,包括 IP Source Guard、port security 和 Dynamic ARP Inspection 等。针对 DHCP 攻击,交换机有 DHCP Snooping 和 DHCP Binding 等措施。

6.1.3 交换机的管理方式

交换机的管理方式可以分为带内管理和带外管理两种模式。带内管理是指对交换机的管理信息和数据信息通过同一个传输接口进行传输,这里所说的接口是以太网接口。带外管理是指管理和数据信息通过不同的传输接口进行传输。

1. 带内管理方式

主流的带内管理方式主要有以下三种：Telnet、SSH 和 SNMP。

（1）Telnet

Telnet 是一种远程登录服务标准协议，它通过建立 VTY（virtual teletype terminal，虚拟终端）线路建立交换机和远程设备的会话，使用户可以通过客户端对设备进行带内控制管理，不过在现在的工程实例中不经常使用，因为 Telnet 采用明文的方式进行数据的传输（包括密码）。

（2）SSH

安全外壳协议（secure shell，简称 SSH）提供与 Telnet 相同的带内远程登录功能，不同之处在于，SSH 采用更为严格的身份验证和加密方式，使得即使在公网进行远程的管理，也能获得很好的保密性。

（3）SNMP

简单网络管理协议（simple network management protocol，简称 SNMP）由一组网络管理标准组成，提供带内管理网络系统的检测和管理等诸多功能。该协议是由 IETF（internet engineering task force，互联网工程工作小组）定义的。发展至今经历了三个版本的变迁，功能得到了大大的优化和加强。

2. 带外管理方式

主流的带外管理方式主要有以下两种：Console 和 AUX。

（1）Console

Console 方式是通过 Cisco 独立的 Console 管理接口进行带外管理的访问方式，如图 6-4 所示是 Cisco 3560 系列交换机的 Console 接口和 Cisco 专门的 Console 线缆。线缆一端是 9 针的 COM（component object mode）接口，用于连接计算机等管理端设备，另一端是 RJ-45 接口，用于连接交换机。

图 6-4　交换机连接线与 Console 口

（2）AUX

路由器辅助端口（AUX）访问方式是用于进行远程带外管理的访问方式，这种访问方式已经被当今的多种带内远程管理方式所替代。

6.2 实训项目一 交换机基本配置

【实训目的】

- 掌握根据图片和要求搭建网络拓扑的方法。
- 能够完成设备环境的查看(版本信息查看、CPU 信息查看、内存信息查看)。
- 能够完成基础安全性设置。
- 能够完成管理地址及远程登录设置。
- 能够完成交换机的保存、清除和重启配置。

【实训拓扑图】

实训拓扑图如图 6-5 所示。

图 6-5 实训拓扑图

设备参数如表 6-2 所示。

表 6-2 设备参数

设 备	接 口	IP 地址	子网掩码	默认网关
Switch	Fa0/1	172.16.1.1	255.255.255.0	N/A
PC	NIC	172.16.1.100	255.255.255.0	172.16.1.1

【实训内容】

交换机和路由器使用相同的 IOS,所以使用 Console 口管理交换机的方式和使用路由器进行管理的方式相同,详细配置可以查看第 1 章的相关内容。

交换机开机后,如果是新的设备,会出现如下对话框,询问是否要进行初始化配置,输入"no",结束该对话框,进入交换机控制台。

```
--- System Configuration Dialog ---

Enable secret warning

--------------------------------

In order to access the device manager, an enable secret is required
If you enter the initial configuration dialog, you will be prompted for the enable secret
If you choose not to enter the intial configuration dialog, or if you exit setup without setting the enable
secret,
please set an enable secret using the following CLI in configuration mode-
enable secret 0  <cleartext password>

--------------------------------
```

Would you like to enter the initial configuration dialog?〔yes/no〕: no
//询问管理员是否要进入初始化配置模式,初始化配置模式会按照导航为交换机配置一些初始
化的命令,这里选择"no",直接进入用户模式
Switch >

1. 设备环境的查看

在进行交换机的配置前我们通常需要先熟悉交换机的运行环境和一些硬件基本信息,
下面列出了一些交换机环境的 show 命令。

（1）查看版本信息

Switch#**show version**
//查看交换机版本信息
**Cisco IOS Software, C3560 Software（C3560-IPSERVICESK9-M）, Version 12. 2（58）SE2,
RELEASE SOFTWARE（fc1）**
//交换机操作系统版本信息
<----省略部分输出---->
512K bytes of flash-simulated non-volatile configuration memory.
Base ethernet MAC Address   : **20:37:06:DC:64:00**   //交换机 MAC 地址
Motherboard assembly number   : 73-12636-01
Power supply part number   : 341-0328-02
Motherboard serial number   : FDO15220YEJ   //交换机各模块序列号信息
Power supply serial number   : DCA1514M324
Model revision number   : K0
Motherboard revision number   : B0
Model number   : **WS-C3560V2-24TS-S**   //交换机型号

（2）查看 CPU 信息

Switch#**show processes cpu**
//查看交换机 CPU 使用率命令会列出交换机过去 5 s、1 min、5 min 的 CPU 使用率
CPU utilization for five seconds: 6%/0%; one minute: 6%; five minutes: 6%
<----省略部分输出---->

（3）查看内存使用情况

```
Switch#show processes memory
//查看交换机内存使用情况会列出交换机各个模块的内存使用了多少,还剩余多少,以 bit 为单位
Processor Pool Total:      66092100 Used:     23197856 Free:     42894244
        I/O Pool Total:     8388608 Used:      3670896 Free:      4717712
Driver te Pool Total:      1048576 Used:           40 Free:      1048536
```

2. 基础安全性设置

```
Switch(config)#enable password cisco
//配置特权模式密码,此密码是没有加密的,只有输入 password-encryption 命令后才会对密码进行
加密操作
Switch(config)#service password-encryption
//配置 password 密码加密技术,默认使用 type 7 双向加密技术
Switch(config)#enable secret 123456
//配置特权加密密码,此密码是经过 MD5 加密的,加密效果比 password 方式更好,如果两个密码
同时存在,优先使用 secret 加密的密码
Switch(config)#exit
Switch#show running-config

Current configuration : 1387 bytes
version 12.2
service timestamps debug datetime msec
service timestamps log datetime msec
service password-encryption

hostname Switch
boot-start-marker
boot-end-marker
enable secret 5  $1$CQ6B$bPW/hpraH91IKs153. b4F1
enable password 7 0822455D0A16
//可以直观地看出 secret 加密比 password 加密方式更为复杂,安全性也更高
<----省略部分输出---->
```

　　除了特权模式密码外,常见的密码还有线路登录密码,交换机可以支持最大 17 台设备同时登录,0 号线路为 Console 线路,其余线路均为虚拟终端,线路前的 * 号代表正在使用的线路。下面是使用 show line 命令查看设备线路的使用情况。

Switch#**show line**									
Tty Typ	Tx/Rx	A Modem	Roty	AccO	AccI	Uses	Noise	Overruns	Int
* **0 CTY**	-	- -	-	-	-	**0**	**0**	**0/0**	-
1 VTY	-	- -	-	-	-	0	0	0/0	-
2 VTY	-	- -	-	-	-	0	0	0/0	-
3 VTY	-	- -	-	-	-	0	0	0/0	-
4 VTY	-	- -	-	-	-	0	0	0/0	-
5 VTY	-	- -	-	-	-	0	0	0/0	-
6 VTY	-	- -	-	-	-	0	0	0/0	-
7 VTY	-	- -	-	-	-	0	0	0/0	-
8 VTY	-	- -	-	-	-	0	0	0/0	-
9 VTY	-	- -	-	-	-	0	0	0/0	-
10 VTY	-	- -	-	-	-	0	0	0/0	-
11 VTY	-	- -	-	-	-	0	0	0/0	-
12 VTY	-	- -	-	-	-	0	0	0/0	-
13 VTY	-	- -	-	-	-	0	0	0/0	-
14 VTY	-	- -	-	-	-	0	0	0/0	-
15 VTY	-	- -	-	-	-	0	0	0/0	-
16 VTY	-	- -	-	-	-	0	0	0/0	-

Switch#**configure terminal**

Switch(config)#**line console 0**

//进入 console 线路配置模式

Switch(config-line)#**password cisco**

//配置 console 口的线路登录密码

Switch(config-line)#**login**

//启用设置的密码

3. 管理地址及远程登录设置

Switch(config)#**interface vlan 1**

//Cisco 交换机的所有接口默认属于 VLAN1,所以 PC 连接交换机 FastEthernet0/1 接口后要实现远程登录需要配置 VLAN1 的 SVI 地址(关于 VLAN 的具体细节在第 7 章详述)

Switch(config-if)#**ip address 172. 16. 1. 1 255. 255. 255. 0**

//为 VLAN1 配置 IP 地址,由于 VLAN 接口默认处于 no shutdown 状态,所以不需要进行打开接口操作

Switch(config-if)#**end**

Switch#**show ip interface brief**

//查看交换机接口 IP 配置,可以看到 PC 连接交换机的 FastEthernet0/1,这个接口的状态都是 up,VLAN1 配置了 IP 地址,也都是 up 状态

Interface	IP-Address	OK? Method Status	Protocol
Vlan1	**172. 16. 1. 1**	**YES manual up**	**up**
FastEthernet0/1	**unassigned**	**YES unset up**	**up**
FastEthernet0/2	unassigned	YES unset down	down
FastEthernet0/3	unassigned	YES unset down	down
FastEthernet0/4	unassigned	YES unset down	down
FastEthernet0/5	unassigned	YES unset down	down
FastEthernet0/6	unassigned	YES unset down	down
FastEthernet0/7	unassigned	YES unset down	down
FastEthernet0/8	unassigned	YES unset down	down
FastEthernet0/9	unassigned	YES unset down	down
FastEthernet0/10	unassigned	YES unset down	down
FastEthernet0/11	unassigned	YES unset down	down
FastEthernet0/12	unassigned	YES unset down	down
FastEthernet0/13	unassigned	YES unset down	down
FastEthernet0/14	unassigned	YES unset down	down
FastEthernet0/15	unassigned	YES unset down	down
FastEthernet0/16	unassigned	YES unset down	down
FastEthernet0/17	unassigned	YES unset down	down
FastEthernet0/18	unassigned	YES unset down	down
FastEthernet0/19	unassigned	YES unset down	down
FastEthernet0/20	unassigned	YES unset down	down
FastEthernet0/21	unassigned	YES unset down	down
FastEthernet0/22	unassigned	YES unset down	down
FastEthernet0/23	unassigned	YES unset down	down
FastEthernet0/24	unassigned	YES unset down	down
GigabitEthernet0/1	unassigned	YES unset down	down
GigabitEthernet0/2	unassigned	YES unset down	down

Switch#**ping 172. 16. 1. 100**

//使用 ping 测试 PC 和交换机管理地址之间的连通性,这是可以远程连接的前提

Type escape sequence to abort.

Sending 5, 100-byte ICMP Echos to 172. 16. 1. 100, timeout is 2 seconds:

!!!!!

Success rate is 100 percent (5/5), round-trip min/avg/max = 1/203/1006 ms

Switch(config)#**line vty 0 4**

Switch(config-line)#**password cisco**　　　　　　　　//设置 VTY 线路的登录密码

Switch(config-line)#**login**

//由于前面的基础性安全设置已经设置了 enable 密码,此时,设备的管理地址、VTY 线路密码和
enable 密码均已配置完成,可以进行 Telnet 连接

打开 PC 的 SecureCRT, 选择 Quick Connect, 按照如图 6-6 所示选择参数后, 单击 "Connect" 按钮进行连接。

图 6-6　SecureCRT 快速连接设置

　　连接完成后按照如图 6-7 所示的提示输入 VTY 线路密码和 enable 密码后, 即可对交换机进行远程配置。

图 6-7　Telnet 远程登录 Switch

4. 交换机保存、清除和重启配置

　　Cisco 交换机保存配置时会将命令存储在 startup-config 文件和 vlan.bat 文件中, 此实训主要讨论 startup-config 处的配置命令存储。

Switch#**show startup-config**

//查看交换机开机加载的配置文件

startup-config is not present

//新设备或被清除配置的设备查询结果为空,当前配置的命令存储在 running-config 文件中

Switch#**copy running-config startup-config**

//在特权模式下将当前配置命令保存到 starup-config 文件中

Destination filename [startup-config]?

//不改变文件名,直接按回车键确认

Building configuration...

[OK]

0 bytes copied in 1.526 secs (0 bytes/sec)

//完成保存操作

Switch#**show startup-config**

//此时再查看开机加载的配置文件就不为空了,正在运行的配置命令文件已经被保存

Using 1493 out of 524288 bytes

!

! Last configuration change at 00:20:36 UTC Mon Mar 1 1993

!

version 12.2

no service pad

service timestamps debug datetime msec

service timestamps log datetime msec

service password-encryption

!

hostname Switch

!

boot-start-marker

boot-end-marker

!

!

enable secret 5 1QiEw$D7lgv6OmC0yZV0SRoml.P1

enable password 7 02050D480809

<----省略部分输出---->

Switch#**write**

//保存操作除了上述方式外,还有一种更为简洁的方式,就是直接在特权模式下输入 write 进行保存,保存效果和上面的方式相同

Building configuration...

[OK]

5. 清除配置

```
Switch#erase startup-config
//在特权模式下输入"erase",删除开机加载的配置文件
Erasing the nvram filesystem will remove all configuration files! Continue?〔confirm〕
//直接按回车键确认操作,如果是误操作,可以输入"no",取消操作
〔OK〕
Erase of nvram: complete
//完成删除操作
Switch#s
Switch#reload
//在特权模式下输入"reload",将重启交换机,如果更新过的 running-config 没有被保存,则会提示
是否存储,之后输入回车确认重启操作
System configuration has been modified. Save?〔yes/no〕: yes
Building configuration...
〔OK〕
Proceed with reload?〔confirm〕
```

6.3 实训项目二　交换机密码恢复
★★★★★★★★★★★★★★★★★★★★★★★★★★★

【实训目的】

● 能够完成交换机的密码恢复。

【实训拓扑图】

实训拓扑图如图 6-5 所示。设备参数如表 6-2 所示。

【实训内容】

对交换机进行管理时管理员通常会启动线路密码和
enable 密码加强管理,但如果由于工作交接等问题的疏忽,
导致密码忘记或被人恶意修改,就需要进行密码恢复,密码
恢复的实质是绕过保存密码的配置命令文件,进入一个空
配置的交换机特权模式,再将 startup-config 文件加载到
running-config 文件中对其中的密码进行修改或者删除,从
而达到"密码恢复"的效果。

交换机的密码恢复配置:拔掉交换机电源,按住如
图 6-8 所示交换机前面板【MODE】键后插入电源,等待 30 s,

图 6-8　交换机前面板
【MODE】键

松开【MODE】键,出现如下提示。

```
Using driver version 1 for media type 1
Base ethernet MAC Address: 20: 37: 06: dc: 64: 00
Xmodem file system is available.
The password-recovery mechanism is enabled.


The system has been interrupted prior to initializing the
flash filesystem.　The following commands will initialize
the flash filesystem, and finish loading the operating
system software:

    flash_init
    boot
```
//系统给出了两条常用命令,flash_init 是初始化 flash 命令,用于加载 flash 里的内容,boot 是完成配置后引导命令

```
switch: flash_init
```
//初始化 flash,加载文件
```
Initializing Flash...
mifs[2]: 0 files, 1 directories
mifs[2]: Total bytes     :     3870720
mifs[2]: Bytes used      :        1024
mifs[2]: Bytes available :     3869696
mifs[2]: mifs fsck took 0 seconds.
mifs[3]: 427 files, 8 directories
mifs[3]: Total bytes     :    27998208
mifs[3]: Bytes used      :    19218944
mifs[3]: Bytes available :     8779264
mifs[3]: mifs fsck took 8 seconds.
...done Initializing Flash.
switch: dir flash:
```
//查看 flash 里面的文件
```
Directory of flash:/

    2  -rwx  1670       <date>    backup-config-Mar--1-00-04-46.965-0
    3  -rwx  15965969   <date>    c3560-ipservicesk9-mz.122-58.SE2.bin
    4  drwx  2560       <date>    S1
   37  -rwx  8483       <date>    Lab101-DLS1-TT-A-Cfg.txt
   38  -rwx  384        <date>    express_setup.debug
   39  drwx  512        <date>    c3560-ipbasek9-mz.122-50.SE5
  430  -rwx  1331       <date>    config.text   //包含密码的配置文件
  431  -rwx  736        <date>    vlan.dat.renamed
```

432	-rwx	1918	< date >	private-config. text. renamed
434	-rwx	5	< date >	private-config. text
435	-rwx	2072	< date >	multiple-fs

8781824 bytes available（19216384 bytes used）

switch: **rename flash: config. text flash: config. old**
//思科交换机在导入配置命令文件时采用在 flash 内查找 config. text 文件进行导入的方式,所以只需更改文件名使交换机无法加载 config. text 即可
switch: dir flash:
Directory of flash: /

2	-rwx	1670	< date >	backup-config-Mar--1-00-04-46. 965-0
3	-rwx	15965969	< date >	c3560-ipservicesk9-mz. 122-58. SE2. bin
4	drwx	2560	< date >	S1
37	-rwx	8483	< date >	Lab101-DLS1-TT-A-Cfg. txt
38	-rwx	384	< date >	express_setup. debug
39	drwx	512	< date >	c3560-ipbasek9-mz. 122-50. SE5
430	-rwx	1331	< date >	**config. old** //配置文件名已经修改
431	-rwx	736	< date >	vlan. dat. renamed
432	-rwx	1918	< date >	private-config. text. renamed
434	-rwx	5	< date >	private-config. text
435	-rwx	2072	< date >	multiple-fs

8781824 bytes available（19216384 bytes used）
switch: **boot**
//开始引导交换机 IOS
Would you like to enter the initial configuration dialog?［yes/no］: no
//系统由于无法加载配置命令文件,进入无配置文件系统
Switch#**rename flash: config. old flash: config. text**
Destination filename［config. text］?
//将 config. old 更改为 config. text

Switch#**copy flash: config. text running-config**
Destination filename［running-config］?
［OK］（elapsed time was 6 seconds）
//将包含命令的配置文件拷贝到正在运行的配置文件中
sw1#**configure terminal**
sw1（config）#**enable secret 123456**

```
//重新为系统设置一个密码
sw1(config)#exit
sw1#write
//保存配置命令文件,完成密码恢复
Building configuration...
[OK]
```

6.4 实训项目三 配置文件与 IOS 管理

* *

【实训目的】

- 掌握思科 TFTP 服务器的使用方法。
- 能够备份交换机配置文件。
- 能够备份及恢复交换机 IOS。

【实训拓扑图】

实训拓扑图如图 6-9 所示。

图 6-9 实训拓扑图

设备参数如表 6-3 所示。

表 6-3 设备参数

设 备	接 口	IP 地址	子网掩码	默认网关
Switch	Fa0/1	172.16.1.1	255.255.255.0	N/A
Server	NIC	172.16.1.100	255.255.255.0	172.16.1.1
PC	COM1			

【实训内容】

1. 配置命令文件的管理

（1）备份交换机配置文件

//打开 TFTP 服务器软件,设置文件保存到文件夹后配置交换机

SW1（config）#**interface vlan 1**

SW1（config-if）#**ip address 172.16.1.1 255.255.255.0**

SW1（config-if）#end

//设置交换机 VLAN1 的管理地址

SW1#**copy running-config tftp:**

//备份正在运行的配置文件到 TFTP 服务器

Address or name of remote host [ ]? **172.16.1.100**　　//远端 TFTP 服务器 IP 地址

Destination filename [ ]? **sw1-confg.text**　　　//设置服务器保存配置文件名

!!

3069 bytes copied in 1.871 secs（1640 bytes/sec）

//交换机不同于路由器,配置命令文件除了 config.text 外,还有 vlan.dat 保存的所有的 VLAN 相关信息,所以在备份的时候也要一起进行备份

SW1#**copy flash: vlan.dat tftp:**

//备份交换机 VLAN 信息至 TFTP 服务器

Address or name of remote host [ ]? **172.16.1.100**　　//远端 TFTP 服务器 IP 地址

Destination filename [vlan.dat]? **sw1-vlan.dat**　　//设置服务器保存配置文件名

!!

736 bytes copied in 0.008 secs（92000 bytes/sec）

图 6-10 显示服务器本地目录下保存的两个配置文件及 TFTP 服务器备份的日志消息。

图 6-10　本地目录保存文件及 TFTP 服务器日志

（2）恢复交换机配置文件

```
Switch#copy tftp: flash:
//将 TFTP 服务器上的配置文件拷贝到 flash 中
Address or name of remote host []? 172.16.1.100              //远端 TFTP 服务器 IP 地址
Source filename []? sw1-config. text                         //服务器上配置文件名
Destination filename [sw1-config. text]? config. text
//交换机加载配置文件时查看 flash 中的 config. text 文件,所以在将配置文件导入 flash 时应确保
将文件名修改为 config. text,否则即使导入交换机也不能读取
Accessing tftp://172.16.1.100/sw1-config. text...
Loading sw1-config. text from 172.16.1.100 (via Vlan1): !
[OK - 1662 bytes]

1662 bytes copied in 8.036 secs (207 bytes/sec)
Switch#copy tftp: flash:
//将 VLAN 配置文件导入交换机 flash 内
Address or name of remote host []? 172.16.1.100              //远端 TFTP 服务器 IP 地址
Source filename [sw1-config. text]? sw1-vlan. dat            //为服务器上 VLAN 配置文件名
Destination filename [sw1-vlan. dat]? vlan. dat
//和 config. text 名称一样,交换机中 flash 的文件名必须设置为 vlan. dat
Accessing tftp://172.16.1.100/sw1-vlan. dat...
Loading sw1-vlan. dat from 172.16.1.100 (via Vlan1): !
[OK - 616 bytes]

616 bytes copied in 8.028 secs (77 bytes/sec)
Switch#show flash:
//在 flash 中查看导入的两个文件
Directory of flash:/
    2  -rwx        1670    Mar 1 1993 00:04:46  +00:00   backup-config-Mar--1-00-04-46.965-0
    3  -rwx    15966080    Jan 1 1970 00:09:01  +00:00   c3560-ipservicesk9-mz. 122-58. SE2. bin
    4  drwx        2560    Mar 1 1993 00:47:54  +00:00   S1
   37  -rwx        8483    Mar 1 1993 01:57:10  +00:00   Lab101-DLS1-TT-A-Cfg. txt
   38  -rwx         654    Mar 1 1993 00:18:50  +00:00   express_setup. debug
   39  drwx         512    Mar 1 1993 00:29:08  +00:00   c3560-ipbasek9-mz. 122-50. SE5
  430  -rwx        1912    Mar 1 1993 00:01:02  +00:00   private-config. text. renamed
  434  -rwx        1048    Mar 1 1993 00:01:10  +00:00   multiple-fs
  431  -rwx         736    Mar 1 1993 00:43:56  +00:00   vlan. dat. renamed
  432  -rwx        1662    Mar 1 1993 00:45:36  +00:00   config. text
  435  -rwx         616    Mar 1 1993 00:48:21  +00:00   vlan. dat
  433  -rwx        1652    Mar 1 1993 00:01:02  +00:00   config. text. renamed

27998208 bytes total (8778752 bytes free)
Switch#
```

图 6-11 显示 TFTP 服务器中两个文件传输的记录。

图 6-11　TFTP 服务器传输成功记录

2. 交换机 IOS 文件管理

（1）备份交换机 IOS 文件

```
SW1#show flash:
//查看交换机 IOS 文件名
Directory of flash: /
    2   -rwx        1670     Mar 1 1993 00:04:46 +00:00   backup-config-Mar--1-00-04-46.965-0
    3   -rwx     15965969    Mar 1 1993 00:30:06 +00:00   c3560-ipservicesk9-mz.122-58.SE2.bin
//交换机 IOS 文件名
    4   drwx        2560     Mar 1 1993 00:47:54 +00:00   S1
   37   -rwx        8483     Mar 1 1993 01:57:10 +00:00   Lab101-DLS1-TT-A-Cfg.txt
   38   -rwx         228     Mar 1 1993 00:18:50 +00:00   express_setup.debug
   39   drwx         512     Mar 1 1993 00:29:08 +00:00   c3560-ipbasek9-mz.122-50.SE5
  430   -rwx        3096     Mar 1 1993 00:31:55 +00:00   multiple-fs
  432   -rwx        1918     Mar 1 1993 00:31:54 +00:00   private-config.text
  431   -rwx         736     Mar 1 1993 00:43:56 +00:00   vlan.dat
  433   -rwx        1737     Mar 1 1993 00:31:54 +00:00   config.text

27998208 bytes total (8781312 bytes free)
SW1#copy flash: c3560-ipservicesk9-mz.122-58.SE2.bin tftp:
//将 IOS 文件备份到 TFTP 服务器中
Address or name of remote host [ ]? 172.16.1.100              //远端 TFTP 服务器 IP 地址
Destination filename [c3560-ipservicesk9-mz.122-58.SE2.bin]?  //默认保存文件名与 flash 中相同
!!!!!!!!!!!!!!!!!!!!!!!!!!!!!!!!!!!!!!!!!!!!!!!!!!!!!!!!!!!!!!!!!!!!
//全部"!"表示正常;如果中间出现别的信息,表示备份过程中存在文件丢失,需要重新进行备份
操作
15965969 bytes copied in 135.752 secs (117611 bytes/sec)
SW1#
```

图 6-12 显示服务器本地目录下保存的 IOS 文件及 TFTP 服务器备份的日志消息。

图 6-12　本地目录保存文件及 TFTP 服务器日志

（2）恢复交换机 IOS 文件

交换机使用 Xmodem 恢复 IOS，传统的方法使用的速率都是 Console 口默认的 9 600 bps，相对于一个 IOS 文件动辄十几兆来说速率相当的慢，所以本实训项目中将速率提高至 115 200 bps，大大提高了传输效率。

```
sw1#delete flash: c3560-ipservicesk9-mz. 122-58. SE2. bin
//为了完成恢复交换机 IOS 实训，删除 flash 中的 IOS 文件，在真实环境中请谨慎操作
Delete filename〔c3560-ipservicesk9-mz. 122-58. SE2. bin〕？        //直接按回车键，确认删除文件名
Delete flash: /c3560-ipservicesk9-mz. 122-58. SE2. bin?〔confirm〕//再次确认删除操作
sw1#reload
//重启交换机
Proceed with reload?〔confirm〕

switch:
//由于删除了交换机的 IOS，系统进入交换机的修复模式
switch: set BAUD 115200
//调整交换机的波特率至 115200，默认为 9600
switch: copy xmodem: flash: c3560-ipservicesk9-mz. 122-58. SE2. bin
//通过 Xmodem 的方式传输 IOS 文件到交换机 flash 中，文件名为 c3560-ipservicesk9-mz. 122-58. SE2. bin
Begin the Xmodem or Xmodem-1K transfer now...
CCCCC
```

当屏幕上出现 CCC 的符号时表示交换机正在接收通过 Xmodem 传输的文件，现在打开 SecureCRT，新建快速连接，波特率设置为 115 200，其余采用默认设置，建立连接。图 6-13

显示了参数设置界面。

图 6-13　设置 SecureCRT 连接参数

　　登录后单击"Transfer"菜单下的"Send Xmodem"命令,选择本地路径上的 IOS 文件后,开始执行 Xmodem 传输,图 6-14 显示选择传输 Xmodem 命令。

图 6-14　显示选择传输 Xmodem 命令

Starting xmodem transfer.　　Press Ctrl + C to cancel.

Transferring c3560-ipservicesk9-mz.122-58.SE2.bin...

　100%　15591 KB　　　　3 KB/sec　　01:06:49　　　　0 Errors

....

....

....

File "xmodem:" successfully copied to "flash: c3560-ipservicesk9-mz.122-58.SE2.bin"

```
//经过 1 h 的传输,IOS 文件顺利传输到交换机的 flash 中
switch: unset BAUD
//删除一开始设置的波特率 115200,交换机将恢复波特率为 9600,此时需要重新配置 SecureCRT
的速率为 9600,进行接下来的配置
switch: set BOOT flash: c3560-ipservicesk9-mz. 122-58. SE2. bin
//设置引导进入的交换机系统为刚传入的 IOS 文件
switch: boot
//引导进入交换机 IOS
Interrupt within 5 seconds to abort boot process.
Loading "flash: /c3560-ipservicesk9-mz. 122-58. SE2. bin". . . @@@@@@@@@@@@@@@@@@@@
@@@@@@@@@@@@@@@@@@@@@@@@@@@@@@@@@@@@@@@@@@@@@@@@@@@@@@@@@@@@@@@@@
@@@@@@@@@@@@@@@@@@@@@
File " flash: /c3560-ipservicesk9-mz. 122-58. SE2. bin" uncompressed and installed, entry point:
0x1000000
executing. . .
<----省略部分输出---->

Press RETURN to get started!
sw1 >
//完成 IOS 恢复操作
```

6.5 实训项目四 交换机端口安全配置

【实训目的】

- 能够根据图片和要求搭建网络拓扑。
- 理解安全 MAC 地址。
- 掌握基础端口安全设置的方法。
- 掌握基于动态 MAC 地址的端口安全设置的方法。
- 掌握基于固定 MAC 地址的端口安全设置的方法。
- 掌握基于活跃 MAC 地址的端口安全设置的方法。

【实训拓扑图】

实训拓扑图如图 6-15 所示。

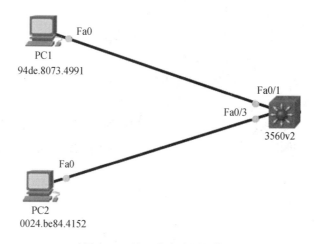

图 6-15　端口安全实训拓扑图

设备参数如表 6-4 所示。

表 6-4　设备参数

设　　备	交换机接口	MAC 地址
PC1	Fa0/1	94de. 8073.4991
PC2	Fa0/3	0024. be84.4152

【实训内容】

安全 MAC 地址:交换机的端口安全特性使接口具有了一定的安全功能,可以限制 MAC 地址的数量并且警告或关闭非法连接端口,而这些限制或允许的操作的依据是交换机的安全地址。

```
SW1#show port-security address
//查看交换机端口安全地址
              Secure Mac Address Table
-------------------------------------------------------------------

Vlan    Mac Address        Type                    Ports    Remaining Age
                                                            (mins)

----    -----------        ----                    -----    -------------
  1     94de. 8073. 4991   SecureDynamic           Fa0/1    -
  1     0405. 0000. 0001   SecureConfigured        Fa0/2    -
  1     0405. 0000. 0002   SecureConfigured        Fa0/2    -
  1     0405. 0000. 0003   SecureConfigured        Fa0/2    -
  1     0405. 0000. 0004   SecureConfigured        Fa0/2    -
  1     0024. be84. 4152   SecureSticky            Fa0/3    -

-------------------------------------------------------------------
Total Addresses in System (excluding one mac per port)     : 3
Max Addresses limit in System (excluding one mac per port) : 6144
```

交换机端口安全地址的类型主要有以下三种。

- SecureDynamic：通过端口动态学习到的 MAC 地址。
- SecureConfigured：手工配置的 MAC 地址。
- SecureSticky：通过 sticky 功能学习到的 MAC 地址。

1. 基础端口安全设置

配置基础端口安全的接口可以动态地学习 MAC 地址，当 MAC 地址数目超过最大允许数时启动惩罚措施，限制或关闭接口，这种配置还能起到防止 MAC 地址泛洪和欺骗攻击的作用。

```
SW1(config)#interface fastEthernet 0/1
SW1(config-if)#switchport mode access
//将交换接口设置为接入模式,否则无法在该接口上设置端口安全
SW1(config-if)#switchport port-security
//开启 FastEthernet0/1 的端口安全特性
SW1(config-if)#switchport port-security maximum 1
//设置端口最大允许接入的 MAC 地址数量
SW1(config-if)#switchport port-security violation ?
protect    Security violation protect mode
restrict   Security violation restrict mode
shutdown   Security violation shutdown mode
```

设置端口安全的惩罚措施，一个激活了端口安全的接口上有两种方式会激活惩罚措施：① MAC 地址数量达到最大允许数量后又收到了一个新的 MAC 地址的数据帧时启动惩罚措施；② 接口设置了允许的固定 MAC 地址，此时有一个陌生 MAC 地址企图接入该接口，启动惩罚措施。惩罚措施有以下三种限制手段。

- 保护措施(protect)：当激活端口安全的接口允许的 MAC 地址数量达到最大值后（如允许 2 个 MAC 地址，此时已经有 2 个 MAC 地址接入端口），有新的 MAC 地址接入时（如接入一台新的计算机），则新的 MAC 地址将无法接入，而之前接入接口的设备不受影响，交换机不发送警告信息给终端设备。
- 限制措施(restrict)：和保护措施相似，唯一的不同是当激活惩罚措施后，交换机会发送警告信息给终端设备。
- 关闭措施(shutdown)：和保护措施不同的是当激活惩罚措施后，原有的 MAC 地址设备和新接入的 MAC 地址设备都因为端口被关闭而无法接入网络，并且交换机也会发送警告信息给终端设备，需要网络管理员手动输入“no shutdown”命令重新打开接口。

SW1（config-if）#**switchport port-security violation shutdown**

//设置端口安全的惩罚措施为关闭接口

SW1（config-if）#**end**

SW1#**show port-security address**

//查看安全机端口安全地址表

Secure Mac Address Table

Vlan	Mac Address	Type	Ports	Remaining Age (mins)
1	94de.8073.4991	SecureDynamic	Fa0/1	-

Total Addresses in System（excluding one mac per port）　　: 0

Max Addresses limit in System（excluding one mac per port）: 6144

//通过动态学习到的安全地址会以 SecureDynamic 类型出现在安全 MAC 地址表中

2. 基于固定 MAC 地址的端口安全设置

　　基础端口安全设置可以动态地允许端口接入 MAC 地址的数量，但如果需要更精确控制，比如仅允许一些固定的 MAC 地址的设备接入端口，拒绝其他所有，上面这种配置方式就无法完成这个操作，此时需要固定 MAC 地址的端口安全设置。

SW1（config）#**interface fastEthernet0/3**

SW1（config-if）#**switchport mode access**

SW1（config-if）#**switchport port-security**

//开启 FastEthernet0/3 的端口安全特性

SW1（config-if）#**switchport port-security maximum 4**

//设置端口最大允许接入的 MAC 地址数量

SW1（config-if）#**switchport port-security mac-address 0405.0000.0001**

SW1（config-if）#**switchport port-security mac-address 0405.0000.0002**

SW1（config-if）#**switchport port-security mac-address 0405.0000.0003**

SW1（config-if）#**switchport port-security mac-address 0405.0000.0004**

//设置 4 个允许的固定 MAC 地址

SW1（config-if）#**switchport port-security violation shutdown**

//设置端口安全的惩罚措施为关闭接口

SW1（config-if）#**end**

SW1#**show port-security address**

//查看安全机端口安全地址表

	Secure Mac Address Table				
Vlan	Mac Address	Type	Ports	Remaining Age （mins）	
----	-----------	----	-----	------------	
1	94de.8073.4991	SecureDynamic	Fa0/1	-	
1	0405.0000.0001	**SecureConfigured**	**Fa0/3**	-	
1	0405.0000.0002	**SecureConfigured**	**Fa0/3**	-	
1	0405.0000.0003	**SecureConfigured**	**Fa0/3**	-	
1	0405.0000.0004	**SecureConfigured**	**Fa0/3**	-	

Total Addresses in System（excluding one mac per port）   : 3

Max Addresses limit in System（excluding one mac per port）: 6144

//设置固定的安全 MAC 地址后,在安全 MAC 地址表内会以 SecureConfigured 类型显示

3. 基于 sticky MAC 地址的端口安全设置

固定安全 MAC 地址是一种非常好的精确控制方式,但是这种控制也有弊端,企业或校园网的交换机接口少则几百个,多的有几千个。如果每个接口都进行固定 MAC 地址设置,那将是一项巨大的工程,并且这种方式的灵活性也非常差,所以思科的折衷方案是采用"粘贴"MAC 地址设置端口安全。

```
SW1（config）#interface fastEthernet0/2
SW1（config-if）#switchport mode access
SW1（config-if）#switchport port-security
//开启 FastEthernet0/3 的端口安全特性
SW1（config-if）#switchport port-security maximum 1
//设置端口最大允许接入的 MAC 地址数量
SW1（config-if）#switchport port-security mac-address sticky
//配置端口安全采用"粘贴"的方式自动获得 MAC 地址
SW1（config-if）#switchport port-security violation shutdown
//设置端口安全的惩罚措施为关闭接口
SW1（config-if）#end
SW1#show port-security address
//查看安全机端口安全地址表
```

```
          Secure Mac Address Table
-------------------------------------------------------------
Vlan    Mac Address        Type                Ports   Remaining Age
                                                       (mins)
----    -----------        ----                -----   ------------
 1      94de.8073.4991     SecureDynamic       Fa0/1   -
 1      0024.be84.4152     SecureSticky        Fa0/2   -
 1      0405.0000.0001     SecureConfigured    Fa0/3   -
 1      0405.0000.0002     SecureConfigured    Fa0/3   -
 1      0405.0000.0003     SecureConfigured    Fa0/3   -
 1      0405.0000.0004     SecureConfigured    Fa0/3   -
-------------------------------------------------------------
Total Addresses in System (excluding one mac per port)    : 0
Max Addresses limit in System (excluding one mac per port) : 6144
```

//通过"粘贴"方式获得的 MAC 地址会以 SecureSticky 类型出现在安全 MAC 地址表中
//由于实训接口配置了允许的最大 MAC 地址数为 1,通过表查询得知 sticky 方式绑定的 MAC 地址为 **0024.be84.4152**,此时一台 MAC 地址为 94de.8073.4991 的计算机接入 Fa0/2 后,系统激活惩罚措施
*Mar   1 00:13:06.431: % PM-4-ERR_DISABLE: **psecure-violation error detected on Fa0/2**, **putting Fa0/2 in err-disable state**
//Fa0/2 开启惩罚措施,接口进入 err-disable 状态
*Mar   1 00:13:06.431: % PORT_SECURITY-2-PSECURE_VIOLATION: **Security violation occurred, caused by MAC address 94de.8073.4991 on port FastEthernet0/2.**
//开启惩罚措施的原因是 MAC 地址为 94de.8073.4991 的设备从 Fa0/2 接口接入网络
*Mar   1 00:13:07.455: % LINEPROTO-5-UPDOWN: **Line protocol on Interface FastEthernet0/2, changed state to down**
//FastEthernet0/2 接口第二层协议状态变为关闭
*Mar   1 00:13:08.436: % LINK-3-UPDOWN: **Interface FastEthernet0/2, changed state to down**
//FastEthernet0/2 接口第一层状态变为关闭

查看接口信息。

```
SW1#show interfaces fa0/2
//查看 Fa0/2 接口信息
FastEthernet0/2 is down, line protocol is down (err-disabled)
//接口进入 err-disabled 的 down 状态
   Hardware is Fast Ethernet, address is 2037.06dc.6404 (bia 2037.06dc.6404)
   MTU 1500 bytes, BW 10000 Kbit/sec, DLY 1000 usec,
      reliability 255/255, txload 1/255, rxload 1/255
   Encapsulation ARPA, loopback not set
<----省略部分输出---->
//此时只能手工在接口上输入"no shutdown",重新开启 fa0/2 接口
```

4. 基于活跃 MAC 地址的端口安全设置

sticky 方式一旦"粘贴"就无法改变 MAC 地址,我们还需要设置在一定周期内不活动的 MAC 地址被淘汰的老化机制,从而更合理地完善端口安全的设置。

```
SW1(config)#interface fastEthernet 0/1
SW1(config-if)#switchport port-security aging time 30
//在 FastEthernet0/1 接口上配置安全端口的老化时间为 30 min(时间设置以分钟为单位)
SW1(config-if)#switchport port-security aging type ?
absolute     Absolute aging (default)
inactivity   Aging based on inactivity time period
```

端口安全的接口老化类型主要有以下两种:① 基于绝对时间计数,即配置好后就开始计时倒数,直到时间为 0 后在安全 MAC 地址表上删除对应的 MAC 地址条目(默认配置);② 基于不活跃计时,即当接口不活跃时开始计时,这种方式更适合网络运行。

```
SW1(config-if)#switchport port-security aging type inactivity
//设置安全端口的接口老化类型基于不活跃计时
SW1(config-if)#end
SW1#show port-security address
//查看安全机端口安全地址表
                Secure Mac Address Table
----------------------------------------------------------------------
Vlan    Mac Address        Type                    Ports    Remaining Age
                                                             (mins)
----    -----------        ----                    -----    ------------
  1     94de.8073.4991     SecureDynamic           Fa0/1    30 (I)
  1     0024.be84.4152     SecureSticky            Fa0/2    -
  1     0405.0000.0001     SecureConfigured        Fa0/3    -
  1     0405.0000.0002     SecureConfigured        Fa0/3    -
  1     0405.0000.0003     SecureConfigured        Fa0/3    -
  1     0405.0000.0004     SecureConfigured        Fa0/3    -
----------------------------------------------------------------------
Total Addresses in System (excluding one mac per port)    : 3
Max Addresses limit in System (excluding one mac per port): 6144
//可以看到第一条条目最后的剩余时间为 30 min,(I)表示处于不活跃状态
SW1(config)#interface fastEthernet0/3
SW1(config-if)#switchport port-security aging time 60
```

//在 FastEthernet0/3 接口上配置安全端口的老化时间为 60 min

SW1（config-if）#**switchport port-security aging type inactivity**

//设置安全端口的接口老化类型基于不活跃计时

SW1（config-if）#**switchport port-security aging static**

//因为 Fa0/3 中的端口安全是基于固定 MAC 地址配置的,所以在配置老化类型时需要设置为静态类型

SW1（config-if）#**end**

SW1#**show port-security address**

//查看安全机端口安全地址表

```
            Secure Mac Address Table
-----------------------------------------------------------------
Vlan    Mac Address      Type              Ports    Remaining Age
                                                    ( mins )
----    -----------      ----              -----    -------------
 1      94de. 8073. 4991  SecureDynamic     Fa0/1    30 ( I )
 1      0024. be84. 4152  SecureSticky      Fa0/2    -
 1      0405. 0000. 0001  SecureConfigured  Fa0/3    60 ( I )
 1      0405. 0000. 0002  SecureConfigured  Fa0/3    60 ( I )
 1      0405. 0000. 0003  SecureConfigured  Fa0/3    60 ( I )
 1      0405. 0000. 0004  SecureConfigured  Fa0/3    60 ( I )
-----------------------------------------------------------------
Total Addresses in System ( excluding one mac per port )        : 3
Max Addresses limit in System ( excluding one mac per port ) : 6144
```

//Fa0/3 接口对应的所有 SecureConfigured 类型的静态 MAC 地址条目的剩余时间为 60 min,状态为不活跃

第7章

虚拟局域网技术

当今企业网络中部署的大部分设备是交换机,因为它从结构上来说是一种扁平设计,方便企业的管理和维护。但随着企业终端设备的增加,越来越多的问题也显现出来。通过前面所学我们知道,默认情况下交换机分隔冲突域,路由器分隔广播域。随着终端设备的增加,广播域变得越来越巨大,这会存在网络设备死机、网络瘫痪,降低网络安全性和提高网络管理成本等诸多问题。因此,如何在扁平的交换网络结构中分隔广播域就变得十分重要,本章学习的虚拟局域网技术就是在这类需求推动下产生的。

7.1　虚拟局域网

虚拟局域网(virtual local area network,简称 VLAN)中的第一个字母 V 很好地诠释了这项技术的核心,即将较大的网络从逻辑上(而非物理上)划分为多个较小网络的方法,从而实现虚拟工作组的技术。

7.1.1　VLAN 的概念及其优点

VLAN 是一种工作在 OSI 参考模型的第 2 层和第 3 层的技术,该技术允许网络管理员基于组织构架或功能进行逻辑组合,而不必受到地理位置的限制。如图 7-1 所示,大型组织的分类一般是按照楼层或地域进行的,所以 VLAN 默认也是按照楼层进行划分的。但是图中 VLAN100 代表中层管理域,它在大楼的各层都有分布,此时物理上不在一起的设备通过 VLAN 技术逻辑上也可以属于同一个 VLAN,这种搭建方式的好处就是配置简便,分隔广播域,一个 VLAN 仅属于一个广播域,而 VLAN 间的通信通过三层设备来完成。

图 7-1　VLAN 技术的应用

VLAN 技术更符合当今企业对于网络的需求,使用 VLAN 主要有以下一些优点。

1. 控制网络广播域

交换机默认情况下分隔冲突域,但不分隔广播域。连接到交换机各个接口的设备之间发送和接收数据不会产生冲突,但随着交换网络的不断增大,不分隔广播域的弊端就会越发显现,一台设备发送的广播报文会发送给所有广播域中的其他设备,这样就会造成网络效率低下。而将网络划分成多个 VLAN,可以有效地减小广播域的范围,如图 7-2 所示。

图 7-2　VLAN 的优点

图 7-2 中原有的一个广播域被多个 VLAN 分隔成了 VLAN20、VLAN30 和 VLAN100 三个小的广播域,VLAN 内部成员发送的广播包只有同一 VLAN 内部的成员可以接收,其他

VLAN 的成员都不会收到,这样就有效地缩减了广播域的范围,提高了数据转发的效率。

2. 提高网络安全性

VLAN 在缩小广播域的同时还带来了一些优点,比如提高了网络的安全性。默认情况下 VLAN 之间是逻辑隔离的,这种隔离使得它们之间不能直接通信,除非由网络管理员手工配置相关命令进行通信。因此,可以利用 VLAN 技术来限制各个虚拟工作组之间的设备互访。如图 7-2 所示,默认 VLAN20、VLAN30 和 VLAN100 之间是不能相互访问的,这样既保证了独立性,又保证了安全性。如果处于 VLAN100 的企业管理者需要从另外两个部门的员工处获得一些数据,那么网络管理员必须在具有三层功能的设备(汇聚层交换机)上做一些配置才能进行访问。

3. 方便网络管理

跨越物理位置的限制,将组织中的人和物通过逻辑的方式进行分组,可以有效地提高管理的效率,因为组织中的人和物都不是固定在一地永不变化的。当有人员或者设备发生变化时,网络管理员只需通过很少的操作,就可以实现新的部署,而无须重新布线,如图 7-3 所示。

图 7-3 组织 VLAN 的变化

当组织的架构从图 7-2 转变为图 7-3 时,由于使用了 VLAN 技术,只需要在各自的分布层交换机上做一些很少量的配置,即可完成架构的改变,而不需要去重新部署或者重新布线等操作,这大大减少了网络管理员的工作量,提高了网络运行的效率。

7.1.2 VLAN 的类型

企业网络中的 VLAN 有许多种不同的分类方式,有的按照流量进行分类,有的按照操作方式进行分类,本书按照功能将 VLAN 类型主要分为以下三类。

1. Default VLAN

交换机启动完毕后,默认所有接口属于 Default VLAN(默认 VLAN),所以当不做任何配置时,所有交换机的端口处于同一广播域,这样所有端口都可以相互通信。思科交换机的默认 VLAN 是 VLAN1,该 VLAN 不能删除、不能重命名。

2. Data VLAN

大多数的 VLAN 都属于 Data VLAN(数据 VLAN),顾名思义,它是用于传递用户数据流量的 VLAN。图 7-2 中 VLAN20、VLAN30 和 VLAN100 都属于数据 VLAN,正因为数据 VLAN 和用户结合得比较紧密,有时也被称为用户 VLAN。

3. Voice VLAN

Voice VLAN 即语音 VLAN。相比普通应用(如下载或打开网页等操作),网速的快慢影响的仅是下载何时完成或打开网页的速度,这些延迟是可以容忍的。而使用 IP 语音通话时如果网速变慢,你将会听到电话另一边说话声音出现卡顿、杂音甚至无声的情况,这些是不能容忍的。所以对网络延迟和抖动要求非常高的 IP 语音通话通常需要使用语音 VLAN 将其单独划分以保证语音质量,调整传输优先级等操作,这部分已经超出本书范围,但了解网络中对于 IP 语音有独立的语音 VLAN 进行控制还是很有必要的。

7.2　VLAN Trunk

根据前面的知识,我们了解了利用 VLAN 技术可以用来划分多个小的网段进行安全、高效的通信,而如果多台设备之间的相同 VLAN 要进行通信,又会是什么样的呢?

图 7-4　无 Trunk 的 VLAN 通信

如图 7-4 所示,左侧 VLAN20 的主机需要访问右侧 VLAN20 的主机,两台交换机之间就需要各划分出一个 VLAN20 的接口并使用交叉线相连。以此类推,如果有 3 个 VLAN,交换机之间就需要使用 6 个接口保证 3 个 VLAN 的正常通信。如果该组织有 100 个 VLAN 呢? 这种解决方案显然无法解决这个问题。而 Trunk 技术就是为了解决这个问题而出现的。

图 7-5　Trunk 技术的使用

Trunk技术的主要功能是实现多个VLAN跨越交换机的通信,使用Trunk后,交换机之间只需要一根网线就可以实现图中3个VLAN跨越交换机的通信(图7-5),甚至网络中有100个VLAN也只需要这一条线路就可以实现它们之间的相互通信,这大大提高了资源利用率,节约了交换机端口。

不仅如此,通过Trunk允许哪些VLAN通过,不允许哪些VLAN通过的配置,还能加强交换机之间的安全性。如果交换机之间的流量非常大,还可以通过建立多条Trunk一起为流量服务,提高数据的通过率,这些配置在接下来的实训环节均有介绍。

7.2.1　VLAN的帧结构

传统的以太网数据帧中并没有考虑VLAN技术,所以当VLAN在企业网中使用时,不同VLAN的数据被交换机接收后怎么进行快速转发呢? 这需要一种新的机制增加到传统以太网帧中,这种方式就是在数据帧的帧头插入VLAN Tag(标记),交换机在进行转发时通过检查这个Tag决定数据帧属于哪一个VLAN,如图7-6所示是以太网帧中插入IEEE 802.1Q报头。

图7-6　IEEE 802.1Q帧中的字段

IEEE 802.1Q帧在传统帧报头的源MAC和类型/长度字段之间插入唯一的IEEE 802.1Q标记,交换机之间转发该帧时通过查询标记内的VLAN信息进行转发。

IEEE 802.1Q标记一共有4个字节。

- 类型:标记协议ID值,在以太网中是固定十六进制值0x8100,占2个字节。
- Priority:用户优先级,一共有8种优先级,在网络发生拥塞时可以设置帧优先级以控制哪些数据帧优先,占3个比特位。
- CFI:规范格式表示符,用于在以太网和令牌环网络之间转发数据时使用,令牌环网络不是本书重点内容,只需牢记在以太网网络中总是设置为0即可,占1个比特位。
- VID:VLAN ID,该字段是整个标记的核心内容,用于表示数据帧所属的VLAN,最多可以支持4 096个VLAN。

当插入IEEE 802.1Q标记后,数据帧的长度和大小都发生了变化,所以之前计算出来的FCS字段将变为无效字段,此时会根据新的数据帧长度计算一个新的FCS值插入数据帧中。

7.2.2　Trunk 的封装和 Native VLAN

Trunk 技术用于连接交换机,使其通过一条链路就可以传递多个 VLAN 的数据,在传递之前需要添加 VLAN 信息,方便对端交换机转发给相应的 VLAN,这种添加的动作称为封装。

主流的封装技术有两种,一种叫 ISL(interior switching link,交换机间链路)协议,另一种叫 IEEE 802.1Q 协议。由于 ISL 协议是思科私有协议,非思科设备无法使用,所以适用面比较狭窄。IEEE 802.1Q 协议由于具有广泛的兼容性和较高的运行效率,逐渐成为 Trunk 封装的标准协议,思科的一些交换机也默认使用 IEEE 802.1Q 协议。如图 7-7 所示是 IEEE 802.1Q 协议在工程案例中的应用:

图 7-7　IEEE 802.1Q 协议在工程案例中的应用

可以看到在实际工程案例中,交换机之间相连接时都会推荐使用 Trunk 协议,而由于 ISL 协议是思科私有的,和其他非思科设备不能兼容,在混合交换机环境中不推荐使用。即使在当今全思科设备网络中,有的企业出于兼容性需要也会采用 IEEE 802.1Q 协议作为 Trunk 封装的首选协议。

Native VLAN 中文称之为本征 VLAN,一句话概括可以理解为"不打标记的 VLAN"。在学习本征 VLAN 时读者可能会感到困惑,VLAN 帧之所以可以在交换机之间进行传递,是因为在传统以太网帧头部插入 VLAN 标记字段。但为什么本征 VLAN 可以不打标记就能使用呢?并且在交换机中,只要使用了 Trunk 技术,默认本征 VLAN 就会随之一起生成。

本征 VLAN 在思科交换机中默认为 VLAN1,有且只能有一个。这样其他数据帧经过交换机时都有自己的 VLAN 标记,如果遇到没有 VLAN 标记的数据帧时,交换机就会将其归纳为本征 VLAN 进行转发,图 7-8 显示了这一过程。

图 7-8　**Native VLAN 经过 Trunk**

首先需要明确的是,本征 VLAN 只在 IEEE 802.1Q 协议中出现,如果 Trunk 使用了其他协议将不会出现本征 VLAN。图 7-8 中使用了思科交换机默认的本征 VLAN1,在网络中 VLAN1 之间的通信在经过 802.1Q Trunk 时是不需要打标签的,仍以数据帧原有的形态进行传输,它的好处有速度快和效率高。但是它也有一些缺点,其中最大的缺点是安全性很难保障,如图 7-8 所示的这种组网方式将会导致处于 VLAN1 中的终端设备在传输数据时容易遭受黑客中间人的攻击。

所以在实际的工程案例中,本征 VLAN 大多数不用在传输数据的 VLAN 中,其特性主要用于管理 VLAN,方便交换机快速进行管理控制。

7.3　DTP

＊＊＊＊＊＊＊＊＊＊＊＊＊＊＊

动态中继协议(dynamic trunk protocol,简称 DTP)是思科私有协议,它的作用是在全思科网络环境中,使交换机之间进行自动协商形成 Trunk。DTP 默认是开启的,可以手工进行禁用。

7.3.1　DTP 简介

大部分的以太网交换机接口支持至少两种模式:接入模式和中继模式。思科交换机在此基础之上还有一种默认支持的模式,即动态协商模式。动态协商模式仅在思科交换机之间点对点地进行协商,当思科交换机和非思科交换机相连时,建议关闭 DTP 功能,因为互联的非思科设备有可能错误地接收或转发协商帧,导致配置出现错误。

如图 7-9 所示,三台交换机都是 Catalyst 3560,默认交换机所有二层接口都处于动态协商模式,此时配置 SW3 的 FastEthernet0/24 接口为 Trunk 模式,观察三台设备运行 DTP 进行协商的结果。

图 7-9　三台交换机协商前配置

如图 7-10 所示是三台交换机 DTP 协商结果,SW1 和 SW2 上的端口 Fa0/23 由于没有做任何配置,两端通过协商自动进入接入模式。交换机 SW2 和 SW3 上的接口 Fa0/24 由于 SW3 端手工配置了 switchport mode trunk 命令,SW1 的 Fa0/24 是默认配置,两端通过协商最终会进入 Trunk 模式。

图 7-10　三台交换机的协商结果

7.3.2　DTP 端口协商模式

从上文可以看出,不同的协商模式之间得到的协商结果可能有很大的不同,思科交换机主要的 DTP 端口协商模式有以下四种:

● Dynamic Auto 模式:思科交换机的默认模式,接口将尝试和对端形成 Trunk 链路,当对端接口为 Trunk 或 Dynamic Desirable 模式时,接口将协商为 Trunk 模式,但如果两台交换机都是默认设置,它们将协商为 Access 模式。

● Dynamic Desirable 模式:老式的思科交换机默认采用的协商模式,即主动协商为 Trunk 接口模式。该模式顾名思义是非常渴望和对端协商成为 Trunk 接口,所以除非对端是 Access 模式,否则都会协商成为 Trunk,但出于安全性的考虑,一般不建议这么设置。

● Trunk 模式:该模式是永久使接口成为 Trunk 模式,并且如果对端是两种 Dynamic 模式中的任意一种,都会协商最终成为 Trunk 模式。

● Access 模式:该模式是永久使接口成为 Access 模式,并且如果对端是两种 Dynamic 模式中的任意一种,都会协商最终成为 Access 模式。

表 7-1 显示了不同模式链路两两配对可能产生的协商结果。

表 7-1　DTP 端口协商模式

	Dynamic Auto	Dynamic Desirable	Trunk	Access
Dynamic Auto	Access	Trunk	Trunk	Access
Dynamic Desirable	Trunk	Trunk	Trunk	Access
Trunk	Trunk	Trunk	Trunk	有限连接
Access	Access	Access	有限连接	Access

企业在采用思科交换机和非思科交换机混合形成企业网络时,为了防止思科交换机接口发出 DTP 帧,可在交换接口中手动输入 switchport nonegotiate 命令,禁用 DTP 功能。在一些安全性要求比较高的交换网络中,有时即使是全思科交换网也会输入这条命令,禁止动态形成 Trunk,转而使用手工配置的方式,保证网络的安全性。

7.4 EtherChannel 技术

根据思科提出的企业网络三层模型,接入层的数据流逐渐向分布层汇聚,再通过核心层进行转发。在分布层和核心层经常会出现接口带宽的瓶颈。网络管理员通常会选择更高带宽的接口来应对问题。例如,原先采用 100 Mbps 接口的环境换成 1 000 Mbps 的接口。在大多数情况下,虽然我们可以选择这种更高带宽的接口作为增加设备间带宽的方法,但是这种方式需要增加额外的网络成本,扩展性也不强,兼容性也不好。

EtherChannel(以太网隧道)技术有效地解决了以上这些问题,通过绑定多个物理接口形成一个逻辑接口的方式,充分利用了交换机的现有资源增加可用带宽,思科 Catalyst 系列交换机最多允许将 8 个接口进行绑定,在全双工模式下,快速以太网可以达到的最大理论带宽为 1 600 Mbps,吉比特以太网可以达到的最大理论带宽为 16 Gbps。

图 7-11 显示的是 EtherChannel 在实际网络中的应用,EtherChannel 能够提供冗余备份,在绑定的多条链路中即使有失效链路存在,也不会引起通道的状态变化,只有当所有绑定的链路全部失效时,通道状态才会发生变化。

Catalyst 3560 交换机支持 PAgP 和 LACP 两种通道协议,PAgP 是思科私有协议,LACP 是 IEEE 802.3AD 公有协议。一般在全思科设备网络中建议采用 PAgP,而在其他的混合设备网络中建议采用 LACP。

图 7-11 EtherChannel 在实际网络中的应用

7.4.1　PAgP

PAgP 可以工作在不同的模式中，使用命令 channel-group mode 进行模式的切换，不同的工作模式也能决定接口之间是否可以形成通道。表 7-2 显示的是 PAgP 的四种工作模式及其描述，思科交换机默认采用的协议是 PAgP，工作模式为自动（Auto）。

表 7-2　PAgP 的四种工作模式及其描述

模　式	描　　述
启动（On）	这种模式不会使用 PAgP，并且只有在对端也是 On 模式时才会形成 EtherChannel
关闭（Off）	这种模式的作用是关闭自动协商，禁止接口形成 EtherChannel
自动（Auto）	这种模式是思科交换机默认模式，处于此模式中的接口会被动进行协商，只有当对端是主动模式时才会形成 EtherChannel
主动（Desirable）	这种模式是主动利用 PAgP 协议进行 EtherChannel 协商，当对端接口处于自动或主动模式时均可形成 EtherChannel

对上表进行总结可以得出，On 模式只能与 On 模式兼容形成通道，Auto 模式只能与 Desirable 模式兼容形成通道，Desirable 模式可以和 Auto 模式或 Desirable 模式兼容形成通道。特别需要关注的是，如果两端配置为 On 模式，实际上它们是不使用 PAgP 协议强制形成通道的。

7.4.2　LACP

与 PAgP 相类似的是 LACP 也工作在不同的模式中，使用命令 channel-group mode 进行模式的切换，不同的工作模式也能决定接口之间是否可以形成通道。表 7-3 显示的是 LACP 的四种工作模式及其描述，LACP 是公有协议，所以在非思科设备中通常是默认选择，默认采用的工作模式为被动（Passive）。

表 7-3　LACP 的四种工作模式及其描述

模　式	描　　述
启动（On）	这种模式不会使用 LACP，并且只有在对端也是 On 模式时才会形成 EtherChannel
关闭（Off）	这种模式的作用是关闭自动协商，禁止接口形成 EtherChannel
被动（Passive）	这种模式是思科交换机默认模式，处于此模式中的接口会被动地进行协商，只有当对端是主动模式时才会形成 EtherChannel
主动（Active）	这种模式是主动利用 PAgP 进行 EtherChannel 的协商，当对端接口处于被动或主动模式时均可形成 EtherChannel

对上表进行总结可以得出，LACP 与 PAgP 极为相似。On 模式只能与 On 模式兼容形成通道，Passive 模式只能与 Active 模式兼容形成通道，Active 模式可以和 Active 模式或 Passive 模式兼容形成通道。特别需要关注的是，如果两端配置为 On 模式，实际上它们也不使用 LACP 强制形成通道，这点同 PAgP 一样。

7.4.3　EtherChannel 设计原则

在网络中设计 EtherChannel 时,应当遵循以下六个主要的设计原则:

① 每一个 EtherChannel 最大支持 8 个接口进行绑定,这些接口可以是不连续的,也可以是不在一个模块上的,但是必须是在同一台交换机上的接口。

② 每一个 EtherChannel 内的所有接口必须统一选择 PAgP 或者 LACP 中的一种。

③ 每一个 EtherChannel 内的所有接口必须选择统一的双工模式和带宽。

④ 交换机的接口只能属于某一个 EtherChannel。

⑤ 如果某个接口设置了交换端口分析器,那么它将不能加入 EtherChannel。

⑥ 接口的生成树协议路径开销不同,并不影响 EtherChannel 的建立。

7.5　实训项目一　VLAN 基本配置

【实训目的】

- 掌握思科交换机创建 VLAN 的方式。
- 掌握将交换机接口划分进特定 VLAN 的方法。
- 了解查看 VLAN 信息的命令。
- 了解交换机 SVI 接口。

【实训拓扑图】

实训拓扑图如图 7-12 所示。

图 7-12　实训拓扑图

设备参数如表 7-4、表 7-5 所示。

表 7-4　设备参数(一)

设　备	接　口	接口模式	所属 VLAN	VLAN 名称
C3560V2	Fa0/1	Access	VLAN10	Student
	Fa0/2	Access	VLAN20	Teacher

表 7-5　设备参数(二)

设　备	接　口	IP 地址	子网掩码	默认网关
PC1	NIC	172.16.10.100	255.255.255.0	172.16.10.1
PC2	NIC	172.16.20.100	255.255.255.0	172.16.20.1

【实训内容】

交换机的主要功能是进行冲突域的分隔,而 VLAN 的配置也是交换机其他配置的基础,所以如何快速高效地使用好 VLAN 是网络管理员的必修课。

1. 查看交换机初始 VLAN 配置信息

如果是新购买的交换机,可以直接查看初始化 VLAN 配置,但更多的时候我们拿到的交换机已经有了一些配置,此时我们需要对交换机进行删除操作,但删除交换机的配置命令跟删除路由器的略有不同,这里需要特别注意。

(1) 查看交换机配置命令文件

```
Switch #show flash:
//查看交换机的 Flash,交换机的配置文件存储于 Flash 中
Directory of flash:/

    3   -rwx   15966080   Jan 1 1970 00:09:01  +00:00   c3560-ipservicesk9-mz.122-58.SE2.bin
  432   -rwx       1912   Mar 1 1993 00:01:09  +00:00   private-config.text
  433   -rwx        616   Mar 1 1993 00:48:21  +00:00   vlan.dat       //存储 VLAN 信息文件
  435   -rwx       1662   Mar 1 1993 00:01:09  +00:00   config.text    //存储配置命令的文件

27998208 bytes total (8774144 bytes free)
```

(2) 删除交换机配置命令文件

与路由器不相同的是,删除交换机配置不仅要删除 config.text 这个存储配置命令的文件,还需要删除 vlan.dat 这个存储 VLAN 信息的文件。

```
Switch #erase startup-config
//删除交换机的基本配置命令
Erasing the nvram filesystem will remove all configuration files! Continue? [confirm]
[OK]
Erase of nvram: complete
Switch #delete flash: vlan.dat
```

```
//删除 VLAN 信息文件
Delete filename [vlan.dat]?              //直接按回车键
Delete flash:/vlan.dat? [confirm]        //直接按回车键
SW1#reload
//删除后重启进入交换机初始化状态
Proceed with reload? [confirm]           //直接按回车键


//重启后或新设备,在初始化配置模式下输入"no",进入空配置的交换机;输入"enable",进入特
权模式
```

(3) 查看交换机 VLAN 的简明信息

```
Switch#show vlan brief
//查看交换机 VLAN 的简明信息
1      2                              3           4
VLAN   Name                          Status      Ports
----   ---------------------------   ---------   -------------------------------
1      default                       active      Fa0/1,Fa0/2,Fa0/3,Fa0/4
                                                 Fa0/5,Fa0/6,Fa0/7,Fa0/8
                                                 Fa0/9,Fa0/10,Fa0/11,Fa0/12
                                                 Fa0/13,Fa0/14,Fa0/15,Fa0/16
                                                 Fa0/17,Fa0/18,Fa0/19,Fa0/20
                                                 Fa0/21,Fa0/22,Fa0/23,Fa0/24
                                                 Gi0/1,Gi0/2
1002 fddi-default                    act/unsup
1003 token-ring-default              act/unsup
1004 fddinet-default                 act/unsup
1005 trnet-default                   act/unsup
Switch#
```

交换机的简明信息主要有4列内容:第一列表示 VLAN ID;第二列表示 VLAN 名称;第三列表示 VLAN 状态;第四列表示哪些端口属于某个 VLAN。

C3560v2 交换机默认所有端口属于 VLAN1,VLAN1 名称是 default,并且 VLAN1 在思科交换机中不能删除或修改,状态处于 active(活跃)。除了默认 VLAN1 外,交换机默认还有 4 个 1002~1005 的 VLAN,这部分内容超出本书范围,在此就不具体介绍。

2. 在交换机 SW1 上创建 VLAN

(1) 创建单个 VLAN

```
SW1(config)#vlan 10
//在 SW1 上创建 VLAN10
SW1(config-vlan)#name Student
```

```
//设置 VLAN10 名称为 Student
SW1(config-vlan)#exit
SW1(config)#vlan 20
//在 SW1 上创建 VLAN20
SW1(config-vlan)#name Teacher
//设置 VLAN20 名称为 Teacher
SW1(config-vlan)#end
```

到目前为止,我们已经在交换机中创建了 VLAN10 和 VLAN20,并修改了 VLAN 名称为 Student 和 Teacher,但如果企业中有多个 VLAN 存在,有没有比一条一条地输入更好的办法呢? 下面提供了一种优化办法。

(2) 同时创建多个 VLAN 并查看 VLAN 的简明信息

```
SW1(config)#vlan 100,101,102
//在创建 VLAN 时,我们可以采取使用逗号隔开的方式一次性创建多个 VLAN。系统默认采用
VLAN + 四位数的 ID 的组合标识 VLAN 的名称,这里它们的名称分别是 VLAN0100、VLAN0101 和
VLAN0102。
```

3. 将交换机 SW1 接口划分到新创建的 VLAN 中

(1) 配置 SW1 FastEthernet0/1

```
SW1(config)#interface fastEthernet0/1
//进入 Fa0/1 接口子模式
SW1(config-if)#switchport mode ?
//查看交换机交换接口支持的模式
access           Set trunking mode to ACCESS unconditionally
dot1q-tunnel     Set trunking mode to TUNNEL unconditionally
dynamic          Set trunking mode to dynamically negotiate access or trunk mode
private-vlan     Set private-vlan mode
trunk            Set trunking mode to TRUNK unconditionally
//C3560v2 交换机的交换接口支持以上五种模式,本书主要介绍其中的三种模式:Access、Dynamic
和 Trunk
SW1(config-if)#switchport mode access
//将 Fa0/1 接口设置为 Access 模式
SW1(config-if)#switchport access vlan 10
//将接口加入 VLAN10
```

虽然可以直接输入 interface fastEthernet 0/2 命令进入 Fa0/2 接口进行配置,但对于初学者来说,切换接口后由于命令行的显示仍然是(config-if),所以不建议直接进行切换,建议退出当前接口后再进入下一个需要配置的接口。

（2）配置 SW1 FastEthernet0/2

```
SW1（config）#interface fastEthernet0/2
SW1（config-if）#switchport mode access
SW1（config-if）#switchport access vlan 20
//在 Fa0/2 上进行同样的操作,将接口加入 VLAN20
```

（3）查看 VLAN 及交换端口信息

```
SW1#show vlan brief
VLAN Name                            Status      Ports
---- -------------------------------- --------- --------------------------------
1    default                         active      Fa0/3, Fa0/4, Fa0/5, Fa0/6
                                                 Fa0/7, Fa0/8, Fa0/9, Fa0/10
                                                 Fa0/11, Fa0/12, Fa0/13, Fa0/14
                                                 Fa0/15, Fa0/16, Fa0/17, Fa0/18
                                                 Fa0/19, Fa0/20, Fa0/21, Fa0/22
                                                 Fa0/23, Fa0/24, Gi0/1, Gi0/2
10   Student                         active      Fa0/1
20   Teacher                         active      Fa0/2
100  VLAN0100                         active
101  VLAN0101                         active
102  VLAN0102                         active
1002 fddi-default                     act/unsup
1003 token-ring-default               act/unsup
1004 fddinet-default                  act/unsup
1005 trnet-default                    act/unsup
//由 VLAN 的简明信息可以看出,现在 VLAN10 和 VLAN20 各有一个接口加入
SW1#show vlan summary
//查看 VLAN 的汇总信息
Number of existing VLANs             : 10       //目前交换机存在的 VLAN 数目
  Number of existing VTP VLANs        : 10
  Number of existing extended VLANS   : 0
SW1#show interfaces fastEthernet0/1 switchport
//查看 Fa0/1 交换端口信息,需要重点关注的有以下几项
Name: Fa0/1                          //接口名称
Switchport: Enabled                  //接口是否开启
Administrative Mode: static access   //管理员配置的接口模式
Operational Mode: static access      //接口当前模式
Administrative Trunking Encapsulation: negotiate
Operational Trunking Encapsulation: native
Negotiation of Trunking: Off
```

Access Mode VLAN: **10**（**Student**）//接口当前加入的 VLAN 和名称

Trunking Native Mode VLAN: 1（default）

Administrative Native VLAN tagging: enabled

Voice VLAN: none

<----省略部分输出---->

与配置 VLAN 相类似,接口的配置有时也存在需要将多个接口加入同一个 VLAN 的情况,此时也有比对每个接口逐一配置更简便的方法。

（4）多端口加入同一 VLAN 的配置方法

SW1（config）#**interface range fastEthernet0/10 － 20**

//同时进入 Fa0/10 到 Fa0/20 接口,此时 10 与 20 之间使用横线和空格隔开,如果是对于不连续的接口进行统一配置,则需要使用逗号隔开

SW1（config-if-range）#**switchport mode access**

//将上述接口配置为 Access 模式

SW1（config-if-range）#**switchport access vlan 100**

//将上述接口加入 VLAN100

4. 在交换机 SW1 上修改和删除 VLAN

假设网络管理员发现配置出错,需要对接口加入的 VLAN 进行修改,这时只需进入接口直接输入 switchport access vlan VLAN-ID,覆盖之前的配置即可。

（1）在交换机上修改 VLAN 的配置并查看

SW1（config）#**interface range fastEthernet0/10 － 15**

//进入 Fa0/10 到 Fa0/15 接口

SW1（config-if-range）#**switchport access vlan 102**

//将上述接口加入 VLAN102

SW1（config-if-range）#**end**

当需要删除某些 VLAN 时,一定要特别注意删除的操作步骤,如果出错,将导致接口"消失"等问题。

（2）在交换机上删除 VLAN 的配置并查看

SW1（config）#**interface range fastEthernet 0/10 － 15**

//进入 Fa0/10 到 Fa0/15 接口

SW1（config-if-range）#**no switchport access vlan 102**

//在原先加入 VLAN102 的命令前输入"no",删除加入命令

SW1（config-if-range）#**exit**

SW1（config）#**no vlan 102**

//在创建 VLAN 命令前输入"no",删除 VLAN

SW1（config）#**exit**

```
SW1#show vlan brief

VLAN Name                              Status    Ports
---- -------------------------------- --------- -------------------------------
1    default                          active    Fa0/3，Fa0/4，Fa0/5，Fa0/6
                                                 Fa0/7，Fa0/8，Fa0/9，Fa0/10
                                                 Fa0/11，Fa0/12，Fa0/13，Fa0/14
                                                 Fa0/15，Fa0/21，Fa0/22，Fa0/23
                                                 Fa0/24，Gi0/1，Gi0/2
10   Student                          active    Fa0/1
20   Teacher                          active    Fa0/2
100  VLAN0100                         active    Fa0/16，Fa0/17，Fa0/18，Fa0/19
                                                 Fa0/20
101  VLAN0101                         active
1002 fddi-default                     act/unsup
1003 token-ring-default               act/unsup
1004 fddinet-default                  act/unsup
1005 trnet-default                    act/unsup
SW1#
```
//通过查看 VLAN 简明信息,可以看出 VLAN102 已经被删除,并且原本属于 VLAN102 的 Fa0/10 到 Fa0/15 接口现在重新属于默认 VLAN1。如果仅仅在全局配置模式删除 VLAN 信息就会出现问题

SW1(config)#no vlan 100
//删除之前创建的 VLAN100
SW1(config)#end
```
SW1#show vlan brief

VLAN Name                              Status    Ports
---- -------------------------------- --------- -------------------------------
1    default                          active    Fa0/3，Fa0/4，Fa0/5，Fa0/6
                                                 Fa0/7，Fa0/8，Fa0/9，Fa0/10
                                                 Fa0/11，Fa0/12，Fa0/13，Fa0/14
                                                 Fa0/15，Fa0/21，Fa0/22，Fa0/23
                                                 Fa0/24，Gi0/1，Gi0/2
10   Student                          active    Fa0/1
20   Teacher                          active    Fa0/2
101  VLAN0101                         active
1002 fddi-default                     act/unsup
1003 token-ring-default               act/unsup
1004 fddinet-default                  act/unsup
1005 trnet-default                    act/unsup
```

通过查看 VLAN 简明信息,可以看出虽然 VLAN100 被删除,但同时原本属于 VLAN100 的 Fa0/16 到 Fa0/20 也一并消失了,这是因为原本这些接口都被配置了"switchport access vlan 100",它们目前在配置上仍然属于 VLAN100,所以就消失了。要杜绝这种现象出现,就要在删除 VLAN 的时候将接口加入的 VLAN 信息一并删除掉,否则接口就会从 VLAN 简明信息中"消失"。

　　(3) 端口"消失"问题的解决方法

```
SW1(config)#interface range fastEthernet 0/16 - 20
//进入 Fa0/16 到 Fa0/20 接口
SW1(config-if-range)#no switchport access vlan 100
//在原先加入 VLAN100 的命令前输入"no",删除加入命令
SW1(config-if-range)#end
SW1#show vlan brief
VLAN Name                              Status     Ports
---- -------------------------------- ---------- -------------------------------
1    default                          active     Fa0/3, Fa0/4, Fa0/5, Fa0/6
                                                 Fa0/7, Fa0/8, Fa0/9, Fa0/10
                                                 Fa0/11, Fa0/12, Fa0/13, Fa0/14
                                                 Fa0/15, Fa0/16, Fa0/17, Fa0/18
                                                 Fa0/19, Fa0/20, Fa0/21, Fa0/22
                                                 Fa0/23, Fa0/24, Gi0/1, Gi0/2
10   Student                          active     Fa0/1
20   Teacher                          active     Fa0/2
101  VLAN0101                         active
1002 fddi-default                     act/unsup
1003 token-ring-default               act/unsup
1004 fddinet-default                  act/unsup
1005 trnet-default                    act/unsup
//通过观察发现原本属于 VLAN100 的接口又出现在了 VLAN 简明信息中
```

　　5. 在交换机 SW1 上创建 SVI 口并测试连通性

　　SVI(Switch Virtual Interface)交换虚拟接口,主要作用有管理交换机和实现三层交换跨 VLAN 间路由,本章主要使用 SVI 对交换机进行管理。

　　(1) 配置 SVI 接口 IP 地址

```
SW1(config)#interface vlan 10
//进入 VLAN10 的虚拟接口
SW1(config-if)#ip address 172.16.10.1 255.255.255.0
//为接口配置 IP 地址
SW1(config-if)#exit
```

（2）查看交换机接口 IP 地址简明信息表

SW1#**show ip interface brief**

//查看交换机接口 IP 地址简明列表

Interface	IP-Address	OK? Method Status	Protocol
Vlan1	unassigned	YES unset administratively down	down
Vlan10	**172.16.10.1**	**YES manual up**	**up**
FastEthernet0/1	**unassigned**	**YES unset up**	**up**
FastEthernet0/2	unassigned	YES unset up	up
FastEthernet0/3	unassigned	YES unset down	down
FastEthernet0/4	unassigned	YES unset down	down
FastEthernet0/5	unassigned	YES unset down	down
FastEthernet0/6	unassigned	YES unset down	down
FastEthernet0/7	unassigned	YES unset down	down
FastEthernet0/8	unassigned	YES unset down	down
FastEthernet0/9	unassigned	YES unset down	down
FastEthernet0/10	unassigned	YES unset down	down
FastEthernet0/11	unassigned	YES unset down	down
FastEthernet0/12	unassigned	YES unset down	down
FastEthernet0/13	unassigned	YES unset down	down
FastEthernet0/14	unassigned	YES unset down	down
FastEthernet0/15	unassigned	YES unset down	down
FastEthernet0/16	unassigned	YES unset down	down
FastEthernet0/17	unassigned	YES unset down	down
FastEthernet0/18	unassigned	YES unset down	down
FastEthernet0/19	unassigned	YES unset down	down
FastEthernet0/20	unassigned	YES unset down	down
FastEthernet0/21	unassigned	YES unset down	down
FastEthernet0/22	unassigned	YES unset down	down
FastEthernet0/23	unassigned	YES unset down	down
FastEthernet0/24	unassigned	YES unset down	down
GigabitEthernet0/1	unassigned	YES unset down	down
GigabitEthernet0/2	unassigned	YES unset down	down

SW1#

//通过列表我们发现 VLAN10 处于双 up 状态,并且配置了 IP 地址,属于 VLAN10 的 Fa0/1 接口也属于双 up 状态,此时可以测试 VLAN10 和 PC1 的连通性

（3）交换机连通性测试

```
SW1#ping 172.16.10.100

Type escape sequence to abort.
Sending 5, 100-byte ICMP Echos to 172.16.10.100, timeout is 2 seconds:
!!!!!
Success rate is 100 percent（5/5）, round-trip min/avg/max = 1/203/1007 ms
```

现在 PC1 和交换机的 VLAN10 可以正常通信了，如果交换机配置了 Telnet 或者 SSH，那么从 PC1 就可以远程登录交换机，实现交换机管理功能。SVI 实现的另一个跨网段通信功能将在第 8 章详细讲述。

7.6　实训项目二　VLAN Trunk 配置

【实训目的】

- 掌握配置交换机 Trunk 的方法。
- 了解 Trunk 的查看与检测方法。
- 掌握配置交换机 Native VLAN 的方法。
- 掌握 Trunk 的安全性配置的方法。

【实训拓扑图】

实训拓扑图如图 7-13 所示。

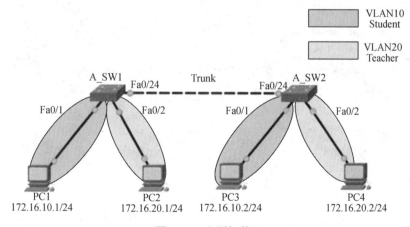

图 7-13　实训拓扑图

设备参数如表 7-6、表 7-7 所示。

表 7-6　设备参数(一)

设　备	接　口	接口模式	所属 VLAN	VLAN 名称
A_SW1	Fa0/1	Access	VLAN10	Student
	Fa0/2	Access	VLAN20	Teacher
	Fa0/24	Trunk		
A_SW2	Fa0/1	Access	VLAN10	Student
	Fa0/2	Access	VLAN20	Teacher
	Fa0/24	Trunk		

表 7-7　设备参数(二)

设　备	接　口	IP 地址	子网掩码	默认网关
PC1	NIC	172.16.10.1	255.255.255.0	172.16.10.254
PC2	NIC	172.16.20.1	255.255.255.0	172.16.20.254
PC3	NIC	172.16.10.2	255.255.255.0	172.16.10.254
PC4	NIC	172.16.20.2	255.255.255.0	172.16.20.254

【实训内容】

Trunk 技术实现了多 VLAN 复用一条链路在交换机之间进行数据传输,为企业大规模部署交换网络提供了良好的技术支撑。作为"地基"的 Trunk 技术及其配置是学好交换技术的前提。

1.创建 VLAN 并划分端口

(1) 在 A_SW1 交换机上创建 VLAN

```
A_SW1(config)#interface fastEthernet0/1
A_SW1(config-if)#switchport mode access
//将接口配置为 Access 模式
A_SW1(config-if)#switchport access vlan 10
% Access VLAN does not exist. Creating vlan 10
//将接口加入 VLAN10 中,由于之前交换机中没有创建过 VLAN10,所以思科交换机自动创建
VLAN10(不建议采用这种方式创建 VLAN)
A_SW1(config-if)#exit
A_SW1(config)#vlan 10
A_SW1(config-vlan)#name Student
//配置 VLAN10 名称
A_SW1(config-vlan)#exit
A_SW1(config)#vlan 20
//创建新的 VLAN20
```

```
A_SW1（config-vlan）#name Teacher
//配置 VLAN20 名称
A_SW1（config-vlan）#exit
A_SW1（config）#interface fastEthernet0/2
A_SW1（config-if）#switchport mode access
//将接口配置为 Access 模式
A_SW1（config-if）#switchport access vlan20
//将接口加入 VLAN20 中
```

交换机 A_SW2 的配置和 A_SW1 相同,这里仅列出配置,不做详细说明。

（2）配置及查看 A_SW2

```
A_SW2（config）#vlan 10
A_SW2（config-vlan）#name Student
A_SW2（config-vlan）#exit
A_SW2（config）#vlan 20
A_SW2（config-vlan）#name Teacher
A_SW2（config-vlan）#exit
A_SW2（config）#interface fastEthernet0/1
A_SW2（config-if）#switchport mode access
A_SW2（config-if）#switchport access vlan 10
A_SW2（config-if）#exit
A_SW2（config）#interface fastEthernet0/2
A_SW2（config-if）#switchport mode access
A_SW2（config-if）#switchport access vlan 20
A_SW2（config-if）#end
```

2. 配置 Trunk

（1）配置 A_SW1 Trunk

```
A_SW1（config）#interface fastEthernet0/24
A_SW1（config-if）#switchport trunk encapsulation ?
  dot1q      Interface uses only 802.1Q trunking encapsulation when trunking
  isl        Interface uses only ISL trunking encapsulation when trunking
  negotiate  Device will negotiate trunking encapsulation with peer oninterface
//输入"switchport trunk encapsulation ?"命令,可以看到默认 C3560v2 交换机支持三种模式的封装
分别是 IEEE 802.1Q、ISL 和 Negotiate（协商）模式
A_SW1（config-if）#switchport trunk encapsulation dot1q
//将接口 Trunk 封装方式设置为 IEEE 802.1Q
A_SW1（config-if）#switchport mode trunk
//设置接口模式为 Trunk
```

（2）配置 A_SW2 Trunk

```
A_SW2（config）#interface fastEthernet0/24
A_SW2（config-if）#switchport trunk encapsulation dot1q
A_SW2（config-if）#switchport mode trunk
A_SW2（config-if）#end
```

（3）查看 A_SW2 Trunk 接口信息

```
A_SW2#show interfaces fastEthernet0/24 trunk
//查看 A_SW2 的 Fa0/24 接口 Trunk 信息

Port          Mode            Encapsulation   Status          Native vlan
Fa0/24        on              802.1Q          trunking        1


Port          Vlans allowed on trunk
Fa0/24        1-4094
//通过 A_SW2 的 Trunk 信息可以看出,在两端都配置了 Trunk 后,接口 Fa0/24 手工地通过 on 模
式建立起了 IEEE 802.1Q 的 Trunk 链路,Native VLAN 为默认的 VLAN1,VLAN1 ~ VLAN4096 都允
许使用这条 Trunk 链路


Port          Vlans allowed and active in management domain
Fa0/24        1,10,20,100-102


Port          Vlans in spanning tree forwarding state and not pruned
Fa0/24        1,10,20,100-102
```

3. 查看并测试交换机之间 Trunk 的连通性

（1）完成 PC 之间 ping 测试

在 PC1 和 PC3、PC2 和 PC4 之间使用 ping 命令,测试交换机 A_SW1 和 A_SW2 的 VLAN、Trunk 配置的正确性,测试结果如图 7-14 和图 7-15 所示。

图 7-14　PC1 和 PC3 之间连通性测试

图 7-15　PC2 和 PC4 之间连通性测试

（2）查看 A_SW1 Trunk 接口信息

```
A_SW1#show interfaces fastEthernet0/24 switchport
//查看 A_SW1 Fa0/24 交换口信息
Name: Fa0/24
Switchport: Enabled                              //接口处于开启状态
Administrative Mode: trunk                       //管理员设置为 Trunk 模式
Operational Mode: trunk                          //目前接口模式为 Trunk
Administrative Trunking Encapsulation: dot1q     //接口 Trunk 封装方式为 IEEE 802.1Q
Negotiation of Trunking: On
Access Mode VLAN: 1 (default)
Trunking Native Mode VLAN: 1 (default)
Administrative Native VLAN tagging: enabled
Voice VLAN: none
<----省略部分输出---->
A_SW1#
```

4. 配置 Native VLAN

（1）配置 A_SW1 和 A_SW2 Native VLAN

```
A_SW1(config)#interface fastEthernet0/24
A_SW1(config-if)#switchport trunk native vlan 100
//在 A_SW1 的 Fa0/24 的 Trunk 接口上设置 Native VLAN 为 100
A_SW2(config)#interface fastEthernet0/24
A_SW2(config-if)#switchport trunk native vlan 100
//在 A_SW2 的 Fa0/24 的 Trunk 接口上设置 Native VLAN 为 100
```

（2）查看 A_SW2 Trunk 接口信息

```
A_SW2#show interfaces fastEthernet0/24 trunk
//查看 A_SW2 的 Fa0/24 接口 Trunk 信息
Port          Mode          Encapsulation      Status      Native vlan
Fa0/24        on            802.1q             trunking    100
//Native vlan 从默认的 VLAN1 变为修改后的 VLAN100
Port          Vlans allowed on trunk
Fa0/24        1-4094

Port          Vlans allowed and active in management domain
Fa0/24        1,10,20,100-102

Port          Vlans in spanning tree forwarding state and not pruned
Fa0/24        10,20,101-102
A_SW2#
```

特别需要注意的是，两台交换机上选择的 Native vlan 必须一致，如果一端选择 VLAN100 作为 Native vlan，而另一端选择 VLAN200 作为 Native vlan，那它们将无法通信，交换机也会报错

5. Trunk 的安全性配置

交换机的接口默认是即插即用的，如果网络管理员操作不当误插某些接口，或者别有用心的人连入交换网络，会产生许多安全性问题，如 Trunk 的中间人攻击、伪造 Trunk 数据包攻击等，所以保护好交换机的 Trunk 首要做的就是将暂时不使用的接口全部手工输入 shutdown 命令，彻底关闭。

（1）关闭 A_SW1 不使用的接口

```
A_SW1(config)#interface range fastEthernet0/3 - 23
A_SW1(config-if-range)#shutdown
//关闭 Fa0/3 到 Fa0/23 接口
A_SW1(config)#interface range gigabitEthernet0/1 - 2
A_SW1(config-if-range)#shutdown
//关闭 Gi0/1 到 Gi0/2 接口
```

（2）在 Trunk 接口上配置 VLAN 允许列表

```
A_SW1(config)#interface fastEthernet0/24
A_SW1(config-if)#switchport trunk allowed vlan ?
//思科交换机还可以通过设置 Trunk 内允许或者拒绝通过的具体 VLAN 来控制安全性，通过命令
"switchport trunk allowed vlan ?"查看配置方式
    WORD      VLAN IDs of the allowed VLANs when this port is in trunking mode
    //将 VLAN 添加进允许通过 trunk 的列表
```

add	add VLANs to the current list	//在列表中添加 VLAN
all	all VLANs	//允许所有 VLAN 通过
except	all VLANs except the following	//除指定 VLAN 外,允许其他所有
none	no VLANs	//拒绝所有 VLAN 通过
remove	remove VLANs from the current list	//在列表中删除指定 VLAN

A_SW1(config-if)#**switchport trunk allowed vlan 1,10,100**

//允许 VLAN1、VLAN10 和 VLAN100 通过 trunk

（3）查看 A_SW1 Trunk 接口信息

A_SW1#**show interfaces fastEthernet0/24 trunk**

//查看 A_SW1 的 Fa0/24 接口 Trunk 信息

Port	Mode	Encapsulation	Status	Native vlan
Fa0/24	on	802.1q	trunking	100

Port	**Vlans allowed on trunk**
Fa0/24	**1,10,100**

//Trunk 链路上允许的 VLAN ID

Port	Vlans allowed and active in management domain
Fa0/24	1,10

Port	Vlans in spanning tree forwarding state and not pruned
Fa0/24	1,10

A_SW1#

（4）查看 PC 之间验证允许列表

由于仅允许了 VLAN1、VLAN10 和 VLAN100 通过 Trunk,图 7-16 是 PC2 和 PC4 之间连通性测试,检验 Trunk 安全性是否生效。

图 7-16　Trunk 安全性配置测试

PC2 无法 ping 通 PC4,流量在到达 Trunk 链路时由于安全性策略被拒绝,实训验证成功。

7.7 实训项目三　动态 Trunk 配置

【实训目的】

- 理解 DTP 查看的方法。
- 掌握 DTP 配置的方法。
- 了解 DTP 的协商模式。

【实训拓扑图】

实训拓扑图如图 7-17 所示。

图 7-17　实训拓扑图

设备参数如表 7-8 所示。

表 7-8　设备参数

设备名称	设备型号	接　口	DTP 协商模式
A_SW1	C3560v2	Fa0/24	Dynamic Auto
A_SW2	C3560v2	Fa0/24	Dynamic Auto

【实训内容】

DTP 是思科私有协议,所以只有在两端都是思科交换机的时候才能够正常运行,并且根据型号不同,各种类型的交换机默认的协商模式也有所不同,比如思科 3550 系列交换机默认的 DTP 协商模式为 Dynamic Desirable,而思科 3560 系列交换机默认的模式为 Dynamic Auto。

1. 查看交换机初始的 DTP 配置信息

（1）查看 A_SW1 交换接口信息

```
//将两台交换机使用双绞线进行连接,对两端的 Fa0/24 接口不做任何配置,查看 DTP 信息
A_SW1#show interfaces fastEthernet0/24 switchport
//查看 A_SW1 Fa0/24 交换接口信息
Name: Fa0/24
Switchport: Enabled                              //接口处于打开状态
Administrative Mode: dynamic auto                //接口处于默认动态协商模式
Operational Mode: static access                  //接口目前处于 Access 模式
Administrative Trunking Encapsulation: negotiate
Operational Trunking Encapsulation: native
Negotiation of Trunking: On
Access Mode VLAN: 1 ( default )
Trunking Native Mode VLAN: 1 ( default )
Administrative Native VLAN tagging: enabled
Voice VLAN: none
<----省略部分输出---->
```

（2）查看 A_SW1 Trunk 接口信息

```
A_SW1#show interfaces fastEthernet0/24 trunk
//查看 A_SW1 Fa0/24 接口 Trunk 信息
Port            Mode             Encapsulation      Status          Native vlan
Fa0/24          auto             negotiate          not-trunking    1
//因为两边都是默认的 Auto 模式,根据表 7-1 的匹配原则,两端都将成为 Access 模式,所以查看
Trunk 信息内的状态处于 Not-trunking
Port            Vlans allowed on trunk
Fa0/24          1

Port            Vlans allowed and active in management domain
Fa0/24          1


Port            Vlans in spanning tree forwarding state and not pruned
Fa0/24          1
A_SW1#
```

2. 修改 DTP 协商模式,查看协商结果的变化

（1）配置 A_SW1 Fa0/24 接口为 Dynamic Desirable 模式

```
A_SW1( config )#interface fastEthernet0/24
A_SW1( config-if )#switchport mode dynamic desirable
//将 A_SW1 Fa0/24 交换接口设置为 Dynamic Desirable 模式
```

（2）查看修改后的交换接口信息

```
A_SW1#show interfaces fastEthernet0/24 switchport
//查看 A_SW1 Fa0/24 交换接口信息
Name: Fa0/24
Switchport: Enabled
Administrative Mode: dynamic desirable
Operational Mode: trunk
Administrative Trunking Encapsulation: negotiate
Operational Trunking Encapsulation: isl
Negotiation of Trunking: On
Access Mode VLAN: 1 (default)
Trunking Native Mode VLAN: 1 (default)
Administrative Native VLAN tagging: enabled
Voice VLAN: none
<----省略部分输出---->
```

（3）查看协商结果

```
A_SW1#show interfaces fastEthernet0/24 trunk
//查看 A_SW1 Fa0/24 接口 Trunk 信息
Port           Mode               Encapsulation    Status          Native vlan
Fa0/24         desirable          n-isl            trunking        1
//交换机之间一端是 Dynamic Auto 模式,另一端是 Dynamic Desirable 模式,根据表7-1 的匹配原则,
两端将形成 Trunk 模式,并且封装协议也将采用思科私有的 ISL,这里"n"代表是经过动态协商的
Port           Vlans allowed on trunk
Fa0/24         1-4094
Port           Vlans allowed and active in management domain
Fa0/24         1

Port           Vlans in spanning tree forwarding state and not pruned
Fa0/24         1
A_SW1#
```

（4）将 A_SW2 配置为手工 Trunk 模式

```
A_SW2(config)#interface fastEthernet0/24
A_SW2(config-if)#switchport trunk encapsulation dot1q
//将封装协议设置为 IEEE 802.1Q
A_SW2(config-if)#switchport mode trunk
//交换接口手工设置为 Trunk
A_SW2(config-if)#switchport nonegotiate
//本地交换接口不进行协商
```

（5）查看 A_SW1 和 A_SW2 的协商结果

```
A_SW2#show interfaces fastEthernet0/24 trunk
//查看 A_SW2 Fa0/24 交换接口信息
Port          Mode              Encapsulation     Status        Native vlan
Fa0/24        on                802.1q            trunking      1
//现在交换机两端,一端为 Dynamic Desirable,另一端直接手工指定为 Trunk,根据表7-1 的匹配原
则,两端将形成 Trunk 模式,Trunk 封装协议由手工配置端(on 模式端)选择的协议决定,这里是
IEEE 802.1Q,状态为 Trunking

Port          Vlans allowed on trunk
Fa0/24        1-4094


Port          Vlans allowed and active in management domain
Fa0/24        1


Port          Vlans in spanning tree forwarding state and not pruned
Fa0/24        1


A_SW1#show interfaces fastEthernet0/24 trunk
//查看 A_SW1 Fa0/24 交换接口信息
Port          Mode              Encapsulation     Status        Native vlan
Fa0/24        desirable         n-802.1q          trunking      1
//这里模式为 Dynamic Desirable,封装协议为 IEEE 802.1Q,"n"代表是经过动态协商的,状态为
Trunking
Port          Vlans allowed on trunk
Fa0/24        1-4094


Port          Vlans allowed and active in management domain
Fa0/24        1


Port          Vlans in spanning tree forwarding state and not pruned
Fa0/24        1
A_SW1#
```

7.8 实训项目四 EtherChannel 配置

【实训目的】

- 了解 EtherChannel 的工作原理。
- 掌握静态 EtherChannel 的配置方式。
- 掌握动态 EtherChannel 的配置方式。
- 理解 EtherChannel 的冗余性。

【实训拓扑图】

实训拓扑图如图 7-18 所示。

图 7-18 实训拓扑图

设备参数如表 7-9 所示:

表 7-9 设备参数

设备名称	设备型号	接 口
A_SW1	C3560v2	Fa0/23
		Fa0/24
A_SW2	C3560v2	Fa0/23
		Fa0/24

【实训内容】

EtherChannel 是一种公有协议,广泛应用在交换骨干网络中,扩展交换机之间的数据传输能力。3560 系列交换机最大支持 16 个 port-channel,每条 port-channel 最大支持 8 个端口进行聚合,思科交换机动态 EtherChannel 支持的协议有思科私有 PAgP 和公有 LACP 协议。

1. 配置并查看静态 EtherChannel

（1）完成 A_SW1 接口 Trunk 配置

```
A_SW1（config）#interface range fastEthernet0/23 - 24
//进入 Fa0/23 和 Fa0/24 两个接口的子模式
A_SW1（config-if-range）#switchport trunk encapsulation dot1q
//选择 IEEE 802.1Q 作为两个接口的 Trunk 封装协议
A_SW1（config-if-range）#switchport mode trunk
//将接口配置为 Trunk
```

（2）完成 A_SW1 接口 EtherChannel 配置

```
A_SW1（config-if-range）#channel-group 1 mode ?
//查看交换机支持的 EtherChannel 模式
active      Enable LACP unconditionally                      //LACP 模式
auto       Enable PAgP only if a PAgP device is detected     //PAgP 模式
desirable  Enable PAgP unconditionally                       //PAgP 模式
on         Enable Etherchannel only                          //手工模式
passive    Enable LACP only if a LACP device is detected     //LACP 模式
A_SW1（config-if-range）#channel-group 1 mode on
//配置交换机 channel-group 1 的模式
Creating a port-channel interface Port-channel 1
//因为之前没有使用 interface port-channel 1 命令创建过 EtherChannel，所以系统自动创建一条名
称为 1 的 port-channel
A_SW1（config）#port-channel load-balance ?
//查看 port-channel 的负载均衡方式
    dst-ip       Dst IP Addr
    dst-mac      Dst Mac Addr
    src-dst-ip   Src XOR Dst IP Addr
    src-dst-mac  Src XOR Dst Mac Addr
    src-ip       Src IP Addr
    src-mac      Src Mac Addr
A_SW1（config）#port-channel load-balance dst-ip
//选择交换机根据目的 IP 地址进行 port-channel 的负载均衡
```

（3）查看 EtherChannel 接口

```
A_SW1#show running-config interface port-channel 1
//查看接口 port-channel 1 已经配置的命令
Building configuration...

Current configuration : 92 bytes
!
interface Port-channel1
```

```
switchport trunk encapsulation dot1q
switchport mode trunk
end
//虽然只在物理接口 Fa0/23 和 Fa0/24 配置了 Trunk 信息,但由于将这两个接口加入了 port-
channel 1 接口中,所以 Trunk 的配置信息也自动地拷贝进了接口 port-channel 1 中
```

（4）A_SW2 Trunk 和 EtherChannel 配置

```
//A_SW2 的配置和 A_SW1 相同,这里只列出、不解释
A_SW2(config)#interface range fastEthernet0/23 - 24
A_SW2(config-if-range)#switchport trunk encapsulation dot1q
A_SW2(config-if-range)#switchport mode trunk
A_SW2(config-if-range)#channel-group 1 mode on
Creating a port-channel interface Port-channel 1
A_SW2(config)#port-channel load-balance des-ip
```

（5）查看 A_SW2 EtherChannel 的信息

```
A_SW2#show etherchannel summary
//查看 EtherChannel 的汇总信息
Flags:     D - down          P - bundled in port-channel
           I - stand-alone s - suspended
           H - Hot-standby (LACP only)
           R - Layer3        S - Layer2
           U - in use        f - failed to allocate aggregator

           M - not in use, minimum links not met
           u - unsuitable for bundling
           w - waiting to be aggregated
           d - default port

Number of channel-groups in use: 1
Number of aggregators:              1
Group   Port-channel   Protocol     Ports
------ + ------------ + ---------- + -------------------------------------------
1       Po1(SU)        -            Fa0/23(P)    Fa0/24(P)
```

port-channel 1 的(SU)分别代表二层隧道和正在使用,正在使用的协议是"-"表示使用静态方式建立的 port-channel,隧道内接口旁边的(P)代表绑定在隧道中。Port-channel 不仅有二层的,还有三层的,由于三层隧道不是本章的内容,这里不再详细介绍。

（6）查看 A_SW2 EtherChannel 负载均衡信息

```
A_SW2#show etherchannel load-balance
//查看 EtherChannel 的负载均衡
EtherChannel Load-Balancing Configuration:
        dst-ip
//根据目的 IP 地址的方式进行负载均衡
EtherChannel Load-Balancing Addresses Used Per-Protocol:
Non-IP: Destination MAC address
  IPv4: Destination IP address
  IPv6: Destination IP address
//IPv4 和 IPv6 都根据目的 IP 地址的方式进行负载均衡
```

2. 配置并查看动态 EtherChannel

动态 EtherChannel 使用的协议主要有 PAgP 和 LACP,这两种协议的配置和原理基本一致,但 PAgP 是思科私有协议,而 LACP 是公有协议,这里使用 LACP 介绍动态 EtherChannel。

（1）完成 A_SW1 Trunk 配置

```
A_SW1(config)#interface range fastEthernet0/23 - 24
//进入 Fa0/23 和 Fa0/24 两个接口的子模式
A_SW1(config-if-range)#switchport trunk encapsulation dot1q
//选择 IEEE 802.1Q 作为两个接口的 Trunk 封装协议
A_SW1(config-if-range)#switchport mode trunk
//将接口配置为 Trunk
```

（2）完成 A_SW1 动态 EtherChannel Active 模式配置

```
A_SW1(config-if-range)#channel-protocol ?
//查看接口支持的动态 EtherChannel 协议
  lacp   Prepare interface for LACP protocol
  pagp   Prepare interface for PAgP protocol
A_SW1(config-if-range)#channel-protocol lacp
//配置 LACP 作为动态 EtherChannel 协议
A_SW1(config-if-range)#channel-group 1 mode active
//配置隧道的 LACP 动态协商模式为 Active
Creating a port-channel interface Port-channel 1
```

A_SW2 和 A_SW1 的配置除协商模式外都相同,这里相同的命令只列出、不解释。

（3）A_SW2 Trunk 及动态 EtherChannel passive 模式配置

```
A_SW2（config）#interface range fastEthernet0/23 - 24
A_SW2（config-if-range）#switchport trunk encapsulation dot1q
A_SW2（config-if-range）#switchport mode trunk
A_SW2（config-if-range）#channel-protocol lacp
A_SW2（config-if-range）#channel-group 1 mode passive
//A_SW2 的 LACP 协商模式为 Passive
Creating a port-channel interface Port-channel 1
```

（4）查看 A_SW2 EtherChannel 汇总信息

```
A_SW2#show etherchannel summary
//查看 EtherChannel 的汇总信息
Flags:    D - down          P - bundled in port-channel
          I - stand-alone s - suspended
          H - Hot-standby（LACP only）
          R - Layer3        S - Layer2
          U - in use        f - failed to allocate aggregator

          M - not in use, minimum links not met
          u - unsuitable for bundling
          w - waiting to be aggregated
          d - default port

Number of channel-groups in use: 1
Number of aggregators:            1

Group   Port-channel  Protocol    Ports
------ + ------------ + ---------- + ---------------------------------------------
1       Po1（SU）                  LACP        Fa0/23（P）    Fa0/24（P）
```

EtherChannel 的汇总信息中和手工建立 EtherChannel 唯一不同的是，动态方式在 Protocol 下明确显示使用的协议是 LACP。

（5）查看 A_SW2 EtherChannel 端口隧道信息

```
A_SW2#show etherchannel port-channel
//查看 A_SW2 的 EtherChannel 的隧道信息
                    Channel-group listing:
                    ----------------------

Group:  1
----------
```

```
                    Port-channels in the group:
                    ---------------------------

Port-channel: Po1      (Primary Aggregator)


-----------

Age of the Port-channel    = 0d: 00h: 02m: 17s
Logical slot/port    = 2/1           Number of ports = 2
HotStandBy port  = null
Port state              = Port-channel Ag-Inuse
Protocol                =    LACP
Port security         = Disabled


Ports in the Port-channel:

Index    Load      Port      EC state          No of bits
------ + ------ + ------ + ----------------- + -----------
  0      00      Fa0/23    Passive             0
  0      00      Fa0/24    Passive             0


Time since last port bundled:     0d: 00h: 02m: 02s      Fa0/23
Time since last port Un-bundled: 0d: 00h: 02m: 04s       Fa0/23
```

　　和 EtherChannel 的汇总信息相比,EtherChannel 的隧道信息不仅显示了使用的动态协议,还分别显示了 port-channel 中的接口使用的协商模式,这里 A_SW2 的 Fa0/23 和 Fa0/24 使用的是 Passive。

　　(6) 查看 A_SW1 EtherChannel 端口隧道信息

```
A_SW1#show etherchannel port-channel
//查看 A_SW1 的 EtherChannel 的隧道信息
                    Channel-group listing:
                    ----------------------

Group: 1
----------
                    Port-channels in the group:
                    ---------------------------

Port-channel: Po1      (Primary Aggregator)


-----------
```

```
Age of the Port-channel    = 0d: 00h: 04m: 41s
Logical slot/port    = 2/1              Number of ports = 2
HotStandBy port = null
Port state              = Port-channel Ag-Inuse
Protocol                =    LACP
Port security           = Disabled


Ports in the Port-channel:


Index    Load    Port    EC state         No of bits
------ + ------ + ------ + ----------------- + -----------
  0      00    Fa0/23    Active              0
  0      00    Fa0/24    Active              0
```
//A_SW1 使用的同样是 LACP 协议,但协商模式是 Active,根据协商原则,一端是 Passive、另一端是 Active,是可以动态形成 EtherChannel 的,所以最终协商成功形成了隧道
```
Time since last port bundled:    0d: 00h: 03m: 08s    Fa0/23
```

3. 配置并测试 EtherChannel 的冗余性

(1) 交换机 SVI 接口配置

```
A_SW1(config)#vlan 10
```
//创建 VLAN10
```
A_SW1(config-vlan)#exit
A_SW1(config)#interface vlan 10
```
//进入 VLAN10 接口
```
A_SW1(config-if)#ip address 172.16.10.100 255.255.255.0
```
//配置 VLAN10 接口 IP 地址

```
A_SW2(config)#vlan 10
```
//创建 VLAN10
```
A_SW2(config-vlan)#exit
A_SW2(config)#interface vlan 10
```
//进入 VLAN10 接口
```
A_SW2(config-if)#ip address 172.16.10.101 255.255.255.0
```
//配置 VLAN10 接口 IP 地址

　　两台交换机 VLAN10 的 SVI 接口都配置了 IP 地址,在 A_SW1 上使用 ping 命令,ping 对端 172.16.10.101 地址 1 000 次,在 ping 的过程中将 A_SW1 上 Fa0/23 接口的网线拔出, 保持 Fa0/24 的连接状态,检测 EtherChannel 的连通性。

（2）验证 EtherChannel 的冗余性

```
A_SW1#ping 172.16.10.101 repeat 1000
//ping 对端 IP 地址重复 1000 次
Type escape sequence to abort.
Sending 1000，100-byte ICMP Echos to 172.16.10.101，timeout is 2 seconds:
!!!!!!!!!!!!!!!!!!!!!!!!!!!!!!!!!!!!!!!!!!!!!!!!!!!!!!!!!!!!!!!!!!!!!!!!!!!!!!!!!!!!!
!!!!!!!!!!!!!!!!!!!!!!!!!!!!!!!!!!!!!!!!!!!!!!!!!!!!!!!!!!!!!!!!!!!!!!!!!!!!!!!!!!!!!
*Mar  1 00:11:34.425: % LINEPROTO-5-UPDOWN: Line protocol on Interface
FastEthernet0/23，changed state to down
*Mar  1 00:11:35.432: %LINK-3-UPDOWN: Interface FastEthernet0/23，changed state to down
!!!!!!!!!!!!!!!!!!!!!!!!!!!!!!!!!!!!!!!!!!!!!!!!!!!!!!!!!!!!!!!!!!!!!!!!!!!!!!!!!!!!!
!!!!!!!!!!!!!!!!!!!!!!!!!!!!!!!!!!!!!!!!!!!!!!!!!!!!!!!!!!!!!!!!!!!!!!!!!!!!!!!!!!!!!
!!!!!!!!!!!!!!!!!!!!!!!!!!!!!!!!!!!!!!!!!!!!!!!!!!!!!!!!!!!!!!!!!!!!!!!!!!!!!!!!!!!!!
!!!!!!!!!!!!!!!!!!!!!!!!!!!!!!!!!!!!!!!!!!!!!!!!!!!!!!!!!!!!!!!!!!!!!!!!!!!!!!!!!!!!!
!!!!!!!!!!!!!!!!!!!!!!!!!!!!!!!!!!!!!!!!!!!!!!!!!!!!!!!!!!!!!!!!!!!!!!!!!!!!!!!!!!!!!
!!!!!!!!!!!!!!!!!!!!!!!!!!!!!!!!!!!!!!!!!!!!!!!!!!!!!!!!!!!!!!!!!!!!!!!!!!!!!
Success rate is 99 percent（999/1000），round-trip min/avg/max ＝ 1/3/42 ms
```

　　我们可以清楚地看到,在 1 000 次 ping 的过程中,只丢失了 1 个数据包,其他 999 个数据包都顺利进行了传输,这个丢失的包是 EtherChannel 在做物理接口的切换时造成的,系统信息也提示 Fa0/23 接口出现 down 状态,所以印证了只要 EtherChannel 中至少有一条物理链路处于 up 状态,EtherChannel 就可以正常工作。

　　（3）查看 Fa0/23 接口 down 状态的 EtherChannel 汇总信息

```
A_SW1#show etherchannel summary
//查看 EtherChannel 的汇总信息
Flags:   D - down         P - bundled in port-channel
         I - stand-alone s - suspended
         H - Hot-standby（LACP only）
         R - Layer3       S - Layer2
         U - in use        f - failed to allocate aggregator

         M - not in use，minimum links not met
         u - unsuitable for bundling
         w - waiting to be aggregated
         d - default port

Number of channel-groups in use: 1
Number of aggregators:            1

Group  Port-channel  Protocol     Ports
------ + ------------- + ----------- + --------------------------------------------
1      Po1(SU)          LACP        Fa0/23(D)   Fa0/24(P)
//Fa0/23 旁的(D)代表关闭状态,此时 port-channel 中 Fa0/24 接口处于正常状态
```

第 8 章

VLAN 间路由

我们已经知道,VLAN 使网络中的广播域得到了控制,提高了安全性,方便了网络管理。Trunk 主要实现了多个 VLAN 自身跨越交换机的通信。但是各个 VLAN 还是相互隔离的,这既有好处,也有弊端。企业中各部门之间的交流是非常频繁的,会计部门、管理部门、销售部门和后勤部门等之间会共享大量的文件和其他网络资源,所以要求企业大部分公开数据能在 VLAN 之间进行传递,即需要网络中的 VLAN 流量具有从一个网段传输到另一个网段的能力,这种能力也被称为 VLAN 间路由。

8.1 VLAN 间路由的概念

* *

VLAN 定义中明确指出,它是一种逻辑接口,这些接口通常用于将较大的广播域划分成多个较小的广播域。如图 8-1 所示,这种方法确实将原来默认的所有设备都属于的 VLAN1 划分成了三个更小的网段 VLAN10、VLAN20 和 VLAN30,图中这三个 VLAN 内的 PC 不能相互通信,但原来默认属于 VLAN1 时这 6 台设备都可以相互通信。

图 8-1 VLAN 在网络中的作用

VLAN 间路由技术借助三层设备实现 VLAN 之间的通信,能够实现 VLAN 间路由的设备主要有以下 4 类:

① 传统的支持以太网口的路由器。

② 具有支持子接口功能的路由器(单臂路由器)。

③ 支持 SVI 功能的交换机。

④ 支持多层交换的思科 Catalyst 交换机。

8.2　VLAN 间路由的分类

路由器和交换机是实现 VLAN 间路由的主要设备,VLAN 间路由从实现方式分类主要有:传统 VLAN 间路由、单臂路由器 VLAN 间路由和多层交换机 VLAN 间路由。

8.2.1　传统 VLAN 间路由

传统 VLAN 间路由是第一个 VLAN 间路由的解决方案,该方案依赖于大量的路由接口,网络中存在一个 VLAN,就需要一个路由接口,如图 8-2 所示。图中路由器连接到交换机的每个接口都处于 Access 模式,并且每个接口属于不同的 VLAN,这样路由器可以接收所有 VLAN 的数据流,数据流也可以通过路由器进行转发。

图 8-2　传统 VLAN 间路由拓扑图

这种方法的好处是配置简单,容易操作,在企业网络 VLAN 非常少的情况下可以使用。但它的缺点更明显,在网络中如果要实现 n 个 VLAN 间通信,那就需要占用路由器 n 个以太网接口,路由器不像交换机,它每个接口的价值比交换机高很多,所以这种方式在现在的实际网络中并不实用。

8.2.2　单臂路由器 VLAN 间路由

　　我们先回顾下 Trunk 技术,它主要解决多 VLAN 跨越交换机的通信,使用 Trunk 后,交换机之间只需要一根网线就能实现多个 VLAN 的通信。单臂路由器 VLAN 间路由正是利用 Trunk 这个特性,提供了解决传统 VLAN 间路由需要多个路由接口的问题的一种解决方案。使用单臂路由技术后,路由器只需要提供一个以太网接口与交换机相连就可以实现 VLAN 间的路由。如图 8-3 所示,路由器 R1 与交换机 SW1 之间仅通过一条以太网连接,实现 VLAN 之间的路由。

图 8-3　单臂路由器实现 VLAN 间路由

　　图 8-3 中将交换机和路由器连接的接口设置成为 Trunk 接口,路由器的物理接口只需要开启即可,但逻辑上路由器启用了子接口功能,网络中有多少个需要进行互相通信的 VLAN,就设置多少个子接口,子接口同样进行 IEEE 802.1Q 的封装,再配置 IP 地址作为相应 VLAN 的网关地址,最终实现单臂路由 VLAN 间的通信。

8.2.3　多层交换机 VLAN 间路由

　　虽然单臂路由器 VLAN 间路由技术提高了传统技术的复用率,但它价格昂贵。还需要单独的路由器来实现 VLAN 间路由,所以在现实网络环境中使用得也比较少。那么现实的网络环境中使用什么样的 VLAN 间路由技术呢? 我们先观察如图 8-4 所示的网络工程案例图。

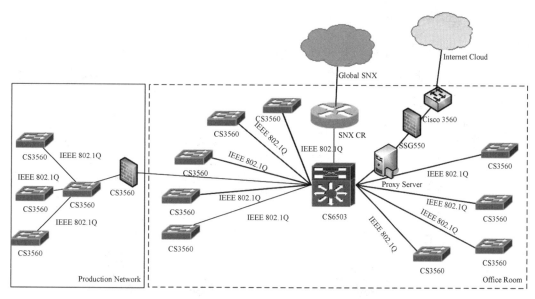

图 8-4 网络工程案例图

可以看到在实际工程案例中,企业网络由交换机和少量的防火墙及外网设备构成,没有单独的路由设备,所以 VLAN 间路由采用的更多的是多层交换机 VLAN 间路由,多层交换机可以同时执行二层交换功能和三层路由功能,不需要单独的路由器即可完成路由。本书使用的 Cisco Catalyst 3560v2 系列交换机支持 SVI 功能、静态路由和动态路由,可以完整地展示思科三层交换功能,下面将着重介绍三层交换技术。

8.3 三层交换

从网络管理员的角度理解,三层交换是二层交换扩展路由功能,那么三层交换机则是具有路由特性的二层交换机。企业网络中使用三层交换代替路由的最大动力是数据包的交换速度,一般来说传统路由器提供的数据包交换速率在 100 000 packet/s 级别,而三层交换由于使用思科快速转发机制 CEF 技术,一般数据包交换速率在 1 000 000 packet/s 级别,这是一个质的提升。

思科 Catalyst 系列交换机主要采用以下两种类型的第三层接口。

- 交换虚拟接口(SVI):VLAN 的虚拟路由接口。
- 路由接口:类似思科路由器的纯三层接口。

Catalyst 系列交换机根据不同的型号默认的接口类型是不相同的。例如,本书使用的 Catalyst 3560v2 系列交换机所有接口默认均使用 switchport,Catalyst 6500 系列交换机所有接口默认均使用路由接口(no switchport)。

8.3.1 基于 SVI 的 VLAN 间路由

根据思科的三层模型,接入层设备都被划分在单独的 VLAN 中,每个 VLAN 相当于一个单独的子网。因此,对于每个子网来说需要配置一个出口网关,分布层设备主要提供接入层的出口网关进行路由转发。如图 8-5 所示,路由器的两个接口分别作为 VLAN10 和 VLAN20 设备的出口网关。

图 8-5　路由器接口的作用

三层交换机替代路由器后,这些路由器上的物理接口转变成了多层交换上的虚拟接口,即 SVI,如图 8-6 所示,SVI 是配置在多层交换上的虚拟接口。交换机可以为任何 VLAN 创建 SVI 接口,它们可以像路由器的接口一样执行相同的功能,并且 SVI 接口也为自己的 VLAN 提供 VLAN 间路由。

图 8-6　交换虚拟接口的应用

SVI 接口创建前请确保对应的 VLAN 已经在交换机中创建,默认情况下我们使用 VLAN1 的 SVI 接口对交换机进行远程管理,使用 SVI 接口进行 VLAN 间路由的好处有很多,主要的优势有以下几点:

① 因为交换机使用硬件交换转发,并且思科还是用了自己特有的 CEF 快速转发机制,所以从路由速率来看,它比单臂路由器要快,延迟也更短。

② 流量转发不需要离开交换机到其他网络设备中,也没有额外的链路开销。

③ 交换链路可以使用 EtherChannel 技术进行更快的扩展,以获得更大的带宽。

8.3.2　基于路由接口的 VLAN 间路由

路由接口顾名思义是路由器的接口,这些接口通常是网段的网关,也为网络提供路由功能。在多层交换机中也有可以提供路由接口功能的设备。例如,Catalyst 3560v2 要配置路由接口,只需在接口配置子模式下输入 "no switchport" 命令,这些接口将自动取消二层功能(比如 STP 在路由接口上就不能使用,但 EtherChannel 依然能在路由接口上使用,并且交换机的路由接口不与任何 VLAN 进行关联)。如图 8-7 所示是网络中使用交换机路由接口配置网络的示例图。

图 8-7　交换机路由接口的应用

与路由器的路由接口不同,交换机的路由接口不支持子接口等功能,所以不能武断地认为交换机的路由接口可以全面替代路由器的接口。

8.4　实训项目一　传统 VLAN 间路由

【实训目的】

- 理解传统 VLAN 间路由的概念。
- 掌握传统 VLAN 间路由的配置方法。

【实训拓扑图】

实训拓扑图如图 8-8 所示。

图 8-8　实训拓扑图

设备参数如表 8-1、表 8-2 所示。

表 8-1　设备参数(一)

设　备	名　称	接　口	接口模式	所属 VLAN	VLAN 名称
C3560v2	SW1	Fa0/1	Access	VLAN10	Student
		Fa0/2	Access	VLAN20	Teacher
		Fa0/23	Access	VLAN10	Student
		Fa0/24	Access	VLAN20	Teacher

表 8-2　设备参数(二)

设　备	名　称	接　口	IP 地址	子网掩码	默认网关
C2811	R1	Fa0/0	172.16.10.1	255.255.255.0	
		Fa0/1	172.16.20.1	255.255.255.0	
Computer	PC1	NIC	172.16.10.100	255.255.255.0	172.16.10.1
	PC2	NIC	172.16.20.100	255.255.255.0	172.16.20.1

【实训内容】

传统 VLAN 间路由配置在现在网络中基本不再使用了,它的扩展性、便捷性和可用性都存在较大的局限。但作为第一种使 VLAN 之间通信的技术,理解它的原理还是很有必要的,这为我们今后学习其他类型的 VLAN 间路由奠定基础。

1. 交换机 SW1 的配置

(1) 交换机 VLAN 配置

```
SW1(config)#vlan 10
SW1(config-vlan)#name Student
SW1(config-vlan)#exit
SW1(config)#vlan 20
SW1(config-vlan)#name Teacher
//按照拓扑要求创建 VLAN10 和 VLAN20 并为两个 VLAN 命名
```

(2) 交换机接口配置

```
SW1(config)#interface range fastEthernet0/1,fastEthernet0/23
//在使用 range 命令的同时配置多个接口时,可以使用"-"符号添加连续的接口,也可以使用","添加不连续的接口
SW1(config-if-range)#switchport mode access
SW1(config-if-range)#switchport access vlan 10
SW1(config-if-range)#exit
SW1(config)#interface range fastEthernet0/2,fastEthernet0/24
SW1(config-if-range)#switchport mode access
SW1(config-if-range)#switchport access vlan 20
```

2. 路由器 R1 的配置

(1) 路由器接口 IP 配置

```
R1(config)#interface fastEthernet0/0
R1(config-if)#ip address 172.16.10.1 255.255.255.0
R1(config-if)#no shutdown
R1(config-if)#exit
R1(config)#interface fastEthernet0/1
R1(config-if)#ip address 172.16.20.1 255.255.255.0
R1(config-if)#no shutdown
```

(2) 查看路由器 IP 接口简明信息

```
R1#show ip interface brief
//查看 IP 接口简明信息
Interface              IP-Address        OK? Method Status           Protocol
```

FastEthernet0/0	172.16.10.1	YES manual up	up
FastEthernet0/1	172.16.20.1	YES manual up	up
Serial0/3/0	unassigned	YES unset administratively down down	
Serial0/3/1	unassigned	YES unset administratively down down	

3. PC1 和 PC2 的配置

如表 8-3 所示是 PC1 和 PC2 上静态地址配置参数,这里需要配置的参数有 IP Address、Netmask 和 Default Gateway。

表 8-3　PC1 和 PC2 配置参数

设　备	IP Address	Netmask	Default Gateway
PC1	172.16.10.100	255.255.255.0	172.16.10.1
PC2	172.16.20.100	255.255.255.0	172.16.20.1

(1)查看 R1 路由器的路由表

在 PC 间进行数据传输时,传输路径为从一台 PC 经过交换机到达路由器,再由路由器传输到另一台 PC,交换机是二层设备,所以这就需要在路由器的路由表中存在网络中 PC1 和 PC2 所在的网段信息。

```
R1#show ip route
//查看路由器的路由表
    172.16.0.0/24 is subnetted, 2 subnets
C       172.16.20.0 is directly connected, FastEthernet0/1
C       172.16.10.0 is directly connected, FastEthernet0/0
//PC1 和 PC2 的网段都在路由表中,可以进行连通性测试
```

(2)PC 间连通性测试

从 PC1 上通过 ping 命令测试和 PC2 设备的连通性,完成传统 VLAN 间路由实训,图 8-9 是 PC 间连通性测试结果。

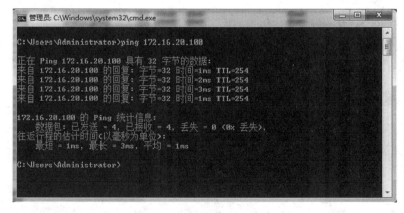

图 8-9　PC1 使用 ping 命令

从 ping 测试结果看,PC1 可以 ping 通 PC2,实训成功。

8.5 实训项目二 单臂路由器 VLAN 间路由

✲✲✲✲✲✲✲✲✲✲✲✲✲✲✲✲✲✲✲✲✲✲✲✲✲✲✲✲✲✲✲✲

【实训目的】

- 理解路由器子接口的概念。
- 掌握路由器子接口的配置方法。
- 掌握实现单臂路由的配置过程。

【实训拓扑图】

实训拓扑图如图 8-10 所示。设备参数如表 8-4、表 8-5、表 8-6 所示。

图 8-10 实训拓扑图

表 8-4 设备参数(一)

设 备	名 称	接 口	接口模式	所属 VLAN	VLAN 名称
C3560v2	SW1	Fa0/1	ACCESS	VLAN10	Student
		Fa0/2	ACCESS	VLAN20	Teacher
		Fa0/24	TRUNK		

表 8-5 设备参数(二)

设 备	名 称	接 口	IP 地址	子网掩码	封装方式
C2811	R1	Fa0/0.1	172.16.10.1	255.255.255.0	IEEE 802.1Q
		Fa0/0.2	172.16.20.1	255.255.255.0	IEEE 802.1Q

表 8-6　设备参数(三)

设　备	名　称	接　口	IP 地址	子网掩码	默认网关
Computer	PC1	NIC	172.16.10.100	255.255.255.0	172.16.10.1
	PC2	NIC	172.16.20.100	255.255.255.0	172.16.20.1

【实训内容】

　　单臂路由器 VLAN 间路由是传统 VLAN 间路由的改进方式,它主要提高了链路的复用性,使用一条链路可以完成以前需要多条链路才能完成的任务。在现代企业网络中有一定的应用,但是总的来说应用不是很广泛,因为容易出现"单点故障"。

　　学好单臂路由器 VLAN 间路由对我们深入了解路由原理很有帮助。

　　1. 交换机 SW1 的配置

　　(1) SW1 VLAN 的配置

```
SW1(config)#vlan 10
SW1(config-vlan)#name Student
SW1(config-vlan)#exit
SW1(config)#vlan 20
SW1(config-vlan)#name Teacher
```

　　(2) SW1 接口的配置

```
SW1(config)#interface fastEthernet0/1
SW1(config-if)#switchport mode access
SW1(config-if)#switchport access vlan 10
//将和 PC1 相连的接口设置为 Access 模式,加入 VLAN10
SW1(config-if)#exit
SW1(config)#interface fastEthernet0/2
SW1(config-if)#switchport mode access
SW1(config-if)#switchport access vlan 20
//将和 PC2 相连的接口设置为 Access 模式,加入 VLAN20
SW1(config)#interface fastEthernet0/24
SW1(config-if)#switchport trunk encapsulation dot1q
SW1(config-if)#switchport mode trunk
//将和路由器相连的接口设置为 Trunk 模式,选择 IEEE 802.1Q 封装方式
```

　　2. R1 路由器的配置

　　(1) R1 路由器 Fa0/0 接口的配置

```
R1(config)#interface fastEthernet0/0
R1(config-if)#no shutdown
```

　　路由器母接口只需要打开即可,不需要进行其他操作。

（2）R1 路由器子接口的配置

```
R1（config）#interface fastEthernet0/0.1
//进入子接口 Fa0/0.1
R1（config-subif）#encapsulation dot1Q 10
//设置子接口 Fa0/0.1 所属 VLAN 及封装方式
R1（config-subif）#ip address 172.16.10.1 255.255.255.0
//设置子接口 Fa0/0.1 的 IP 地址
R1（config-subif）#no shutdown
//打开子接口 Fa0/0.1
R1（config-subif）#exit
R1（config）#interface fastEthernet0/0.2
//进入子接口 Fa0/0.2
R1（config-subif）#encapsulation dot1Q 20
//设置子接口 Fa0/0.2 所属 VLAN 及封装方式
R1（config-subif）#ip address 172.16.20.1 255.255.255.0
//设置子接口 Fa0/0.2 的 IP 地址
R1（config-subif）#no shutdown
//打开子接口 Fa0/0.2
```

3. PC1 和 PC2 的配置

如表 8-7 所示是 PC1 和 PC2 上静态地址配置参数，这里需要配置的参数有 IP Address、Netmask 和 Default Gateway。

表 8-7　PC1 和 PC2 配置参数

设　备	IP Address	Netmask	Default Gateway
PC1	172.16.10.100	255.255.255.0	172.16.10.1
PC2	172.16.20.100	255.255.255.0	172.16.20.1

4. 配置结果的查看和连通性测试

（1）查看路由器子接口 VLAN 等信息

```
R1#show vlans
//查看路由器 VLAN 等信息
Virtual LAN ID:    1（IEEE 802.1Q Encapsulation）

    vLAN Trunk Interface:      FastEthernet0/0

 This is configured as native Vlan for the following interface（s）:
FastEthernet0/0
```

Protocols Configured:	Address:	Received:	Transmitted:
Other		0	6

2 packets，120 bytes input

6 packets，455 bytes output

Virtual LAN ID:　10（**IEEE 802.1Q Encapsulation**）

vLAN Trunk Interface:　**FastEthernet0/0.1**

Protocols Configured:	Address:	Received:	Transmitted:
IP	**172.16.10.1**	2	0
Other		0	2

//子接口 Fa0/0.1 所属 VLAN、封装模式和 IP 地址等信息

2 packets，128 bytes input

2 packets，92 bytes output

Virtual LAN ID: 20（**IEEE 802.1Q Encapsulation**）

vLAN Trunk Interface:　**FastEthernet0/0.2**

Protocols Configured:	Address:	Received:	Transmitted:
IP	**172.16.20.1**	0	0

//子接口 Fa0/0.2 所属 VLAN、封装模式和 IP 地址等信息

0 packets，0 bytes input

0 packets，0 bytes output

（2）查看 R1 路由器的路由表

```
R1#show ip route
    172.16.0.0/24 is subnetted，2 subnets
C       172.16.20.0 is directly connected，FastEthernet0/0.2
C       172.16.10.0 is directly connected，FastEthernet0/0.1
//两个 PC 的网段都存在于 R1 路由表中
```

和传统 VLAN 间路由一样，单臂路由器 VLAN 间路由也需要路由器存在 PC 的网段进行三层路由，确认路由器的路由表中存在路由信息后就可以进行连通性测试了。

（3）测试 PC 间连通性

在 PC1 上测试与 PC2 主机之间的连通性，图 8-11 所示是测试结果。

图 8-11　PC1 使用 ping 命令

从 ping 测试结果看，PC1 可以 ping 通 PC2，实训成功。

8.6　实训项目三　SVI 的 VLAN 间路由

【实训目的】

- 理解三层交换的概念。
- 理解 SVI 实现路由的概念。
- 掌握 SVI 接口的 VLAN 间路由配置方法。

【实训拓扑图】

实训拓扑图如图 8-12 所示。

VLAN10:172.16.10.1/24
VLAN20:172.16.20.1/24

Fa0/1　　　Fa0/2
VLAN10　　　VLAN20
SW1

PC1　　　　　　PC2

172.16.10.100/24　　172.16.20.100/24

图 8-12　实训拓扑图

设备参数如表 8-8 所示。

表8-8　设备参数

设　备	名　称	接　口	IP 地址	子网掩码	默认网关
C3560v2	SW1	VLAN10	172.16.10.1	255.255.255.0	
		VLAN20	172.16.20.1	255.255.255.0	
Computer	PC1	NIC	172.16.10.100	255.255.255.0	172.16.10.1
	PC2	NIC	172.16.20.100	255.255.255.0	172.16.20.1

【实训任务】

　　SVI 的 VLAN 间路由是当今主流的 VLAN 间路由技术,该技术相比之前两种 VLAN 间路由技术的优势是不使用路由器即可满足需求,这大大降低了企业的成本,提高了企业设备的利用率,所以在当今企业网络中应用普遍。

　　1. 交换机 SW1 的配置

　　(1)交换机 SW1 的 VLAN 配置

```
SW1 (config)#vlan 10
SW1 (config-vlan)#name Student
SW1 (config-vlan)#exit
SW1 (config)#vlan 20
SW1 (config-vlan)#name Teacher
SW1 (config-vlan)#exit
```

　　(2)交换机 SW1 的接口配置

```
SW1 (config)#interface fastEthernet0/1
SW1 (config-if)#switchport mode access
SW1 (config-if)#switchport access vlan 10
SW1 (config-if)#exit
SW1 (config)#interface fastEthernet0/2
SW1 (config-if)#switchport mode access
SW1 (config-if)#switchport access vlan 20
```

　　(3)交换机 SW1 的路由配置

```
SW1 (config)#ip routing
//开启交换机路由功能
SW1 (config)#interface vlan 10
//进入 VLAN10 接口
SW1 (config-if)#ip address 172.16.10.1 255.255.255.0
//配置 SVI 的地址
```

```
SW1(config-if)#no shutdown
//打开 SVI 接口
SW1(config-if)#exit
SW1(config)#interface vlan 20
//进入 VLAN20 接口
SW1(config-if)#ip address 172.16.20.1 255.255.255.0
//配置 SVI 的地址
SW1(config-if)#no shutdown
//打开 SVI 接口
```

2. PC1 和 PC2 的配置

表 8-9 所示是 PC1 和 PC2 上静态地址配置参数表,这里需要配置的参数有 IP Address、Netmask 和 Default Gateway。

表 8-9　PC1 和 PC2 配置参数表

设　备	IP Address	Netmask	Default Gateway
PC1	172.16.10.100	255.255.255.0	172.16.10.1
PC2	172.16.20.100	255.255.255.0	172.16.20.1

3. 配置结果的查看和连通性测试

(1) 查看 SW1 的路由表

```
SW1#show ip route
     172.16.0.0/16 is variably subnetted, 4 subnets, 2 masks
C       172.16.10.0/24 is directly connected, Vlan10
L       172.16.10.1/32 is directly connected, Vlan10
C       172.16.20.0/24 is directly connected, Vlan20
L       172.16.20.1/32 is directly connected, Vlan20
//交换机 SW1 上的路由表中出现了 PC1 和 PC2 所在的网段,它们是通过 VLAN10 和 VLAN20 进
行学习的,现在可以进行 VLAN 间路由
```

从交换机的接口 IP 表和路由表可以看到,原本在路由器上的功能被"移植"到了交换机上。当交换机开启路由功能后,就可以执行原先只能路由器执行的三层路由功能。此时通过验证 PC 间的连通性检测实训是否成功。

(2) 测试 PC 间连通性

在 PC1 上测试与 PC2 主机之间的连通性,图 8-11 所示是测试结果。

从 ping 测试结果看,PC1 可以 ping 通 PC2,实训成功。

8.7　实训项目四　路由接口的 VLAN 间路由

* *

【实训目的】

- 了解交换机路由接口的概念。
- 掌握交换机路由接口的配置方法。

【实训拓扑图】

实训拓扑图如图 8-13 所示。

图 8-13　实训拓扑图

设备参数如表 8-10 所示。

表 8-10　设备参数

设　备	名　称	接　口	IP 地址	子网掩码	默认网关
C3560v2	SW1	Fa0/1	172.16.10.1	255.255.255.0	
		Fa0/2	172.16.20.1	255.255.255.0	
Computer	PC1	NIC	172.16.10.100	255.255.255.0	172.16.10.1
	PC2	NIC	172.16.20.100	255.255.255.0	172.16.20.1

【实训内容】

路由接口的 VLAN 间路由原理是在交换机接口上开启路由接口功能,这样交换机上的交换接口就可以转变为路由接口,拥有和路由器接口相类似的功能,这种方式和 SVI 方式相比牺牲了一些速度,但是提高了便利性,也是企业网络使用频率非常高的一种 VLAN 间路由方式,学会这种方式对企业网络多种 VLAN 间路由技术的使用带来了更大的灵活性。

1. 交换机 SW1 的配置

交换机 SW1 路由接口设置如下。

```
SW1(config)#ip routing
//开启交换机路由功能
SW1(config)#interface fastEthernet0/1
//进入交换机 Fa0/1 接口
SW1(config-if)#no switchport
//关闭 Fa0/1 接口交换功能,开启路由接口功能
SW1(config-if)#ip address 172.16.10.1 255.255.255.0
//设置接口 IP 地址和子网掩码
SW1(config-if)#no shutdown
//打开接口
SW1(config-if)#exit
SW1(config)#interface fastEthernet0/2
//进入交换机 Fa0/2 接口
SW1(config-if)#no switchport
//关闭 Fa0/2 接口交换功能,开启路由接口功能
SW1(config-if)#ip address 172.16.20.1 255.255.255.0
//设置接口 IP 地址和子网掩码
SW1(config-if)#no shutdown
//打开接口
```

2. PC1 和 PC2 的配置

如表 8-11 所示是 PC1 和 PC2 上静态地址配置参数,这里需要配置的参数有 IP Address、Netmask 和 Default Gateway。

表 8-11 PC1 和 PC2 配置参数

设　备	IP Address	Netmask	Default Gateway
PC1	172.16.10.100	255.255.255.0	172.16.10.1
PC2	172.16.20.100	255.255.255.0	172.16.20.1

3. 配置结果的查看和连通性测试

(1) 查看 SW1 的路由表

```
SW1#show ip route
    172.16.0.0/16 is variably subnetted, 4 subnets, 2 masks
C      172.16.10.0/24 is directly connected, FastEthernet0/1
L      172.16.10.1/32 is directly connected, FastEthernet0/1
C      172.16.20.0/24 is directly connected, FastEthernet0/2
L      172.16.20.1/32 is directly connected, FastEthernet0/2
//交换机 SW1 上的路由表中出现了 PC1 和 PC2 所在的网段,它们是通过 Fa0/1 和 Fa0/2 进行学
习的,现在可以进行 VLAN 间路由
```

从上面两个 show 命令可以看出,与 SVI 的 VLAN 间路由相比,原先属于 VLAN10 和 VLAN20 接口的 IP 和路由等信息在使用路由接口后,直接配置在了路由接口上,这样这台交换机的这些接口就和路由器的接口基本相同,运行三层功能也得心应手。最后测试 PC 之间的连通性。

　　(2)测试 PC 间连通性测试

　　在 PC1 上测试与 PC2 主机之间的连通性,图 8-11 所示是测试结果。

　　从 ping 测试结果看,PC1 可以 ping 通 PC2,实训成功。

第**9**章

STP

　　对现代企业网络来说,总成本、可用性和安全性等方面是企业非常关注的,其中可用性最重要。如果企业网络可用性差、容错率低,那其他方面的性能也将变得毫无意义。网络的高可用性很大程度上依赖于良好的网络设计和交换技术,实现的方法有很多。例如,在企业交换网络中实施链路级、模块级和设备级的冗余等。但是,交换网络中的冗余又可能导致环路,数据流可能在环路内无限循环,降低网络可用性,使网络设备出现物理故障,这就需要一些技术来解决这些问题。本章将讨论网络二层环路问题的产生及危害,并介绍生成树协议如何识别并解决二层环路问题。

9.1　STP 概述
* * * * * * * * * * * * * * * *

　　生成树协议(spanning tree protocol,简称 STP,IEEE 802.1D)的用途主要是解决冗余网络中交换设备带来的二层环路问题。通过采用逻辑阻塞物理接口的办法,STP 能够确保交换网络中两个信息点之间有且仅有一条转发路径,避免网络中的环路出现。如果网络中某条链路失效,那么原先处于阻塞状态的备份接口将可能转变为转发状态,最大程度地保障网络的正常运行。

9.1.1　二层环路问题

　　思科网络分层设计模型将网络分为接入层、分布层和核心层,三层之间分工协作组建企业网络。但是传统的思科三层模型容易出现单点故障,如图 9-1 所示是网络出现单点故障的情况,此时网络中 PC 的外网服务将中断,严重影响企业人员使用网络访问外网。

图9-1　单点故障导致网络不可用

　　如果分层设计模型中的交换机之间使用多条线路进行物理冗余,这将极大地提高网络的可用性和可靠性,避免网络中的单点故障产生,让用户在物理链路中断时继续使用备份链路访问网络资源,下面举例说明冗余网络如何在网络中发挥作用。

　　PC1通过配置冗余链路有两条到达PC2的链路,默认情况下PC间通过交换机SW1和SW2之间的Fa0/23进行通信,如图9-2所示。

图9-2　冗余网络在二层交换中的作用

　　由于网络物理故障问题,SW1和SW2之间的Fa0/23口发生故障,交换机之间自动调整PC1和PC2之间的链路,启动Fa0/24口继续在PC之间提供通信。

　　当网络恢复后,Fa0/24的链路又自动调整为备份链路,PC之间重新启动交换机Fa0/23接口进行通信。

　　可以说冗余设计是企业交换网络设计中的一个重要环节,但是交换网络的冗余设计有可能会带来二层环路问题。二层环路是由于交换机自身的学习和转发功能引起的,如果冗余网络中的交换机没有使用STP,则将出现环路,二层环路主要会导致以下三个问题。

1. 广播风暴

交换机收到广播帧后,会从除了入站接口之外的其他所有接口转发出去,这确保了同一广播域中所有设备都能收到这个广播帧,但如果网络出现环路,则会引起广播风暴问题。广播风暴是由于网络中的广播帧过多,导致网络带宽被耗尽,正常的数据流无法使用带宽,造成企业网络服务中断,这实际上属于无意识的拒绝服务攻击,对网络危害极大。

广播帧和数据包的传输机制不同,数据包可以通过使用生存时间(TTL)值规定每个数据包最大不能超过 255 跳,但是广播帧没有对应的终止机制,这些数据帧会在网络中一直传播下去,直到网络中出现物理问题,导致链路中断为止。以图 9-3 所示的拓扑图为例,简要介绍广播风暴发生步骤。

图 9-3　广播风暴的产生原因

① 假设这是一个新建网络,PC1 要发送数据给 PC2,由于不知道 PC2 的目的 MAC 地址,PC1 将发送 ARP 广播帧请求 PC2 的 MAC 地址,发送时广播帧的目的 MAC 地址设置为全 F。

② 交换机 SW1 从 Fa0/1 接口收到 ARP 的广播帧后,查看目的 MAC 是全 F,那么它将从除了 Fa0/1 接口外的其他所有接口将广播帧转发出去。

③ SW2 从 Fa0/24 接口接收到从 SW1 发出的 ARP 广播帧,它也会从除了接收口外的其他接口再转发出去,广播帧又会被转发给 SW1。

④ 这样无休止的循环转发会在两台交换机之间一直传递下去,广播风暴会占据网络中所有的带宽,正常数据流量将无法被转发,最终引起交换机的宕机。

思科交换机在没有 STP 的环路网络中瞬间便可形成广播风暴,交换机的表现为所有接口指示灯亮起并且不停闪烁。此时需要立刻切断交换机电源,排除故障点后再加载电源。

2. MAC 地址表不稳定

交换机在进行 MAC 地址表更新时,默认使用最新收到的 MAC 地址条目替换表中现有的条目,这个交换机学习功能特点在环路中却可能引起 MAC 地址表的不断更新,最终导致 MAC 地址表不稳定。以图 9-4 所示的拓扑图为例,介绍 MAC 地址表不稳定出现的原因。

图 9-4　MAC 地址表不稳定产生的原因

① 假设 PC1 的 MAC 地址是 FE80:0000:0000:0001,PC1 想发送文件给 PC2,但由于是新建网络,不知道 PC2 的 MAC 地址,PC1 会先发送 ARP 广播帧请求 PC2 的 MAC 地址。

② 当 SW1 收到这个广播帧后会从除了接收口以外的所有接口将广播帧发送出去,所以 SW1 从 Fa0/1 接收到的广播帧会从 Fa0/23 和 Fa0/24 接口再转发出去。

③ 假设先到达 SW2 的广播帧是从 Fa0/24 接口发出的,此时 SW2 会在自己的 MAC 地址表中添加 Fa0/24 FE80:0000:0000:0001 的条目,此时 SW2 上有流量要到达 PC1,交换机会从 Fa0/24 接口将流量转发出去。

④ 随着从 SW1 的 Fa0/23 接口发送的广播帧到达 SW2 后,交换机的 MAC 地址表又会进行更新操作,即在 MAC 地址表最上方添加 Fa0/23 FE80:0000:0000:0001 的条目,在 MAC 地址表最上方的条目优先进行转发。

⑤ 如果网络中一直存在广播帧,那 SW2 将一直不停地更新 MAC 地址表,此时 MAC 地址表会极不稳定,一直处于变化状态,正常的地址条目有可能无法添加,导致网络出现故障。

这个过程在广播帧的作用下会不断地重复,直到交换机 CPU 负载过高导致物理宕机才会停止。由于网络中不断发送相同的广播帧,交换机无法处理正常的网络流量,这将导致企业网络瘫痪。值得注意的是,广播风暴和 MAC 地址表不稳定的问题在环路网络中通常是相伴发生的,它们互相作用扩大对网络的破坏,对企业网络甚至是物理设备都具有很大的杀伤力。

3. 多播帧拷贝

以上两个问题主要是广播帧在环路网络中产生的,那么单播帧呢? 其实单播帧在环路网络中也会出现问题,这个问题会使目的地设备同时收到多个相同的单播帧。下面以图 9-5 所示的拓扑图为例,介绍多播帧拷贝问题出现的原因。

图 9-5　多播帧拷贝产生的原因

① 假设 PC1 想发送文件给 PC2,PC1 以单播帧的形式将数据发送给 SW1,而由于 SW1 上的 MAC 地址表中并没有相应的地址条目,那么 SW1 会进行单播帧泛洪,将数据帧从除了接收口外的其他所有接口转发出去。

② SW2 会从 Fa0/23 接口和 Fa0/24 接口收到两份 PC1 发送给 PC2 的数据帧。

③ SW2 会将这两个相同的数据帧都转发给 PC2。

这些二层环路问题是上层协议无法识别的,交换机也没有类似三层 TTL 机制消除网络中数据帧的无限循环问题,所以为了解决这些问题,STP 环路避免机制被开发了出来。

为了避免冗余网络中的环路问题,必须在交换网络中的所有交换机上运行生成树协议。默认情况下,思科所有的交换机默认运行了生成树协议来防止二层环路的发生。

9.1.2　生成树算法

STP 是国际标准化组织 IEEE 802.1D 标准协议,使用根交换机、根端口和指定端口等概念有意识地阻塞一些冗余网络中的端口,建立到网络中任何目的地的无环网络。生成树算法则是实现 STP 的最重要手段。

STP 中会用到网桥(bridge)的概念,我们可以认为它和交换机(switch)是等价的。它们都是二层设备,网桥使用软件进行数据交换,交换速度非常慢;而交换机使用硬件进行数据交换,交换速度非常快,所以在交换机面世后网桥逐步退出了网络的舞台。但在制定 STP 协议时,网络中运行的二层设备是网桥,所以 STP 里面会出现许多网桥的名词,其实泛指当今网络中的交换机,学习时需要特别注意。

1. 网桥 ID

STP 为每台参与生成树的网络或交换机分配网络中唯一的 ID 值,这个值称为网桥 ID,它由两部分组成:优先级值(2 字节)和 MAC 地址值(6 字节),如图 9-6 所示。

图 9-6　网桥 ID 格式

网桥 ID 在 STP 选举根交换机、根端口和指定端口等步骤中发挥巨大的作用,根据 IEEE 802.1D 的规定,优先级值的取值范围是 0 ~ 65 535,思科交换机默认优先级值为 32 768。MAC 地址值是交换机自身的 MAC 地址,因为 MAC 地址是唯一的,所以网桥 ID 值 也总是唯一的。

2. BPDU 报文

运行 STP 的交换机相互传递 BPDU(bridge protocol data unit,网桥协议数据单元)协商 根网桥、根端口、指定端口、阻塞端口和端口之间状态的变化等信息,可以说 BPDU 是 STP 协议的“搬运工”,它可以帮助交换机完成以下任务:选举根网桥、选举根端口和指定端口、 选举阻塞端口避免环路、监视生成树的状态、向阻塞端口通告拓扑变化。

表 9-1 是 BPDU 帧包含的字段及其简单描述,BPDU 帧共包含 12 个不同的字段,通过 这些字段可以确定根网桥和到达根网桥最近的路径。

表 9-1　BPDU 帧格式

字　节	字　段	描　述
2	协议 ID	值一般为 0
1	版本	STP 版本(IEEE 802.1D 为 0)
1	消息类型	BPDU 类型(普通 BPDU 为 0,TCN BPDU 为 80)
1	标志	LSB(最低有效位) = TCN 标志;MSB(最高有效位) = TCA 标志
8	根 ID	根网桥的网桥 ID
4	路径开销	到达根网桥的开销值
8	网桥 ID	BPDU 发送的网桥 ID
2	端口 ID	BPDU 发送的端口 ID
2	消息老化时间	和 TTL 值的概念相同,每经过一台网桥递减 1,当为 0 时丢弃数据帧
2	最大老化时间	最大保留根网桥 ID 的时间
2	Hello 时间	根网桥发送 BPDU 的时间间隔
2	转发延迟	网桥在监听和学习状态停留的时间

默认情况下,在运行 STP 的冗余网络中,BPDU 信息总是根网桥中的根端口连续不断 地向非根网桥发送,非根网桥从不向根网桥发送配置 BPDU 的信息。

如图 9-7 所示是思科模拟器 Packet Tracer 中 STP BPDU 和封装 BPDU 的以太网数据帧 的截图。

图 9-7 Ethernet 802.3 帧和 STP BPDU

在这个实例中,表 9-1 的 12 个字段在图中都有显示,BPDU 封装在 Ethernet 802.3 帧中,802.3帧头部指出了源和目的 MAC 地址,这个数据帧的 DEST ADDR 是 0180. C200. 0000,这是该 STP 的组播地址。所有运行 STP 的交换机会接收并读取帧信息,其他设备则将忽略此信息。

BPDU 主要有以下两种类型。

① 配置 BPDU。这种 BPDU 是在新建 STP 或 STP 稳定后,由根网桥周期性地发送给网络的,BPDU 中包含了 STP 的主要参数,对于 STP 的稳定起着重要的作用。

② TCN BPDU。TCN(topology change notification,拓扑变更通告) BPDU 是在交换机的拓扑发生变化时产生的,主要作用是启用备份链路,最大程度地降低拓扑变化对网络运行的影响。

3. 端口状态

交换机在建立 STP 时,端口状态会发生变化。例如,当新建 STP 时会选择一些端口为根端口,一些端口为指定端口,这些端口会逐渐过渡到转发状态,而其他端口会逐渐过渡到阻塞状态。而当 STP 稳定后,如果转发端口发生异常,网络拓扑将发生改变,原来处于阻塞状态的端口有可能过渡到转发状态,替代异常端口进行数据转发。

理解端口的状态机对于 STP 很有帮助,图 9-8 是 STP 主要的五个工作状态机示意图。

图 9-8 STP 工作的五个状态机

（1）监听（listening）状态

交换机在进行根交换机、根端口、指定端口和非指定端口选举时，默认所有交换机的所有端口都处于监听状态，在监听状态下端口不能学习和转发数据帧，收到的数据帧做丢弃处理，监听状态的端口会等待 15 s 后进入下一个状态。

（2）学习（learning）状态

在 STP 选举过程完成后，交换机的端口将进入学习状态，准备进行数据帧转发或成为阻塞端口，该状态下端口可以接收数据帧的源 MAC 地址，但不能进行数据转发，收到的数据帧还是做丢弃处理，学习状态的端口会等待 15 s 后进入下一个状态。

（3）转发（forwarding）状态

处于转发状态的端口可以进行正常的数据转发，端口学习接收帧的源 MAC 地址，并根据目的 MAC 地址将帧在适当的端口进行转发。

（4）阻塞（blocking）状态

处于阻塞状态的端口不参与数据帧的转发，但是会监听 BPDU 信息，一旦拓扑发生变化，阻塞端口会随时进入监听状态（最大等待时间是 20 s），保证网络的稳定运行，处于阻塞状态的端口不能进行 MAC 地址的学习和转发。

（5）禁用（disabled）状态

处于禁用状态的端口不参与 STP 的选举，也不进行数据帧的转发。

4. 路径开销

STP 在选举完根网桥后，生成树算法就开始计算网络内非根交换机到根交换机的最佳路径。这种计算采用将沿途经过的每个端口开销值相加的方法，而每个端口的开销值是由端口速率决定的。如表 9-2 所示，早先 IEEE 制定的端口开销值采用线性比例变化，并且链路速度 1 000 Mbps 及其更大的速率开销值都为 1，而新规定的开销值采用非线性的计算方法，100 Mbps 开销值为 19，1 Gbps 开销值为 4，10 Gbps 开销值为 2。

表 9-2　链路速率的开销值

链路速率	修订后的开销值	修订前的开销值
10 Gbps	2	1
1 Gbps	4	1
100 Mbps	19	10
10 Mbps	100	100

9.1.3　STP 的选举过程

STP 一般通过以下几个选举步骤对冗余网络内端口角色进行设定，阻塞一些端口，最终达到逻辑无环拓扑。

1. 选举一个根网桥

STP 创建无环网络时，第一步就是选举一个根网桥，根网桥是整个无环网络的中心点。在 STP 启动后，网络中的交换机都假设自己是根网桥，并将自己发出的 BPDU 信息中 ROOT

ID 设置为自己发送给相邻交换机。交换机之间彼此交换 BPDU 信息,网桥 ID 越低的交换机成为根交换机的概率更高,如果交换机收到的 BPDU 信息中 ROOT ID 比自己的网桥 ID 数值更低,那么它将不再发送 BPDU 信息。通过一段时间的交换,网络中只有唯一的一台交换机持续发送着 BPDU 信息,那么它将成为根交换机。

在如图 9-9 所示的例子中,三台交换机启动 STP 后相互发送 BPDU 信息,BPDU 中配置自己为根网桥,默认三台设备的优先级都是 32 768,所以具有更低的 MAC 地址将成为根交换机。SW1 和 SW2 之间的比较过程如下:SW1 收到 SW2 的 BPDU 信息后比较参数中的网桥 ID,网桥 ID 更低的将成为根网桥。而网桥 ID 由优先级和 MAC 地址组成,它们会先比较优先级,两台设备优先级都是 32 768,之后比较 MAC 地址,SW1 的更低,所以 SW1 会继续向外发送 BPDU。同理,SW2 收到 SW1 的 BPDU 信息比较后发现 SW1 的网桥 ID 更低,SW2 会停止向外发送 BPDU。通过一段时间网络内交换机的两两比较,最后网络中只有 SW1 发送 BPDU,那么它将成为根网桥。

图 9-9 根网桥的选举

图 9-10 举例说明了将根网桥设置到网络中心位置的重要性,图中 SW1 通过正常选举成为根网桥,但是 SW1 和 SW2 是接入层设备,SW3 是汇聚层设备。网络拓扑中 SW3 应该设置为根网桥,这样接入层中任意两台主机之间所经过的路径都是最优的。为了通过手工方式更改根网桥的位置,我们可以将 SW3 的优先级设置为 4096,这样在不改变拓扑结构的情况下,SW3 拥有最低的优先级,它将成为根网桥,这样的操作也使网络中拓扑的转发保持最优状态。

图 9-10 根网桥的规划

2. 在非根网桥上选举根端口和指定端口

选择完根网桥后,在所有非根网桥中选择一个到达根网桥最近的端口作为根端口,之后再选择一些指定端口。在整个决策过程中,交换机主要依据以下四个标准进行端口选择:到达根网桥的路径开销值越低越优先、发送方的网桥 ID 越低越优先、端口优先级越低越优先、端口 ID 越低越优先。

例如,在如图 9-11 所示的例子中,SW1 是根网桥,SW2 和 SW3 是非根网桥。SW2 到达根网桥 SW1 有两条线路,分别是从 SW2 的 Fa0/1 接口到达 SW1 的路径和从 SW2 的 Fa0/2 端口经过 SW3 再到达 SW1 的路径。根据前面学习的路径开销值的知识,SW2 的 Fa0/1 端口到达根网桥的路径开销值为 19,而 Fa0/2 端口到达根网桥的路径开销值为 19 + 19 = 38,由于 Fa0/1 端口到达根网桥的路径开销值更低,它将被选为 SW2 的根端口,同理可得 SW3 的根端口是 Fa0/1。

图 9-11   STP 根端口选举

选举完根端口后需要在每一个网段选择一个指定端口进行流量转发,网段中到达根网桥路径开销值最低的将成为指定端口,需要注意的是,根网桥上的所有端口都是指定端口,如图 9-12 所示。

图 9-12   STP 指定端口选举

根网桥上的所有端口都是指定端口,那么网段 1 和网段 2 的指定端口分别是 SW1 的 Fa0/2 端口和 SW1 的 Fa0/1 端口,网段 3 的指定端口选举第一步看网段 3 中的端口到达根网桥的路径开销值,这里两个端口的开销值都是 38。第二步看端口所在交换机的网桥 ID

值,根据这个标准,SW2 的 Fa0/2 端口所在的交换机网桥 ID 比 SW3 的 Fa0/2 端口网桥 ID 更低,最终选择 SW2 的 Fa0/2 端口为网段 3 的指定端口。

3. 阻塞端口形成无环网络

最后一步要进行的是阻塞端口的选举,阻塞端口顾名思义就是逻辑处于关闭状态的端口,也可以称为备份端口,一旦网络中出现故障,这些备份端口将重新被启用,最大限度地保证网络的正常运行。

在网络中经过前两步的选举已经选出根端口和指定端口,那么网络中剩下的既不是根端口也不是指定端口的接口将被逻辑阻塞,变为阻塞端口,如图 9-13 所示的例子中,SW1 上的端口都是指定端口,SW2 上 Fa0/1 为根端口,Fa0/2 为指定端口,SW3 上 Fa0/1 为根端口,Fa0/2 既不是根端口也不是指定端口,所以这个端口成为阻塞端口,起备份作用,网络中的环路也消失了。

图 9-13 STP 阻塞端口选举

9.2 RSTP

* * * * * * * * * * * * * *

快速生成树协议(rapid spanning tree protocol,简称 RSTP,IEEE 802.1W)是由 STP 演变而来的,其收敛速度快于 STP 的收敛速度,当网络拓扑发生变化时,RSTP 能够快速地重新计算网络中的可用路径,减少网络停摆时间。RSTP 在定义端口角色时除了保留 STP 所使用的根端口和指定端口外,还删除了阻塞端口,新增了替代端口和备份端口。这些改变都是为了快速地处理网络拓扑变化。

STP 标准设计的初衷是在发生网络中断的情况下,能够在 60 s 内判断并最大限度地恢复网络连接。但随着局域网中三层交换的出现,交换技术与路由技术解决方案在 LAN 中相互竞争。路由技术中 OSPF 和 EIGRP 能够在几秒内提供可替换路径,显然这比 STP 的最长 50 s 的等待时间要快很多,所以交换网络中急需一种新的生成树协议加快收敛速度,RSTP 便应运而生。

9.2.1 RSTP 端口角色

RSTP 运行后会为相关交换机端口分配端口角色,端口角色描述了端口与根网桥的关系及是否能够转发流量,端口角色主要有以下五种。

1. 根端口

所有运行 RSTP 的非根交换机都会选举一个到达根交换机最近的端口,这个端口称为根端口,如图 9-14 所示的网络中,接口"R"代表根端口。根交换机是唯一不具有根端口的交换设备,RSTP 的根端口与 STP 的根端口名称和功能基本一致。

图 9-14 RSTP 的端口角色

2. 指定端口

和 STP 内规定的指定端口概念相似,RSTP 网络中只有根端口和指定端口允许转发流量,每个网段都会选举出一个指定端口,并且根网桥上所有端口都默认成为指定端口,如图 9-14 中的接口"D"代表指定端口。

3. 替代端口

替代端口是 RSTP 设计的新端口角色,它用来作为交换机根端口的备份,如果交换机根端口发生故障,那么替代端口将立即启用成为该交换机的根端口,图 9-14 中 SW1 上接口标识为"A"的端口就是 SW1 根端口的替代端口。

4. 备份端口

备份端口也是 RSTP 设计的端口新角色,它的作用是担任指定端口的备份,如图 9-14 中 SW2 上接口标识为"B"的端口就是 SW2 指定端口的备份端口,如果 SW2 的指定端口发生故障,那么备份端口"B"将立即成为指定端口转发流量。

5. 禁用端口

在生成树工作过程中,禁用端口是关闭的交换机端口,不担任任何角色。从端口角色的介绍可以了解到,RSTP 运行效率比 STP 高的原因主要是在 STP 端口角色中既不是根端口也不是指定端口的端口处于阻塞状态,如果网络拓扑发生变化,阻塞端口再重新进入监听状态,开始重新选举成为根端口或指定端口替换原先故障端口进行数据转发,效率是比较低的。但是 RSTP 在选举完根端口和指定端口后,还会尽可能选举根端口的备份(替代端口)和指定端口的备份(备份端口),这样做的好处是一旦网络中端口出现故障,它的备份端口会立刻替代它继续为网络提供服务,效率比 STP 高很多。

9.2.2 RSTP 的优点

RSTP(IEEE 802.1W)标准是 STP(IEEE 802.1D)标准的一种进化版本,而非创新版本。所以 STP 中的大部分参数并未做出修改,对于理解了 STP 标准的读者来说,在配置 RSTP 时可以找到许多熟悉的感觉。但 RSTP 毕竟是一种进化版本,它克服了许多 STP 标准的局限性,相比 STP 标准,其主要有下列两个优点。

1. 快速过渡到转发状态

快速过渡到转发状态是快速生成树协议(IEEE 802.1W)提出的最重要的特性之一。在 RSTP 之前的 STP 时代中,端口过渡到转发状态之前,生成树计算需要等待 30~50 s 时间进行被动网络收敛,而新的 RSTP 实现端口的快速收敛主要靠下面两种技术。

(1)边缘端口

交换机的交换端口除了一些是连接其他交换机组建交换网络外,更多的端口是直接连接终端用户设备,如台式计算机、笔记本电脑和打印机等,它们不需要参与生成树的计算过程,所以这些端口应当跳过监听和学习状态直接进入转发状态,这种类型的端口被称为边缘端口。如果边缘端口接收到 BPDU 信息,那么它们会立即从转发状态过渡到监听状态参与快速生成树的选举。

(2)点对点链路

传统的 STP,当根端口和指定端口选举完成后,在端口过渡到转发状态之前,还需要经过监听状态(15 s)和学习状态(15 s)总共 30 s 的被动等待时间。而在 RSTP 中如果是如图 9-15 所示的点对点链路,过渡是非常快的,通常在 1 s 之内就可以完成过渡。

在图 9-15 所示的点对点链路中,快速过渡的步骤如下。

① 根交换机 SW1 的 Fa0/1 和 SW2 的 Fa0/2 开始进入学习状态,Fa0/1 端口发送包含 proposal 比特位的 BPDU 给 Fa0/2 端口。

② SW2 的 Fa0/2 端口接收到这个 BPDU 后,由于是点对点链路并且根交换机上的所有端口都是指定端口,所以 Fa0/2 立即将自身设置为根端口。

③ SW2 再向 SW1 发送包含 agreement 比特位的 BPDU,Fa0/2 端口进入转发状态。

④ SW1 收到来自 SW2 的包含 agreement 比特位的 BPDU 后,也将 Fa0/1 端口直接过渡到转发状态,交换网络收敛完成。

2. 更优化的拓扑变更机制

当运行 STP 的交换机检测到拓扑发生变更时,这台交换机首先通过可靠的机制通知根网桥。当根网桥收到网络拓扑发生变更的消息后,它将发出包含 TC 标识的 BPDU 给网络中的非根交换机。当非根交换机收到根网桥发出的 BPDU 后,它们会清除相应的路径,等待网络收敛后添加新的路径,图 9-16 所示是这一过程的示意图。

图 9-15　点对点链路的快速过渡

图 9-16　STP 拓扑变更机制

STP 的这种拓扑变更机制效率非常低,对网络延时敏感的企业不可能在网络出现故障后等待 60 s 进行 STP 的收敛,所以 RSTP 提供了一套更优化的拓扑变更机制。

如图 9-17 所示,当 RSTP 检测到网络拓扑发生变更后,它将执行下列步骤。

① 发生故障的端口启动 TC While 计时器,时间是 4 s,这个计时器是 RSTP 交换机主动通知拓扑发生变化所需的时间间隔。

② RSTP 清除所有非边缘端口的 MAC 地址。

③ 端口启动 TC While 计时器的同时,主动地向网络中其他交换机发送包含 TC 比特位的 BPDU 甚至包括根网桥。

当故障点相邻的交换机收到包含 TC 比特位的 BPDU 信息时将执行下列步骤。

① 交换机将清除除了接收到 BPDU 端口以外的所有 MAC 地址。

② 交换机启动 TC While 计时器,并从自己所有的根端口和指定端口上发送收到的包含 TC 比特位的 BPDU。

STP 的包含 TC 比特位的故障 BPDU 信息只能由根网桥发送,而在 RSTP 中,根网桥不需要等待被通知故障后再向全网发送 BPDU 信息,这种机制比 STP 机制速度更快,并且可以在一定的时间内维护网络拓扑的稳定性。

图 9-17　RSTP 拓扑变更机制

9.3　PVST +

PVST +(per vlan spanning tree plus,增强的按 VLAN 生成树)是思科公司根据 STP(IEEE 802.1D)改进后推出的思科私有协议,它为网络中每一个 VLAN 单独创建一个生成树,它的收敛时间和 IEEE 802.1D 相同,思科交换机默认的 STP 都是采用 PVST + 的。

9.3.1　PVST + 的概念

STP 和 RSTP 是国际标准化组织 IEEE 定义的 CST(公共生成树),这类生成树的共性是整个交换网络中只存在一个生成树协议,缺点是不论网络中有多少台交换机和多少个网段都只生成一个 STP。思科开发的 PVST + 为每个 VLAN 维护一个单独的生成树,如果配置得当,PVST + 能够为网络中所有 VLAN 提供整体的负载均衡,它通过在交换网络中为每个 VLAN 创建不同根交换机、根端口、指定端口和阻塞端口策略,进而确保所有 VLAN 均衡地使用所有链路,而不会过度使用某一条链路。

运行 PVST + 网络中的每一个 VLAN 都有单独的根网桥,每个 VLAN 的根网桥有可能是不同交换机,如图 9-18 所示的三台交换机 SW1、SW2 和 SW3 中,VLAN10 的根网桥是 SW1,VLAN20 的根网桥是 SW2,VLAN30 的根网桥是 SW3,那么 SW1 作为根网桥只向网络中其他两台交换机传播与 VLAN10 相关的生成树信息。交换机的端口角色在不同的生成树中也是不同的,例如 SW1 的 Fa0/1 接口在 VLAN10 的 STP 中是指定端口,在 VLAN20 的 STP 中是根端口,在 VLAN30 的 STP 中是阻塞端口。通过不同的端口角色合理调节根网桥和链路路径进行负载均衡,为每个 VLAN 提供不同的根网桥,获得更加稳定的网络。

图 9-18　PVST + 实例

在多 VLAN 的 PVST + 环境中,可以通过调节生成树参数使网络中每条上行中继链路都参与数据转发,进行网络层面的负载均衡,如图 9-19 所示。

图 9-19　PVST + 负载均衡

SW1～SW2 之间和 SW1～SW3 之间是两条上行中继链路、链路 1 和链路 2。为了配置网络使链路 1 为 VLAN10～VLAN20,链路 2 为 VLAN30～VLAN40 工作,我们可以通过配置 SW2 为 VLAN10～VLAN20 的根网桥,再配置 SW3 为 VLAN30～VLAN40 的根网桥的方式,增强网络的冗余性。

9.3.2　PVST＋的优缺点

PVST＋作为思科交换机默认的生成树协议,在兼容性、功能性和自适应性等方面表现出色,PVST＋的优点和缺点如下所述。

1. PVST＋的优点

（1）强大兼容性的私有协议

思科根据 STP 协议改进的第一个生成树协议叫作 PVST,它的 BPDU 格式和 STP/RSTP 完全不同,并且在经过中继传输时使用的 Trunk 分装是 ISL,所以 PVST 与 STP/RSTP 这些共有协议不兼容。

随着思科认识到不兼容公有协议的 PVST 在推广上遇到很大的阻力后,很快又推出了改进的 PVST＋协议,并最终成为思科交换机的标配生成树协议。经过改进的 PVST＋可以在所有接口默认所属的 VLAN1 上运行普通 STP 协议,而在其他 VLAN 上运行 PVST。这样 PVST＋就实现了与 STP/RSTP 互通,在 VLAN1 上生成树按照 STP 计算,在其他 VLAN 上,普通的交换机将 PVST BPDU 只当作多播报文进行转发,实现了和 STP/RSTP 等共有协议的兼容。

（2）完善功能的多实例生成树

与 STP/RSTP 这类 CST(公共生成树)相比,由于每个 VLAN 都会维护一个独立的生成树,单生成树的两种缺陷都被克服了。

- 第一个缺陷:由于整个交换网络只维护一个生成树,在交换设备比较多、网络规模比较大的时候,网络发生一点变化都会导致较长的收敛时间,影响网络的正常运行。
- 第二个缺陷:在 IEEE 802.1Q 为主流的交换网络中,单生成树可以很好地应对对称型网络拓扑,但在不对称网络拓扑中,单生成树可能会影响网络的基本连通性,而 PVST＋不但没有这个问题,而且还会带来二层负载均衡。

（3）自动 MAC 地址分配与缩减

思科 Catalyst 系列交换机的 MAC 地址池最多可以容纳 1 024 个地址。交换机按照次序为每个 VLAN 分配地址。例如,地址池中第一个地址分配给 VLAN1,第二个地址分配给 VLAN2,以此类推,最后一个地址保留给带内管理接口。但如果交换机拥有的 MAC 地址数少于网络中创建的 VLAN 数,那么交换机将根据 MAC 地址缩减特性使得 MAC 地址数量能够满足 VLAN 的需要。

在启用了 MAC 地址缩减特性的交换机上,被保存到生成树 BPDU 中的网桥 ID 将包含一个新的附加字段 system ID extension(系统扩展 ID),如图 9-20 所示。

图 9-20　包含系统扩展 ID 的网桥 ID

如果启动了 MAC 地址缩减特性,网络优先级就会变成 4096 的倍数(16 位二进制,后面 12 位为 0,前面 4 位任意,最终取值为 4 096 ~ 61 440)再加上 VLAN ID。

2. PVST + 的缺点

PVST + 在使用过程中也存在一些弊端,主要的缺陷有以下三个。

(1) BPDU 通信量的增加

由于每个 VLAN 都需要维护一个生成树,PVST + 的 BPDU 通信量比单生成树要多很多倍,过多的 BPDU 会消耗网络的带宽资源。

(2) CPU 资源的高消耗

在 VLAN 个数较多的网络中,维护多个生成树的计算量和设备资源消耗量将急剧增加,特别是当 Trunk 链路端口发生变化时,所有经过 VLAN 的生成树都需要重新计算,这将消耗大量的 CPU 资源。

(3) 协议的私有性

由于协议的私有性,PVST + 协议不能像 STP/RSTP 标准那样得到广泛的厂商支持,不同厂商的设备在这一模式下虽然能够兼容,但当网络规模较大时这种兼容可能会影响网络的运行效率。

一般来说,如果网络拓扑在稳定后不会频繁地发生变化,PVST + 还是能够很好地在网络中稳定地运行,这也是思科一直将它作为默认生成树协议的原因。

9.4　MSTP

多生成树协议(multiple spanning tree protocol,简称 MSTP,IEEE 802.1S)是国际标准化组织 IEEE 将 802.1W 的快速生成树算法扩展到多个生成树上的一种应用。它在交换网络中创建多个生成树实例,但不像 PVST + 那样为每个 VLAN 创建一个 STP 实例,这样做的主要目的是降低与网络的物理拓扑匹配的生成树实例总数。

举例来说,如图 9-21 所示,网络中总共有 100 个 VLAN,如果采用 PVST + ,那么每台交换机需要维护 100 个生成树实例,这需要非常多的交换机 CPU 和带宽资源;而如果采用 MSTP,100 个 VLAN 映射到 2 个生成树实例中,那么就只需要维护 2 个生成树实例。

图 9-21 MST 实例

与 PVST + 基于 IEEE 802.1D(STP)改进相比,MSTP 是基于 802.1W(RSTP)改进的,所以收敛速度更快,并向下兼容 IEEE 802.1D、IEEE 802.1W 和思科私有的 PVST + 等生成树协议。

通过对 VLAN 进行分组并将其划分到相应的生成树实例中,MSTP 允许在 Trunk 链路上组建多生成树。每个实例都有独立的生成树拓扑,这种结构为数据流提供了多条转发路径,并支持全局的负载均衡。如果某一条链路发生故障,并不会影响其他链路上 VLAN 数据的转发,从而大大提高了网络的容错能力。

9.4.1 MSTP 的融合性

在思科 PVST + 环境中,通过调整 Stp 的参数,交换机能够实现均衡负载的目的。例如,设置特定的 VLAN,经过特定的 Trunk 链路进行转发,在图 9-21 中,通过设置 VLAN1 ～ VLAN50 的根网桥为 SW1,VLAN51 ～ VLAN100 的根网桥为 SW2,交换网络能够在接入层和分布层之间实现负载均衡。而 PVST + 是为每个 VLAN 创建一个生成树,这就意味着网络中需要创建 100 个生成树实例,这将耗费大量的交换机资源。

总而言之,PVST + 具有下列两个特性:最好的负载均衡能力;为每个 VLAN 创建生成树需要非常高的 CPU 利用率。

而在 CST(common spanning tree,公共生成树)环境中,它本质上只创建一个生成树实例,与交换机 VLAN 多少无关,这意味着需要的交换机资源量非常少,STP/RSTP 都是典型的 CST。总而言之,CST 具有下列两个特性:没有负载均衡能力,因为一条链路会阻塞所有 VLAN;因为仅创建一个生成树,所以交换机的 CPU 利用率非常低。

MSTP 结合了 PVST + 和 CST 的优点,MSTP 的优势在于大多数网络不需要每个 VLAN 创建生成树,通过将 VLAN 映射到实例中的方法,既可以有效地降低生成树的数量,又具有负载均衡能力。

如图 9-21 所示,因为只存在两种不同的生成树逻辑拓扑,所以只需要两个生成树实例就可以满足网络需求。从技术角度来看,使用 MSTP 将所有 VLAN 分别映射进两个实例是网络最好的 STP 解决方案。

在运行 MSTP 的网络中,具有下列两个特性:少量的生成树实例有效地降低了交换机资源消耗量;少量的生成树实例仍然可以获得较好的负载均衡能力。

9.4.2　MSTP 的区域

MSTP 具有将多个 VLAN 映射到一个生成树实例的能力,这需要交换机具有接收到生成树的 BPDU 信息后准确地判断实例所映射的 VLAN 的能力。因为在 CST 中,所有实例都是映射到一个生成树中,复杂度较低。而在 PVST + 环境中,每个 VLAN 都承载各自的 BPDU 信息。所以对于运行 MSTP 的交换机来说,MSTP 配置中需要有以下三个属性:实例名称;版本号;一张最大能映射 4 096 个 VLAN 的要素表。

同时为了确保 VLAN 和实例之间映射的一致性,MSTP 必须能够准确地识别出区域的边界。基于这个目的,区域属性也被包含在 MSTP 的 BPDU 中,因为交换机需要知道收到的 BPDU 是不是同一个区域内的交换机发出的。不同区域之间的 MSTP 是可以相互通信的,不过是作为一个整体进行相互通信的。

简单来说,如图 9-22 所示,因为 SW1 位于 MSTP 的区域 A 中,SW2 和 SW3 位于 MSTP 的区域 B 中,对于 SW1 来说,SW2 和 SW3 是一个整体,而非独立的两台交换机。

图 9-22　不同 MST 区域的交换机

9.5　实训项目一　STP 与 PVST + 配置

【实训目的】

- 掌握单 VLAN PVST 的配置及验证方法。
- 掌握多 VLAN PVST 的配置及验证方法。
- 了解 PVST 根网桥的控制方法。
- 了解 PVST 指定端口的控制方法。

【实训拓扑图】

实训拓扑图如图9-23所示。

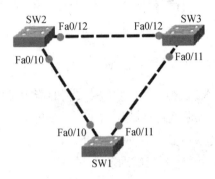

图9-23　实训拓扑图

【实训内容】

PVST+为每个VLAN创建一个STP生成树,从单VLAN PVST+实训(STP基础实训)着手,再到多VLAN PVST+实训,最后进行根网桥和指定端口的控制方法实训,逐步开启生成树的实训环节。

一、单VLAN PVST+基础配置及验证

1. 交换机基本配置

（1）SW1的Trunk配置

```
SW1(config)#interface fastEthernet0/10
//进入交换机快速以太网Fa0/10接口
SW1(config-if)#switchport trunk encapsulation dot1q
//设置交换机中继封装为IEEE 802.1Q
SW1(config-if)#switchport mode trunk          //设置交换机模式为中继
SW1(config)#interface fastEthernet 0/12
SW1(config-if)#switchport trunk encapsulation dot1q
SW1(config-if)#switchport mode trunk
```

交换机SW2和SW3的配置与交换机SW1的配置除了进入的接口名称有所不同外,其余配置均相同,这里只列出不解释。

（2）SW2的Trunk配置

```
SW2(config)#interface fastEthernet0/11
SW2(config-if)#switchport trunk encapsulation dot1q
SW2(config-if)#switchport mode trunk
SW2(config-if)#exit
```

```
SW2（config）#interface fastEthernet 0/12
SW2（config-if）#switchport trunk encapsulation dot1q
SW2（config-if）#switchport mode trunk
```

（3）SW3 的 Trunk 配置

```
SW3（config）#interface fastEthernet0/10
SW3（config-if）#switchport trunk encapsulation dot1q
SW3（config-if）#switchport mode trunk
SW3（config-if）#exit
SW3（config）#interface fastEthernet 0/11
SW3（config-if）#switchport trunk encapsulation dot1q
SW3（config-if）#switchport mode trunk
```

　　思科交换机模式的 STP 为 PVST＋,所以完成基础配置后三台交换机的生成树协议就自动开始运行了,接下来交换机默认 STP 验证。

2. 交换机生成树协议的验证

（1）查看 SW1 的生成树协议

```
SW1#show spanning-tree
//查看 SW1 的生成树
VLAN0001
  Spanning tree enabled protocol ieee
          //ieee 表示使用的是 IEEE 802.1D 生成树
Root ID    Priority    32769
          //根网桥的优先级,32768＋VLAN ID
          Address    2037.06dc.2d00
          //根网桥 MAC 地址
          This bridge is the root
          //根网桥地址和 SW1 的 MAC 地址相同,所以成为根
          Hello Time   2 sec   Max Age 20 sec   Forward Delay 15 sec
          //Hello 时间、最大老化时间和转发延迟时间
//交换机自身的网桥 ID 信息
Bridge ID  Priority    32769   （priority 32768 sys-id-ext 1）
           Address    2037.06dc.2d00
           Hello Time   2 sec   Max Age 20 sec   Forward Delay 15 sec
           Aging Time   300 sec


Interface         Role Sts Cost      Prio. Nbr Type
----------------- ---- --- --------- -------- -------------------
Fa0/10            Desg FWD 19        128.12   P2p
```

> //Fa0/10 端口角色是指定端口,处于转发状态,端口开销值是19,优先级是128,点对点类型
>
> | Fa0/12 | **Desg FWD** 19 | 128.14 | P2p |
> |---|---|---|---|
>
> //Fa0/12 端口角色是指定端口,处于转发状态

（2）查看 SW2 的生成树协议

> SW2#**show spanning-tree**
>
> //查看 SW2 的生成树
>
> VLAN0001
>
> <省略部分输出 >
>
> Interface   Role Sts Cost   Prio. Nbr Type
>
> ------------------- ---- --- --------- ------ --------------------------------
>
> Fa0/11   **Desg FWD** 19   128.13   P2p
>
> // Fa0/11 端口角色是指定端口,处于转发状态
>
> Fa0/12   **Root FWD** 19   128.14   P2p
>
> // Fa0/12 端口角色是根端口,处于转发状态

（3）查看 SW3 的生成树协议

> SW3#**show spanning-tree**
>
> //查看 SW3 的生成树
>
> VLAN0001
>
> <省略部分输出 >
>
> Interface   Role Sts Cost   Prio. Nbr Type
>
> ------------------- ---- --- --------- ------ --------------------------------
>
> Fa0/10   **Root FWD** 19   128.12   P2p Peer(STP)
>
> // Fa0/10 端口角色是根端口,处于转发状态
>
> Fa0/11   **Altn BLK** 19   128.13   P2p Peer(STP)
>
> // Fa0/11 端口角色是替代端口,处于阻塞状态

二、多 VLAN PVST 配置及验证

1. 交换机新建 VLAN

（1）SW1 新建 VLAN20

> SW1（config）#**vlan 20**

（2）SW2 新建 VLAN20

> SW2（config）#**vlan 20**

（3）SW3 新建 VLAN20

> SW3（config）#**vlan 20**

2. 交换机生成树协议的验证

（1）查看 SW1 的生成树协议

```
SW1#show spanning-tree
//查看 SW1 的生成树
VLAN0001
  Spanning tree enabled protocol ieee
  Root ID    Priority    32769
             Address      2037.06dc.2d00
             This bridge is the root
             Hello Time   2 sec   Max Age 20 sec   Forward Delay 15 sec

  Bridge ID   Priority    32769   (priority 32768 sys-id-ext 1)
             Address      2037.06dc.2d00
             Hello Time   2 sec   Max Age 20 sec   Forward Delay 15 sec
             Aging Time   300 sec

Interface         Role Sts Cost       Prio.Nbr Type
----------------- ---- --- --------- -------- --------------------------------
Fa0/10            Desg FWD 19           128.12   P2p
//在 VLAN1 中,Fa0/10 端口角色是指定端口,处于转发状态
Fa0/12            Desg FWD 19           128.14   P2p
//在 VLAN1 中,Fa0/12 端口角色是指定端口,处于转发状态


VLAN0020
  Spanning tree enabled protocol ieee
  Root ID    Priority    32788
             Address      2037.06dc.2d00
             This bridge is the root
             Hello Time   2 sec   Max Age 20 sec   Forward Delay 15 sec
  Bridge ID   Priority    32788   (priority 32768 sys-id-ext 20)
             Address      2037.06dc.2d00
             Hello Time   2 sec   Max Age 20 sec   Forward Delay 15 sec
             Aging Time   300 sec

Interface         Role Sts Cost       Prio.Nbr Type
----------------- ---- --- --------- -------- --------------------------------
Fa0/10            Desg FWD 19           128.12   P2p
//在 VLAN20 中,Fa0/10 端口角色是指定端口,处于转发状态
Fa0/12            Desg FWD 19           128.14   P2p
//在 VLAN20 中,Fa0/12 端口角色是指定端口,处于转发状态
```

（2）查看 SW2 的生成树协议

```
SW2#show spanning-tree
//查看 SW2 的生成树
VLAN0001
<省略部分输出 >

Interface            Role Sts Cost        Prio. Nbr Type
------------------- ---- --- --------- ------- --------------------------------
Fa0/11               Desg FWD 19           128.13    P2p
//在 VLAN1 中,Fa0/11 端口角色是指定端口,处于转发状态
Fa0/12               Root FWD 19           128.14    P2p
//在 VLAN1 中,Fa0/12 端口角色是根端口,处于转发状态


VLAN0020
<省略部分输出 >

Interface            Role Sts Cost        Prio. Nbr Type
------------------- ---- --- --------- ------- --------------------------------
Fa0/11               Desg FWD 19           128.13    P2p
//在 VLAN20 中,Fa0/11 端口角色是指定端口,处于转发状态
Fa0/12               Root FWD 19           128.14    P2p
//在 VLAN20 中,Fa0/12 端口角色是根端口,处于转发状态
```

（3）查看 SW3 的生成树协议

```
SW3#show spanning-tree
//查看 SW3 的生成树
VLAN0001
<省略部分输出 >

Interface            Role Sts Cost        Prio. Nbr Type
------------------- ---- --- --------- ------- --------------------------------
Fa0/10               Root FWD 19 128.12    P2p Peer(STP)
//在 VLAN1 中,Fa0/10 端口角色是根端口,处于转发状态
Fa0/11               Altn BLK 19           128.13    P2p Peer(STP)
//在 VLAN1 中,Fa0/11 端口角色是替代端口,处于阻塞状态


VLAN0020
<省略部分输出 >
```

```
Interface          Role Sts Cost       Prio. Nbr Type
----------------- ---- --- --------- --------------------------------
Fa0/10             Root FWD 19         128.12   P2p Peer(STP)
```
//在 VLAN20 中,Fa0/10 端口角色是根端口,处于转发状态
```
Fa0/11             Altn BLK 19         128.13   P2p Peer(STP)
```
//在 VLAN20 中,Fa0/11 端口角色是替代端口,处于阻塞状态

三、根网桥的控制

目前 SW1 为 VLAN1 和 VLAN20 的根网桥,可以通过优先级的设置使 SW2 成为 VLAN20 的根网桥,优化资源配置。

1. 控制根网桥的配置

```
SW2(config)#spanning-tree vlan 20 priority?
```
//查看 VLAN20 生成树的优先级可设置的值
```
<0-61440>    bridge priority in increments of 4096
```
//所设置的值是 4096 的倍数
```
SW2(config)#spanning-tree vlan 20 priority 4096
```
//设置 VLAN20 生成树的优先级为 4096

2. 验证根网桥的配置

VLAN20 根网桥发生变化后网络中的端口角色也发生了相应的变化,在配置过程中要特别注意。

（1）查看 SW2 的生成树

```
SW2#show spanning-tree vlan 20
```
//查看 SW2 的 VLAN20 生成树
```
VLAN0020
  Spanning tree enabled protocol ieee
  Root ID     Priority    4116
              Address     2037.06dc.4600
              This bridge is the root
```
// SW2 成为 VLAN20 的根网桥
```
<省略部分输出>
Interface          Role Sts Cost       Prio. Nbr Type
----------------- ---- --- --------- --------------------------------
Fa0/11             Desg FWD 19         128.13   P2p
```
//在 VLAN20 中,Fa0/11 端口角色是指定端口,处于转发状态
```
Fa0/12             Desg FWD 19         128.14   P2p
```
//在 VLAN20 中,Fa0/12 端口角色是指定端口,处于转发状态

（2）查看 SW1 的生成树

```
SW1#show spanning-tree vlan 20
//查看 SW1 的 VLAN20 生成树
VLAN0020
<省略部分输出>
Interface          Role Sts Cost       Prio. Nbr Type
------------------ ---- --- --------- -------- --------------------------------
Fa0/10             Desg FWD 19          128. 12    P2p
//在 VLAN20 中,Fa0/10 端口角色是指定端口,处于转发状态
Fa0/12             Root FWD 19          128. 14    P2p
//在 VLAN20 中,Fa0/12 端口角色是根端口,处于转发状态
```

（3）查看 SW3 的生成树

```
SW3#show spanning-tree vlan 20
//查看 SW3 的 VLAN20 生成树


VLAN0020
<省略部分输出>
Interface          Role Sts Cost       Prio. Nbr Type
------------------ ---- --- --------- ------- --------------------------------
Fa0/10             Altn BLK 19          128. 12    P2p Peer(STP)
//在 VLAN20 中,Fa0/10 端口角色是替代端口,处于阻塞状态
Fa0/11             Root FWD 19          128. 13    P2p Peer(STP)
//在 VLAN20 中,Fa0/11 端口角色是根端口,处于转发状态
```

四、指定端口的控制

通过设置比根网桥优先级高,比普通网桥优先级低的辅助根网桥,可以控制辅助根网桥上的端口成为指定端口。

1. 控制指定端口的设置

```
SW3(config)#spanning-tree vlan 1 root secondary
//设置 SW3 的 VLAN1 生成树为辅助根网桥
```

2. 查看 VLAN1 生成树的非根交换机端口变化

（1）查看 SW3 的生成树

```
SW3#show spanning-tree vlan 1
//查看 SW3 的 VLAN1 生成树
VLAN0001
<省略部分输出>
```

Interface	Role Sts Cost	Prio. Nbr Type
Fa0/10	**Desg FWD** 19	128.12　P2p Peer(STP)

//在 VLAN1 中,Fa0/10 端口角色是指定端口,处于转发状态

Fa0/11	**Desg FWD** 19	128.13　P2p Peer(STP)

//在 VLAN1 中,Fa0/11 端口角色是指定端口,处于转发状态

（2）查看 SW2 的生成树

SW2#**show spanning-tree vlan 1**

//查看 SW2 的 VLAN1 生成树

VLAN0001

Interface	Role Sts Cost	Prio. Nbr Type
Fa0/11	**Root FWD** 19	128.13　P2p

//在 VLAN1 中,Fa0/11 端口角色是根端口,处于转发状态

Fa0/12	**Altn BLK** 19	128.14　P2p

//在 VLAN1 中,Fa0/12 端口角色是替代端口,处于阻塞状态

9.6　实训项目二　Rapid-PVST + 配置

****

【实训目的】

- 掌握交换机 Rapid-PVST +（快速 PVST +）的配置及验证方法。
- 掌握负载均衡的配置方法。
- 了解交换机链路类型的配置方法。

【实训拓扑图】

实训拓扑图如图 9-24 所示。

SW1

Fa0/10   Fa0/11

Fa0/10   Fa0/11

SW2

图 9-24　实训拓扑图

【实训内容】

快速 PVST + 和 PVST + 相比,绝大多数的参数没有发生改变,思科交换机也只需进行少量的配置,即可完成快速 PVST + 的切换,在实训中除了正常的配置及验证过程外,还会对负载均衡功能进行分析,它不是快速 PVST + 私有的,PVST + 、MST 甚至是 STP 都可以配置这一功能,最后对快速 PVST + 的链路类型进行设置与查看。

1. 交换机的基础配置

(1) SW1 的 Trunk 配置

```
SW1(config)#interface range fastEthernet0/10 - 11
SW1(config-if-range)#switchport trunk encapsulation dot1q
SW1(config-if-range)#switchport mode trunk
```

(2) SW2 的 Trunk 配置

```
SW2(config)#interface range fastEthernet0/10 - 11
SW2(config-if-range)#switchport trunk encapsulation dot1q
SW2(config-if-range)#switchport mode trunk
```

2. 交换机的 VLAN 及生成树配置

(1) SW1 的 VLAN 及生成树配置

```
SW1(config)#vlan10
SW1(config-vlan)#exit
SW1(config)#spanning-tree mode rapid-pvst
//设置 SW1 的生成树为快速 PVST 模式
```

（2）SW2 的 VLAN 及生成树配置

```
SW2（config）#vlan 10
SW2（config-vlan）#exit
SW2（config）#spanning-tree mode rapid-pvst
//设置 SW2 的生成树为快速 PVST 模式
```

3. 交换机的生成树协议的验证

（1）查看 SW1 的生成树协议

```
SW1#show spanning-tree
//查看 SW1 的生成树
VLAN0001
Spanning tree enabled protocol rstp
//生成树协议从 IEEE 变为了 RSTP,因为快速 PVST + 是由 IEEE 802.1W（RSTP）进化而来
<省略部分输出 >

Interface          Role Sts Cost        Prio. Nbr Type
------------------- ---- --- --------- ------- --------------------------------
Fa0/10             Desg FWD 19          128.12    P2p
Fa0/11             Desg FWD 19          128.13    P2p


VLAN0010
Spanning tree enabled protocol rstp
<省略部分输出 >
Interface          Role Sts Cost        Prio. Nbr Type
------------------- ---- --- --------- ------- --------------------------------
Fa0/10             Desg FWD 19          128.12    P2p
Fa0/11             Desg FWD 19          128.13    P2p
```

（2）查看 SW2 的生成树协议

```
SW2#show spanning-tree
VLAN0001
Spanning tree enabled protocol rstp
<省略部分输出 >
Interface          Role Sts Cost        Prio. Nbr Type
------------------- ---- --- --------- ------- --------------------------------
Fa0/10             Root FWD 19          128.12    P2p
Fa0/11             Altn BLK 19          128.13    P2p


VLAN0010
Spanning tree enabled protocol rstp
<省略部分输出 >
```

Interface	Role Sts Cost	Prio. Nbr Type
Fa0/10	Root FWD 19	128.12 P2p
Fa0/11	Altn BLK 19	128.13 P2p

4. 交换机负载均衡的配置

(1) 修改接口的开销值

SW2(config)#**interface fastEthernet0/11**

//进入接口 Fa0/11

SW2(config-if)#**spanning-tree vlan 10 cost5**

//将 VLAN10 的生成树开销值修改为 5

(2) 查看修改后的 SW2 生成树

SW2#**show spanning-tree**
VLAN0001
　Spanning tree enabled protocol rstp
　Root ID　　Priority　　32769
　　　　　　　Address　　　2037.06dc.2d00
　　　　　　　Cost　　　　19
　　　　　　　//VLAN1 是默认的开销值,因为是 100 Mbps 链路,开销值为 19
　　　　　　　Port　　　　12 (FastEthernet0/10)
　　　　　　　Hello Time　　2 sec　Max Age 20 sec　Forward Delay 15 sec
<省略部分输出>

Interface	Role Sts Cost	Prio. Nbr Type
Fa0/10	Root FWD 19	128.12 P2p
Fa0/11	Altn BLK 19	128.13 P2p

VLAN0010
　Spanning tree enabled protocol rstp
　Root ID　　Priority　　32778
　　　　　　　Address　　　2037.06dc.2d00
　　　　　　　Cost　　　　5
　　　　　　　//VLAN10 修改后的开销值为 5
　　　　　　　Port　　　　13 (FastEthernet0/11)
　　　　　　　Hello Time　　2 sec　Max Age 20 sec　Forward Delay 15 sec
<省略部分输出>

Interface	Role Sts Cost	Prio. Nbr Type
Fa0/10	Altn BLK 19	128.12 P2p
Fa0/11	**Root FWD 5**	**128.13 P2p**

//修改前 Fa0/11 的角色是替换端口,修改后由于拥有更小的端口开销值,所以成了根端口

5. 交换机链路类型配置

（1）查看接口默认链路类型

```
SW2#show spanning-tree vlan 1 interface fastEthernet0/10 detail
//查看 SW2 的 VLAN1 生成树在 Fa0/10 接口上的详细信息
 Port 12（FastEthernet0/10）of VLAN0001 is root forwarding
   Port path cost 19，Port priority 128，Port Identifier 128.12.
   Designated root has priority 32769，address 2037.06dc.2d00
   Designated bridge has priority 32769，address 2037.06dc.2d00
   Designated port id is 128.12，designated path cost 0
   Timers: message age 15，forward delay 0，hold 0
   Number of transitions to forwarding state: 1
Link type is point-to-point by default
//默认使用点对点链路
   BPDU: sent 5，received 287
```

（2）设置链路类型的方法

```
SW2（config）#interface range fastEthernet0/10 - 11
SW2（config-if-range）#spanning-tree link-type ?
//查看生成树链路类型的种类
point-to-point   Consider the interface as point-to-point    //默认设置，可以加快 STP 收敛
shared           Consider the interface as shared            //设置为共享接口，不常使用
SW2（config-if-range）#spanning-tree link-type point-to-point
//设置接口为点对点类型的链路
```

9.7　实训项目三　CISCO STP 高级特性

【实训目的】

- 了解 PortFast 的应用环境和配置方法。
- 了解 BPDU 防护的应用环境和配置方法。
- 了解 UplinkFast 的应用环境和配置方法。
- 了解 BackboneFast 的应用环境和配置方法。

【实训拓扑图】

实训拓扑图如图 9-25 所示。

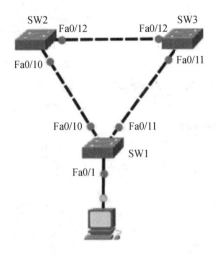

图 9-25　实训拓扑图

【实训内容】

思科 STP 的高级特性主要用来优化 PVST,这也是 PVST + 中"+"的原因。这些特性有效地补充了思科私有的生成树协议,加快了收敛的速度,提高了系统的稳定性。

一、PortFast 和 BPDU 防护

PVST + 的 PortFast 特性能够使被配置的二层接口不进行生成树的计算直接进入转发状态。如果接口启动了 STP PortFast 特性,那么当该接口收到 BPDU 时,BPDU 防护功能被激活,接口进入"err-disable"状态。

1. 交换机基础配置

（1）SW1 的基础配置

```
SW1(config)#interface range fastEthernet0/10，fastEthernet0/12
SW1(config-if-range)#switchport trunk encapsulation dot1q
SW1(config-if-range)#switchport mode trunk
```

（2）SW2 的基础配置

```
SW2(config)#interface range fastEthernet0/11，fastEthernet0/12
SW2(config-if-range)#switchport trunk encapsulation dot1q
SW2(config-if-range)#switchport mode trunk
```

（3）SW3 的基础配置

```
SW3(config)#interface range fastEthernet0/10，fastEthernet0/11
SW3(config-if-range)#switchport trunk encapsulation dot1q
SW3(config-if-range)#switchport mode trunk
```

2. PortFast 接口设置

```
SW1(config)#interface range fastEthernet0/1 – 5
//进入接口 Fa0/1 到 Fa0/5 的集合

SW1(config-if-range)#spanning-tree portfast
//设置接口为 PortFast 接口
% Warning: portfast should only be enabled on ports connected to a single
  host. Connecting hubs, concentrators, switches, bridges, etc... to this
  interface  when portfast is enabled, can cause temporary bridging loops.
  Use with CAUTION
//接口不再能连接二层设备的警告信息
% Portfast will be configured in 6 interfaces due to the range command
  but will only have effect when the interfaces are in a non-trunking mode.
//接口只能工作在 non-trunking 模式
```

查看接口 PortFast 属性。

```
SW1#show spanning-tree interface fastEthernet0/1 portfast
//查看 Fa0/1 的生成树 PortFast 特性
VLAN0001                    enabled
//在 VLAN1 中接口 Fa0/1 的 PortFast 特性正常工作
```

只有在接口连接了终端设备后，查看命令才会有反馈。

3. 开启交换机 PortFast 的 BPDU 防护功能

```
SW1(config)#spanning-tree portfast bpduguard
//SW1 开启 PortFast 的 BPDU 防护
```

（1）查看 SW1 的 Fa0/1 的正常状态

```
SW1#show interfaces fastEthernet0/1
//查看 Fa0/1 接口信息
FastEthernet0/1 is up, line protocol is up（connected）
//接口连接 PC 的正常状态
<省略部分输出>
```

（2）查看 Fa0/1 连接交换机后的状态变化

```
* Mar   1 00:36:35.407: % SPANTREE-2-BLOCK _ BPDUGUARD: Received BPDU on port
FastEthernet0/1 with BPDU Guard enabled. Disabling port.
//交换机发送系统消息,因为在 Fa0/1 接口上收到了 BPDU,关闭该端口
* Mar   1 00:36:35.407: % PM-4-ERR_DISABLE: bpduguard error detected on Fa0/1, putting Fa0/1
in err-disable state
```

```
//因为在 Fa0/1 接口检测到 bpduguard,将该接口设置为 err-disable 状态
SW1#show interfaces fastEthernet0/1
//查看 Fa0/1 接口信息
FastEthernet0/1 is down, line protocol is down (err-disabled)
//接口连接交换机为 err-diable 状态
<省略部分输出>
```

此时如果想将接口恢复,可以手工 shutdown 该接口后,再 no shutdown 打开接口即可。

二、UplinkFast

如果网络中存在多于一条的冗余链路,PVST + 的 UplinkFast 特性能够在直连链路故障后提供快速收敛。

1. 在交换机上开启 UplinkFast 特性

```
SW3(config)#spanning-tree uplinkfast
//开启 uplinkfast
```

2. 查看交换机的 UplinkFast 特性

```
SW3#show spanning-tree uplinkfast
//查看生成树的 uplinkfast 特性
UplinkFast is enabled
//已开启 uplinkfast
Station update rate set to 150 packets/sec.
UplinkFast statistics
-----------------------
Number of transitions via uplinkFast (all VLANs)          : 0
Number of proxy multicast addresses transmitted (all VLANs) : 0


Name                    Interface List
------------------- -----------------------------------
VLAN0001                Fa0/10(fwd), Fa0/11
```

三、BackboneFast

BackboneFast 特性是对 UplinkFast 特性的补充。UplinkFast 只能对直连的交换机所发生的故障进行快速响应,在丢失根端口且备份链路采用不同交换机的情况下,BackboneFast 特性将降低默认的收敛时间,从默认 50 s 降低到 30 s,但它并不能排除转发延迟,也不会对直连路径的失效做出响应。

1. 在交换机上开启 BackboneFast 特性

（1）设置 SW1 的 BackboneFast

SW1（config）#**spanning-tree backbonefast**

//在 SW1 上开启 backbonefast 特性

（2）设置 SW2 的 BackboneFast

SW2（config）#**spanning-tree backbonefast**

（3）设置 SW3 的 BackboneFast

SW3（config）#**spanning-tree backbonefast**

　　默认生成树正常运行后，断开 SW1 与 SW2 之间的 Fa0/12 接口，在 SW3 上查看 BackboneFast 是否起作用。

2. 查看 backbonefast 的运行

SW3#**show spanning-tree backbonefast**

//查看生成树 BackboneFast 特性

BackboneFast is enabled

BackboneFast statistics

Number of transition via backboneFast（all VLANs）　　　　　: 0
Number of inferior BPDUs received（all VLANs）　　　　　: 1
//由于 SW1 与 SW2 之间链路断开，SW3 收到的内部 BPDU 数量，这为 SW3 提供快速响应的依据
Number of RLQ request PDUs received（all VLANs）　　　　　: 0
Number of RLQ response PDUs received（all VLANs）　　　　　: 0
Number of RLQ request PDUs sent（all VLANs）　　　　　: 0
Number of RLQ response PDUs sent（all VLANs）　　　　　: 0
SW3#show spanning-tree backbonefast

9.8　实训项目四　MSTP 配置

【实训目的】

- 掌握交换机 MSTP 的配置方法。
- 掌握交换机 MSTP 的验证方法。

【实训拓扑图】

　　实训拓扑图如图 9-23 所示。

【实训内容】

MSTP 是一种广泛使用的公有协议生成树,它和前几个实训中生成树的配置大同小异,本实训中对相同部分不做过多解释,主要分析不同的部分。

1. 交换机基本配置

（1）SW1 的 Trunk 配置

```
SW1(config)#interface range fastEthernet0/10，fastEthernet0/12
SW1(config-if-range)#switchport trunk encapsulation dot1q
SW1(config-if-range)#switchport mode trunk
```

（2）SW2 的 Trunk 配置

```
SW2(config)#interface range fastEthernet0/11，fastEthernet0/12
SW2(config-if-range)#switchport trunk encapsulation dot1q
SW2(config-if-range)#switchport mode trunk
```

（3）SW3 的 Trunk 配置

```
SW3(config)#interface range fastEthernet0/10，fastEthernet0/11
SW3(config-if-range)#switchport trunk encapsulation dot1q
SW3(config-if-range)#switchport mode trunk
```

2. 交换机的 VLAN 配置

（1）SW1 的 VLAN 配置

```
SW1(config)#vlan 2-10
```

（2）SW2 的 VLAN 配置

```
SW2(config)#vlan 2-10
```

（3）SW3 的 VLAN 配置

```
SW3(config)#vlan 2-10
```

3. 交换机的 MST 配置

（1）SW1 的 MST 配置

```
SW1(config)#spanning-tree mode mst
//设置生成树模式为 MST
SW1(config)#spanning-tree mst configuration
//进入 MST 配置模式
SW1(config-mst)#name MST-CONF
//设置 MST 的名称
SW1(config-mst)#revision ?
  <0-65535>    Configuration revision number
```

```
// MST 的修订号选择区间在 0 ~ 65535
SW1（config-mst）#revision 1
//设置 MST 的修订号为 1
SW1（config-mst）#instance 1 vlan 1-5
//将 VLAN1 ~ VLAN5 加入实例 1 中
SW1（config-mst）#instance 2 vlan 6-10
//将 VLAN6 ~ VLAN10 加入实例 2 中
SW1（config-mst）#exit
SW1（config）#spanning-tree mst 1 priority ?
  <0-61440>    bridge priority in increments of 4096
//将 MST 的优先级设置为 4096 的倍数
SW1（config）#spanning-tree mst 1 priority 4096
//设置 MST 实例 1 的优先级为 4096
SW1（config）#spanning-tree mst 2 priority 8192
//设置 MST 实例 2 的优先级为 8192
```

（2）SW2 的 MST 配置

```
SW2（config）#spanning-tree mst configuration
SW2（config-mst）#name MST-CONF
SW2（config-mst）#revision 1
SW2（config-mst）#instance 1 vlan 1-5
SW2（config-mst）#instance 2 vlan 6-10
SW2（config-mst）#exit
SW2（config）#spanning-tree mst 1 priority 8192
//设置 MST 实例 1 的优先级为 8192
SW2（config）#spanning-tree mst 2 priority 4096
//设置 MST 实例 2 的优先级为 4096
```

（3）SW3 的 MST 配置

```
SW3（config）#spanning-tree mst configuration
SW3（config-mst）#name MST-CONF
SW3（config-mst）#revision 1
SW3（config-mst）#instance 1 vlan 1-5
SW3（config-mst）#instance 2 vlan 6-10
```

4. 交换机 MST 的验证

（1）查看 SW1 的 MST 配置

```
SW1（config）#spanning-tree mst configuration
//进入 MST 配置模式
SW1（config-mst）#show current
```

```
//查看 SW1 当前 MST 的配置
Current MST configuration
Name          [MST-CONF]
Revision   1        Instances configured 3

Instance   Vlans mapped
--------   --------------------------------------------------------------
0          11-4094
1          1-5
2          6-10
--------------------------------------------------------------------------
//当前实例为 3 个,默认所有 VLAN 在实例 0 中
```

(2) 查看 SW1 的生成树

```
SW1#show spanning-tree
MST0
Spanning tree enabled protocol mstp
//SW1 使用的是 MSTP 生成树协议
<省略部分输出>
Interface            Role Sts Cost        Prio. Nbr Type
------------------- ---- --- --------- -------- --------------------------------
Fa0/10               Desg FWD 200000       128.12    P2p
//在实例 0 中,Fa0/10 端口角色是指定端口,处于转发状态
Fa0/12               Desg FWD 200000       128.14    P2p
//在实例 0 中,Fa0/12 端口角色是指定端口,处于转发状态


MST1
  Spanning tree enabled protocol mstp
<省略部分输出>
Interface            Role Sts Cost        Prio. Nbr Type
------------------- ---- --- --------- -------- --------------------------------
Fa0/10               Desg FWD 200000       128.12    P2p
//在实例 1 中,Fa0/10 端口角色是指定端口,处于转发状态
Fa0/12               Desg FWD 200000       128.14    P2p
//在实例 1 中,Fa0/12 端口角色是指定端口,处于转发状态


MST2
  Spanning tree enabled protocol mstp
<省略部分输出>
```

Interface	Role Sts Cost	Prio. Nbr Type
Fa0/10	**Desg FWD** 200000	128.12　P2p

//在实例 2 中,Fa0/10 端口角色是指定端口,处于转发状态

| Fa0/12 | **Root FWD** 200000 | 128.14　P2p |

//在实例 2 中,Fa0/12 端口角色是根端口,处于转发状态

(3)查看 SW2 的生成树

```
SW2#show spanning-tree
MST0
    Spanning tree enabled protocol mstp
<省略部分输出 >
```

Interface	Role Sts Cost	Prio. Nbr Type
Fa0/11	**Desg FWD** 200000	128.13　P2p

//在实例 0 中,Fa0/11 端口角色是指定端口,处于转发状态

| Fa0/12 | **Root FWD** 200000 | 128.14　P2p |

//在实例 0 中,Fa0/12 端口角色是根端口,处于转发状态

```
MST1
    Spanning tree enabled protocol mstp
<省略部分输出 >
```

Interface	Role Sts Cost	Prio. Nbr Type
Fa0/11	**Desg FWD** 200000	128.13　P2p

//在实例 1 中,Fa0/11 端口角色是指定端口,处于转发状态

| Fa0/12 | **Root FWD** 200000 | 128.14　P2p |

//在实例 1 中,Fa0/12 端口角色是根端口,处于转发状态

```
MST2
    Spanning tree enabled protocol mstp
<省略部分输出 >
```

Interface	Role Sts Cost	Prio. Nbr Type
Fa0/11	**Desg FWD** 200000	128.13　P2p

//在实例 2 中,Fa0/11 端口角色是指定端口,处于转发状态

| Fa0/12 | **Desg FWD** 200000 | 128.14　P2p |

//在实例 2 中,Fa0/12 端口角色是指定端口,处于转发状态

（4）查看 SW3 的生成树

```
SW3#show spanning-tree
MST0
  Spanning tree enabled protocol mstp
<省略部分输出 >

Interface        Role Sts Cost      Prio. Nbr Type
------------------ ---- --- -------- ------- --------------------------
Fa0/10          Root FWD 200000    128.12   P2p
//在实例 0 中，Fa0/10 端口角色是根端口，处于转发状态

Fa0/11          Altn BLK 200000    128.13   P2p
//在实例 0 中，Fa0/11 端口角色是替代端口，处于阻塞状态


MST1
  Spanning tree enabled protocol mstp
<省略部分输出 >

Interface        Role Sts Cost      Prio. Nbr Type
------------------ ---- --- -------- ------- --------------------------
Fa0/10          Root FWD 200000    128.12   P2p
//在实例 1 中，Fa0/10 端口角色是根端口，处于转发状态

Fa0/11          Altn BLK 200000    128.13   P2p
//在实例 1 中，Fa0/11 端口角色是替代端口，处于阻塞状态


MST2
  Spanning tree enabled protocol mstp
<省略部分输出 >

Interface        Role Sts Cost      Prio. Nbr Type
------------------ ---- --- -------- ------- --------------------------
Fa0/10          Altn BLK 200000    128.12   P2p
//在实例 2 中，Fa0/10 端口角色是替代端口，处于阻塞状态

Fa0/11          Root FWD 200000    128.13   P2p
//在实例 2 中，Fa0/11 端口角色是根端口，处于转发状态
```

第 10 章

IPv6

IPv6(internet protocol version 6)是下一代因特网的关键协议,国内几大运营商已经在核心网络部署了 IPv6 网络的基础架构。IPv6 最终取代 IPv4 的必然趋势是不会改变的,IPv6 必将成为未来网络的国际协议。

10.1　IPv6
* * * * * * * * * * * * * *

现在广泛使用的是 20 世纪 70 年代末设计的 IPv4,从计算机本身发展以及从因特网规模和网络传输速率来看,现在 IPv4 已经非常不适用。其中最主要的问题是 32 bit 的 IP 地址空间已经无法满足迅速膨胀的因特网规模。

要解决 IP 地址耗尽的问题,主要有以下几条措施:

* 采用无类别编址 CIDR,使 IP 地址的分配更加合理;
* 采用网络地址转换 NAT 方法,以节省全球 IP 地址;
* 采用具有更大地址空间的新版本的 IP 协议 IPv6。

10.1.1　IPv6 的优势

IPv6 所引进的主要变化如下:

* 更大的地址空间,IPv6 将地址从 IPv4 的 32 bit 增大到了 128 bit;
* 灵活的首部格式,用以改进数据包的处理能力;
* 流标签功能,提供强大的 QoS 保障机制;
* 支持即插即用(即自动配置)和资源的预分配。

10.1.2　IPv6 消息格式

IPv6 将首部长度变为固定的 40 字节,称为基本首部(base header)。将不必要的功能取消,首部的字段数减少到只有 8 个。取消了首部的检验和字段,加快了路由器处理数据报的速度。在基本首部的后面允许有零个或多个扩展首部。所有的扩展首部和数据合起来叫作数据报的有效载荷(payload)或净负荷,图 10-1 为 IPv6 首部格式。

图 10-1　IPv6 首部格式

- 版本。占 4 个比特,对于 IPv6,该字段的值为 6。
- 流量类型。占 8 个比特,该字段以 DSCP 标记 IPv6 数据包,提供 QoS 服务。
- 流标签。占 20 个比特,用来标记 IPv6 数据的一个流,让路由器或者交换机基于流而不是数据包来处理数据。
- 有效载荷长度。占 16 个比特,用来表示有效载荷的长度,即 IPv6 数据包的数据部分。
- 下一包头。占 8 个比特,该字段定义紧跟 IPv6 基本包头的信息类型。
- 跳数限制。占 8 个比特,用来定义 IPv6 数据包经过的最大跳数。
- 源 IPv6 地址、目的 IPv6 地址。各占 128 个比特,用来标识 IPv6 数据包发送和接收方的 IPv6 地址。

IPv6 的表示方法:每个 16 bit 的值用十六进制值表示,各值之间用冒号分隔,如 68E6: 8C64: FFFF: FFFF: 0: 1180: 960A: FFFF。

IPv6 地址可以使用零压缩(zero compression),即一连串连续的零可以用一对冒号所取代。例如,FF05: 0: 0: 0: 0: 0: 0: B3 可以写成:FF05: : B3。一个 IPv6 地址中,零压缩只能使用一次。

10. 2　RIPng

* * * * * * * * * * * * * * * *

10.2.1　RIPng 概述

RIPng(routing information protocol next generation),下一代路由信息协议,是 RIP 在 IPv6 网络中对应的路由协议,RIPng 也是距离矢量路由协议,以跳数作为度量,16 跳表示不可达。

Cisco 路由器运行 RIPng 在计算度量时会把宣告路由器度量加 1,这是与 IPv4 网络中 RIP 协议的重大差别。例如,路由器 A 向路由器 B 发送一条关于自己的质量网络信息,路由器 A 宣告的跳数为 1,接收该信息的路由器 B 在将该条路由加入路由表时会将度量加 1,

也就是度量为 2。

　　RIPng 也是基于 UDP 发送报文的,端口为 521,支持定期更新和触发更新,使用抑制计时器来防止路由环路,使用水平分割或水平分割加毒性逆转防止环路,能够支持认证。

10.2.2　RIPng 消息格式

RIPng 的报文格式如图 10-2 所示。

图 10-2　RIPng 的报文格式

每一个路由表条目的格式如图 10-3 所示

图 10-3　路由表条目格式

相关字段的含义如下。

● 命令:1 表示请求,2 表示响应消息。

● 版本:目前版本是 1。

● IPv6 前缀:128 bit 的目的地 IPv6 地址。

● 路由标记:路由标记是路由通告时用于标识路由的类型,可以用来区分内部路由与外部路由(从其他 IGP 或 EGP 引入的路由)。

● 前缀长度:网络前缀的长度。

● 度量:指到达目的网络的开销。

10.3　IPv6 EIGRP

＊＊＊＊＊＊＊＊＊＊＊＊＊＊＊＊＊＊＊＊＊

　　IPv6 EIGRP 是与 IPv4 EIGRP 对应的路由协议,运行在 IPv6 网络之上,主要功能与IPv4 EIGRP 基本相同,其主要特点如下。

　　① IPv6 EIGRP 是一种距离矢量路由协议。

② 使用带宽、延迟、可靠性、负载来作为它的复合度量,默认情况下只使用带宽和延迟。

③ 使用 RTP 协议,能可靠、有序地和邻居交换路由信息。

④ 使用 DUAL 算法计算路由,包括后继路由、可行后继路由、可行距离、通告距离等。

⑤ 当网络结构发生变化时使用增量更新,而不是定期更新。

⑥ 邻居发现使用 Hello 协议,并且使用链路本地地址实现邻居发现和建立邻居关系。

⑦ 使用组播地址 224.0.0.10 对应的 IPv6 地址 FF02:10 发送消息,使用出接口的链路本地地址作为消息的源地址。

⑧ 支持 MD5 认证。

10.4 OSPFv3

10.4.1 OSPFv3 概述

OSPFv3 是在 IPv6 网络中使用链路状态路由协议,2008 年发布了 RFC5340,对 OSPFv3 进行了修改,OSPFv3 的工作原理与 OSPFv2 的相似,主要有以下特点。

① OSPFv3 是一种链路状态路由协议。

② 使用开销作为其度量,默认情况是以 10^8/带宽来计算。

③ 工作机制中使用与 OSPFv2 相同的五种类型的数据包:Hello、DBD、LSR、LSU、LSAck。

④ 广播与非广播多路访问网络需要进行 DR 与 BDR 的选举。

⑤ 使用链路本地地址,通过 hello 数据包来建立和维护邻居关系。

⑥ 使用 IPv4 对应的 IPv6 组播地址 FF02::5 与 FF02::6 发送数据包。

⑦ 支持简单明文或 MD5 认证。

10.4.2 OSPFv3 消息格式

OSPFv3 在工作机制中使用了五种类型的数据包,而所有类型的报文都有一个 16 字节头部,头部的编码格式如图 10-4 所示。

0	8	16	31
版本	类型	数据包包长度	
路由器 ID			
区域 ID			
校验和		实例 ID	保留(0)

图 10-4 OSPFv3 头部

OSPFv3 头部各字段含义如下。

- 版本:OSPF 的版本号,version 3。
- 类型:指明 OSPF 报文类型,hello = 1,DBD = 2,LSR = 3,LSU = 4,LSAck = 5。
- 路由器 ID:源路由器的 ID。
- 区域 ID:源数据包的区域 ID。
- 校验和:对整个 IPv6 报文的校验和。
- 实例 ID:OSPF 允许在单条链路上运行多个实例,每个实例会分配一个实例 ID,实例 ID 只有链路本地意义。

OSPFv3 也是通过 Hello 报文来建立和维护邻居关系的,其 Hello 报文的格式如图 10-5 所示。

图 10-5　OSPFv3 Hello 数据包

OSPFv3 Hello 数据包各字段含义如下。

- 接口 ID:路由器接收报文的接口 ID,32 bit。
- 路由器优先级:用于 DR/BDR 的选举,0 表示永远不参与选举。
- Hello 间隔:路由器发送 Hello 报文的时间间隔。
- Dead 间隔:路由器宣布邻居失效的等待时间。
- 指定路由器 ID:DR 的路由器 ID,如果没有,则以 0.0.0.0 填充。
- 备份指定路由器 ID:BDR 的路由器 ID,如果没有,则以 0.0.0.0 填充。
- 邻居 ID:所有邻居的路由器 ID。

10.5　实训项目一　IPv6 网络静态路由
＊＊＊＊＊＊＊＊＊＊＊＊＊＊＊＊＊＊＊＊＊＊＊＊＊＊＊＊＊＊＊＊

【实训目的】

- 熟悉 IPv6 网络。
- 掌握 IPv6 地址的配置方法。
- 能够部署 IPv6 静态路由。

【实训拓扑图】

实训拓扑图如图 10-6 所示。

图 10-6　实训拓扑图

设备参数如表 10-1 所示。

表 10-1　设备参数

设 备	接 口	IPv6 地址
R1	Loopback0	2016:1111::1/64
	Se0/0/0	2016:1212::1/64
R2	Se0/0/0	2016:1212::2/64
	Se0/0/1	2016:2323::2/64
R3	Loopback0	2016:3333::3/64
	Se0/0/1	2016:2323::3/64

【实训内容】

1. R1 路由器的配置

```
R1(config)#ipv6 unicast-routing                    //开启 IPv6 路由
R1(config)#interface loopback0
R1(config-if)#ipv6 address 2016:1111::1/64         //配置 IPv6 地址
R1(config-if)#no shutdown
R1(config-if)#exit
R1(config)#interface Serial0/0/0
R1(config-if)#ipv6 address 2016:1212::1/64
R1(config-if)#no shutdown
R1(config)#ipv6 route 2016:3333::/64 2016:1212::2  //配置 IPv6 静态路由
R1(config)#ipv6 route 2016:2323::/64 2016:1212::2
```

2. R2 路由器的配置

```
R2(config)#ipv6 unicast-routing
R2(config)#interface Serial0/0/0
R2(config-if)#ipv6 address 2016:1212::2/64
R2(config-if)#no shutdown
R2(config-if)#exit
```

R2（config）#**interface Serial0/0/1**

R2（config-if）#**ipv6 address 2016：3333：：2/64**

R2（config-if）#**no shutdown**

R2（config）#**ipv6 route 2016：1111：：/64 2016：1212：：1**

R2（config）#**ipv6 route 2016：3333：：/64 2016：2323：：3**

3. R3 路由器的配置

R3（config）#**ipv6 unicast-routing**

R3（config）#**interface loopback0**

R3（config-if）#**ipv6 address 2016：3333：：3/64**

R3（config-if）#**exit**

R3（config）#**interface Serial0/0/1**

R3（config-if）#**ipv6 address 2016：2323：：3/64**

R3（config-if）#**no shutdown**

R3（config-if）#**exit**

R3（config）#**ipv6 route 2016：1111：：/64 2016：2323：：2**

R3（config）#**ipv6 route 2016：1212：：/64 2016：2323：：2**

4. 接口配置 IPv6 地址

接口配置 IPv6 地址使用如下命令：

Router（config-if）#**ipv6 address** *ipv6-address/prefix-length*［**link-local** | **eui-64**］

接口配置 IPv6 地址参数如下。

- ipv6-address：接口的 IPv6 地址。
- prefix -length：IPv6 地址前缀。
- link-local：链路本地地址。
- eui-64：使用 eui-64 流程，在 MAC 地址 24 位后插入 0Xfffe 生成 64 位接口标识，从而配置 IPv6 地址。

5. 配置 Ipv6 的静态路由

IPv6 的静态路由使用 ipv6 route 全局配置命令进行配置，命令格式如下：

Router（config）#**ipv6 route** *ipv6-prefix/prefix-length* { *ipv6-address* | *exit-interface*}

IPv6 静态路由配置相关参数如下。

- ipv6-prefix：远程网络的目的地网络地址。
- prefix -length：远程网络的前缀。
- ipv6-address：相连路由器将数据包转发到远程网络所使用的下一跳 IPv6 地址。
- exit-interface：将数据转发的发送接口，又称送出接口。

在 IPv6 网络中，必须配置 ipv6 unicast-routing 全局配置命令，才能使路由器转发 IPv6 数据包。

6. R1 路由器 IPv6 接口信息

R1#**show ipv6 interface Serial0/0/0**

Serial0/0/0 is up, line protocol is up

  IPv6 is enabled, **link-local address is FE80∷D2C2∶82FF∶FE54∶6810**

//链路本地地址,此地址以 FE80 开头,通过 eui-64 流程生成,也可以手工指定

  No Virtual link-local address(es):

  Global unicast address(es):   //全球单播地址

  　2016∶1212∷∶1, subnet is 2016∶1212∷∶/64

  Joined group address(es):   //加入的组播地址

  　FF02∷∶1

  　FF02∷∶2

  　FF02∷∶1∶FF00∶1

  　FF02∷∶1∶FF54∶6810

MTU is 1500 bytes

ICMP error messages limited to one every 100 milliseconds

ICMP redirects are enabled

ICMP unreachables are sent

ND DAD is enabled, number of DAD attempts: 1

ND reachable time is 30000 milliseconds (using 34931)

Hosts use stateless autoconfig for addresses.

7. R1 路由器所有接口的 IPv6 状态和配置概况

R1#**show ipv6 interface brief**

FastEthernet0/0   [administratively down/down]

unassigned

FastEthernet0/1   [administratively down/down]

unassigned

Serial0/0/0   [up/up]

FE80∷∶D2C2∶82FF∶FE54∶6810

  　2016∶1212∷∶1

Serial0/0/1   [administratively down/down]

unassigned

SSLVPN-VIF0   [up/up]

unassigned

Loopback0   [up/up]

  　FE80∷∶D2C2∶82FF∶FE54∶6810

  　2016∶1111∷∶1

8. R1 路由器的路由表信息

```
R1#show ipv6 route
IPv6 Routing Table - Default - 7 entries
Codes: C - Connected，L - Local，S - Static，U - Per-user Static route
       B - BGP，M - MIPv6，R - RIP，I1 - ISIS L1
       I2 - ISIS L2，IA - ISIS interarea，IS - ISIS summary，D - EIGRP
       EX - EIGRP external
       O - OSPF Intra，OI - OSPF Inter，OE1 - OSPF ext 1，OE2 - OSPF ext 2
       ON1 - OSPF NSSA ext 1，ON2 - OSPF NSSA ext 2
C    2016:1111::/64 [0/0]
via Loopback0，directly connected
L    2016:1111::1/128 [0/0]
via Loopback0，receive
//L 用于标识路由器接口分配的地址
C    2016:1212::/64 [0/0]
     via Serial0/0/0，directly connected
L    2016:1212::1/128 [0/0]
     via Serial0/0/0，receive
S    2016:2323::/64 [1/0]          //静态路由
     via 2016:1212::2
S    2016:3333::/64 [1/0]
     via 2016:1212::2
L    FF00::/8 [0/0]
     via Null0，receive
```

测试结果如下：

```
R1#ping ipv6 2016:3333::3 source 2016:1111::1

Type escape sequence to abort.
Sending 5，100-byte ICMP Echos to 2016:3333::3，timeout is 2 seconds:
Packet sent with a source address of 2016:1111::1
!!!!!
Success rate is 100 percent（5/5），round-trip min/avg/max ＝ 0/2/4 ms
```

10.6 实训项目二 IPv6 汇总静态路由与默认路由

【实训目的】

- 掌握 IPv6 地址的汇总方法。
- 掌握 IPv6 静态路由的配置方法。
- 掌握 IPv6 汇总静态路由和默认路由的方法。

【实训拓扑图】

实训拓扑图如图 10-7 所示。

Loopback1:2016:ABCD:1234:1::2/64
Loopback2:2016:ABCD:1234:2::2/64
Loopback3:2016:ABCD:1234:3::2/64
Loopback4:2016:ABCD:1234:4::2/64

R1　Se0/0/0　　　　　Se0/0/0　R2

图 10-7　实训拓扑图

设备参数如表 10-2 所示。

表 10-2　设备参数

设　备	接　口	IPv6 地址
R1	Loopback0	2016:1111::1/64
	Se0/0/0	2016:1212::1/64
R2	Se0/0/0	2016:1212::2/64
	Loopback1	2016:ABCD:1234:1::2/64
	Loopback2	2016:ABCD:1234:2::2/64
	Loopback3	2016:ABCD:1234:3::2/64
	Loopback4	2016:ABCD:1234:4::2/64

IPv6 汇总路由的计算和 IPv4 基本相同,如图 10-8 所示。

2016:ABCD:1234:1	2016:ABCD:1234:000	0001
2016:ABCD:1234:2	2016:ABCD:1234:000	0010
2016:ABCD:1234:3	2016:ABCD:1234:000	0011
2016:ABCD:1234:4	2016:ABCD:1234:000	0100
2016:ABCD:1234:0	2016:ABCD:1234:000	0000

汇总地址 **2016:ABCD:1234::/61**

图 10-8　Ipv6 汇总路由计算

IPv6 网络中多条静态路由可以汇总成一条静态路由,需要符合以下条件:

① 目的地网络是连续的,可以汇总成一个网络地址;

② 多条静态路由使用相同的下一跳 IPv6 地址或者送出接口。

【实训内容】

1. R1 路由器的配置

R1(config)#**ipv6 unicast-routing**

R1(config)#**interface loopback0**

R1(config-if)#**ipv6 address 2016:1111::1/64**

R1(config-if)#**exit**

R1(config)#**interface Serial0/0/0**

R1(config-if)#**ipv6 address 2016:1212::1/64**

R1(config-if)#**no shutdown**

R1(config-if)#**exit**

R1(config)#**ipv6 route 2016:abcd:1234::/61 2016:1212::2**　　　//配置 IPv6 汇总静态路由

2. R2 路由器的配置

R2(config)#**ipv6 unicast-routing**

R2(config)#**interface Serial0/0/0**

R2(config-if)#**ipv6 address 2016:1212::2/64**

R2(config-if)#**no shutdown**

R2(config-if)#**exit**

R2(config)#**interface loopback1**

R2(config-if)#**ipv6 address 2016:abcd:1234:1::2/64**

R2(config-if)#**exit**

R2(config)#**interface loopback2**

R2(config-if)#**ipv6 address 2016:abcd:1234:2::2/64**

R2(config-if)#**exit**

R2(config)#**interface loopback3**

R2(config-if)#**ipv6 address 2016:abcd:1234:3::2/64**

R2(config-if)#**exit**

R2(config)#**interface loopback4**

R2(config-if)#**ipv6 address 2016:abcd:1234:4::2/64**

R2(config-if)#**exit**

R2(config)#**ipv6 route ::/0 Serial0/0/0**　　　//配置 IPv6 默认静态路由

3. R1 路由器的路由表

```
R1#show ipv6 route static
IPv6 Routing Table - Default - 6 entries
(------省略部分输出------)
S    2016:ABCD:1234::/61 [1/0]
     via 2016:1212::2
```

4. R2 路由器的路由表

```
R2#show ipv6 route static
IPv6 Routing Table - Default - 12 entries
(------省略部分输出------)
S    ::/0 [1/0]
     via Serial0/0/0, directly connected
```

测试结果如下：

```
R1#ping ipv6 2016:abcd:1234:1::2 source 2016:1111::1

Type escape sequence to abort.
Sending 5, 100-byte ICMP Echos to 2016:ABCD:1234:1::2, timeout is 2 seconds:
Packet sent with a source address of 2016:1111::1
!!!!!
Success rate is 100 percent (5/5), round-trip min/avg/max = 0/1/4 ms
```

10.7　实训项目三　RIPng 配置

【实训目的】

- 掌握 RIPng 的配置方法。
- 掌握 RIPng 各种信息查看命令。
- 掌握传播默认路由的方法。

【实训拓扑图】

实训拓扑图如图 10-9 所示。

图 10-9　实训拓扑图

设备参数如表 10-3 所示。

表 10-3　设备参数

设　备	接　口	IPv6 地址
R1	Loopback0	2016:1111::1/64
	Se0/0/0	2016:1212::1/64
R2	Se0/0/0	2016:1212::2/64
	Se0/0/1	2016:2323::2/64
R3	Loopback0	2016:3333::3/64
	Se0/0/1	2016:2323::3/64

【实训内容】

1. 配置路由信息

（1）R1 路由器的配置

```
R1(config)#ipv6 unicast-routing

R1(config)#ipv6 router rip siso          //启动 IPv6 RIPng 进程,siso 表示进程名

R1(config-rtr)#poison-reverse
//执行毒性逆转,如果启用了水平分割,那么只有水平分割有效

R1(config-rtr)#split-horizon             //执行水平分割

R1(config-rtr)#exit

R1(config)#interface loopback0

R1(config-if)#ipv6 rip siso enable       //进入接口启用 RIPng

R1(config-if)#exit

R1(config)#interface Serial0/0/0

R1(config-if)#ipv6 rip siso enable

R1(config-if)#exit
```

（2）R2 路由器的配置

```
R2(config)#ipv6 unicast-routing

R2(config)#ipv6 router rip siso

R2(config-rtr)#poison-reverse

R2(config-rtr)#split-horizon

R2(config-rtr)#exit

R2(config)#interface Serial0/0/0

R2(config-if)#ipv6 rip siso enable

R2(config-if)#exit

R2(config)#interface Serial0/0/1

R2(config-if)#ipv6 rip siso enable

R2(config-if)#exit
```

（3）R3 路由器的配置

R3（config）#**ipv6 unicast-routing**

R3（config）#**ipv6 router rip siso**

R1（config-rtr）#**poison-reverse**

R1（config-rtr）#**split-horizon**

R3（config-rtr）#**exit**

R3（config）#**interface loopback0**

R3（config-if）#**ipv6 rip siso enable**

R3（config-if）#**exit**

R3（config）#**interface Serial0/0/1**

R3（config-if）#**ipv6 rip siso enable**

R3（config-if）#**exit**

2. 查看路由表

（1）R1 路由器的路由表 RIPng 路由

R1#**show ipv6 route rip**

IPv6 Routing Table - Default - 8 entries

Codes: C - Connected, L - Local, S - Static, U - Per-user Static route

　　　B - BGP, M - MIPv6, R - RIP, I1 - ISIS L1

　　　I2 - ISIS L2, IA - ISIS interarea, IS - ISIS summary, D - EIGRP

　　　EX - EIGRP external

　　　O - OSPF Intra, OI - OSPF Inter, OE1 - OSPF ext 1, OE2 - OSPF ext 2

　　　ON1 - OSPF NSSA ext 1, ON2 - OSPF NSSA ext 2

R　2016:2323::/64［120/2］

　　via FE80::D2C2:82FF:FE54:6660, Serial0/0/0

R　2016:3333::/64［120/3］

　　via FE80::D2C2:82FF:FE54:6660, Serial0/0/0

（2）R2 路由器的路由表 RIPng 路由

R2#**show ipv6 route rip**

（------省略部分输出------）

R　2016:1111::/64［120/2］

　　via FE80::D2C2:82FF:FE54:6858, Serial0/0/0

R　2016:3333::/64［120/2］

　　via FE80::D2C2:82FF:FE54:6810, Serial0/0/1

（3）R3 路由器的路由表 RIPng 路由

```
R3#show ipv6 route rip
( ------省略部分输出------ )

R    2016:1111::/64 [120/3]
     via FE80::D2C2:82FF:FE54:6660，Serial0/0/1
R    2016:1212::/64 [120/2]
     via FE80::D2C2:82FF:FE54:6660，Serial0/0/1
```

路由表中由 RIPng 学习到的路由条目含义如表 10-4 所示。

表 10-4　路由条目描述

输　出	描　述
R	标识路由来源是 RIPng
2016:2323::/64	表示网络前缀和前缀长度
[120/2]	表示管理距离和度量，与 IPv4 不同的是，在 Cisco 的 RIPng 中，邻居路由器收到的路由更新会将度量加 1，实际是路由器将自身作为网络跳数 1 了
via FE80::D2C2:82FF:FE54:6660	下一跳路由器的链路本地地址，所以链路本地地址建议大家手工配置，这样能够方便地识别源或目的路由器
Seria10/0/1	通往目的网络的本地接口

（4）查看路由协议

```
R1#show ipv6 protocols
IPv6 Routing Protocol is "connected"
IPv6 Routing Protocol is "rip siso"
//IPv6 进程为 siso
  Interfaces:
    Serial0/0/0
    Loopback0
//在接口 Serial0/0/0 和 Loopback0 接口上启用了 RIPng
  Redistribution:
    None
//没有进行重分布
```

（5）查看 RIPng 的进程信息

```
R1#show ipv6 rip
RIP process "siso", port 521, multicast-group FF02::9, pid 301
//进程名字 siso,UDP 更新端口 521,组播地址 FF02::9,进程 ID 为 301
     Administrative distance is 120. Maximum paths is 16
//管理距离为 120,最大支持等价路径为 16 条
     Updates every 30 seconds, expire after 180
//更新周期为 30 s,过期时间为 180 s
Holddown lasts 0 seconds, garbage collect after 120
//抑制时间持续为 0,丢弃时间为 120 s
     Split horizon is on; poison reverse is on
//水平分割已启用,毒性逆转已启用
     Default routes are not generated
//默认路由没有生成
     Periodic updates 145, trigger updates 8
//周期更新 145 次,触发更新 8 次
  Interfaces:
     Serial0/0/0
     Loopback0
  Redistribution:
     None
```

（6）查看 RIPng 的路由信息库

```
R1#show ipv6 rip database
RIP process "siso", local RIB
 2016:1212::/64, metric 2
     Serial0/0/0/FE80::D2C2:82FF:FE54:6660, expires in 162 secs
//162 表示距离路由条目过期的时间
 2016:2323::/64, metric 2, installed
     Serial0/0/0/FE80::D2C2:82FF:FE54:6660, expires in 162 secs
 2016:3333::/64, metric 3, installed
     Serial0/0/0/FE80::D2C2:82FF:FE54:6660, expires in 162 secs
```

3. 默认路由传播

```
R3(config)#ipv6 route ::/0 null 0
//生成一条默认路由
R3(config)#interface Serial0/0/1
R3(config-if)#ipv6 rip siso default-information originate
//向 IPv6 区域注入默认路由
```

再次查看 RIPng 路由条目。

```
R1#show ipv6 route rip
R    ::/0 [120/3]
     via FE80::D2C2:82FF:FE54:6660，Serial0/0/0
R    2016:2323::/64 [120/2]
     via FE80::D2C2:82FF:FE54:6660，Serial0/0/0
R    2016:3333::/64 [120/3]
     via FE80::D2C2:82FF:FE54:6660，Serial0/0/0
R2#show ipv6 route rip
R    ::/0 [120/2]
     via FE80::D2C2:82FF:FE54:6810，Serial0/0/1
R    2016:1111::/64 [120/2]
     via FE80::D2C2:82FF:FE54:6858，Serial0/0/0
R    2016:3333::/64 [120/2]
     via FE80::D2C2:82FF:FE54:6810，Serial0/0/1
```

以上输出显示，路由器 R1 与 R2 都学习到了传播来的默认路由。

4. 验证配置

```
R1#ping ipv6 2016:3333::3

Type escape sequence to abort.
Sending 5，100-byte ICMP Echos to 2016:3333::3，timeout is 2 seconds:
!!!!!
Success rate is 100 percent (5/5)，round-trip min/avg/max = 0/3/4 ms
```

10.8 实训项目四 IPv6 EIGRP 配置
＊＊＊＊＊＊＊＊＊＊＊＊＊＊＊＊＊＊＊＊＊＊＊＊＊＊＊＊＊＊

【实训目的】

- 掌握 IPv6 EIGRP 的配置方法。
- 掌握 IPv6 EIGRP 各种信息查看命令。
- 掌握传播默认路由的方法。

【实训拓扑图】

实训拓扑图如图 10-10 所示。

图 10-10   实训拓扑图

设备参数如表 10-5 所示。

表 10-5   设备参数

设 备	接 口	IPv6 地址
R1	Loopback0	2016:1111::1/64
	Fa0/0	2016:1212::1/64
	Se0/0/1	2016:1313::1/64
R2	Fa0/0	2016:1212::2/64
	Se0/0/1	2016:2323::2/64
R3	Loopback0	2016:3333::3/64
	Se0/0/0	2016:1313::3/64
	Se0/0/1	2016:2323::3/64

【实训内容】

1. 配置基本路由

（1）R1 路由器的配置

```
R1(config)#ipv6 unicast-routing            //开启 IPv6 路由
R1(config)#ipv6 router eigrp 100           //启动 eigrp 进程,进程号为 100
R1(config-rtr)#router-id 1.1.1.1           //设置路由器 ID
R1(config-rtr)#no shutdown
//IPv6 EIGRP 默认情况是关闭的,需要用命令开启
R1(config-rtr)#exit
R1(config)#interface fastEthernet0/0
R1(config-if)#ipv6 eigrp 100               //接口上启用 EIGRP 协议
R1(config-if)#exit
R1(config)#interface Serial0/0/1
R1(config-if)#ipv6 eigrp 100
R1(config-if)#exit
R1(config)#interface loopback0
R1(config-if)#ipv6 eigrp 100
R1(config-if)#end
```

（2）R2 路由器的配置

```
R2(config)#ipv6 unicast-routing
R2(config)#ipv6 router eigrp 100
R2(config-rtr)#router-id 2.2.2.2
R2(config-rtr)#no shutdown
R2(config-rtr)#exit
R2(config)#interface fastEthernet0/0
R2(config-if)#ipv6 eigrp 100
R2(config-if)#exit
R2(config)#interface Serial0/0/1
R2(config-if)#ipv6 eigrp 100
R2(config-if)#end
```

（3）R3 路由器的配置

```
R3(config)#ipv6 unicast-routing
R3(config)#ipv6 router eigrp 100
R3(config-rtr)#router-id 3.3.3.3
R3(config-rtr)#no shutdown
R3(config-rtr)#exit
R3(config)#interface loopback0
R3(config-if)#ipv6 eigrp 100
R3(config-if)#exit
R3(config)#interface Serial0/0/0
R3(config-if)#ipv6 eigrp 100
R3(config-if)#exit
R3(config)#interface Serial0/0/1
R3(config-if)#ipv6 eigrp 100
R3(config-if)#end
```

2. 查看路由信息

（1）查看 R1 路由器的 EIGRP 路由

```
R1#show ipv6 route eigrp
IPv6 Routing Table - Default - 9 entries
Codes: C - Connected, L - Local, S - Static, U - Per-user Static route
       B - BGP, M - MIPv6, R - RIP, I1 - ISIS L1
       I2 - ISIS L2, IA - ISIS interarea, IS - ISIS summary, D - EIGRP
       EX - EIGRP external
       O - OSPF Intra, OI - OSPF Inter, OE1 - OSPF ext 1, OE2 - OSPF ext 2
       ON1 - OSPF NSSA ext 1, ON2 - OSPF NSSA ext 2
```

```
D    2016:2323::/64［90/2172416］
        via FE80::D2C2:82FF:FE54:6660，FastEthernet0/0
D    2016:3333::/64［90/2297856］
        via FE80::D2C2:82FF:FE54:6810，Serial0/0/1
```

（2）查看 R2 路由器的 EIGRP 路由

```
R2#show ipv6 route eigrp
IPv6 Routing Table - Default - 8 entries
Codes: C - Connected，L - Local，S - Static，U - Per-user Static route
        B - BGP，M - MIPv6，R - RIP，I1 - ISIS L1
        I2 - ISIS L2，IA - ISIS interarea，IS - ISIS summary，D - EIGRP
        EX - EIGRP external
        O - OSPF Intra，OI - OSPF Inter，OE1 - OSPF ext 1，OE2 - OSPF ext 2
        ON1 - OSPF NSSA ext 1，ON2 - OSPF NSSA ext 2
D    2016:1111::/64［90/156160］
        via FE80::D2C2:82FF:FE54:6858，FastEthernet0/0
D    2016:1313::/64［90/2172416］
        via FE80::D2C2:82FF:FE54:6858，FastEthernet0/0
D    2016:3333::/64［90/2297856］
        via FE80::D2C2:82FF:FE54:6810，Serial0/0/1
```

（3）查看 R3 路由器的 EIGRP 路由

```
R3#show ipv6 route eigrp
IPv6 Routing Table - Default - 9 entries
Codes: C - Connected，L - Local，S - Static，U - Per-user Static route
        B - BGP，M - MIPv6，R - RIP，I1 - ISIS L1
        I2 - ISIS L2，IA - ISIS interarea，IS - ISIS summary，D - EIGRP
        EX - EIGRP external
        O - OSPF Intra，OI - OSPF Inter，OE1 - OSPF ext 1，OE2 - OSPF ext 2
        ON1 - OSPF NSSA ext 1，ON2 - OSPF NSSA ext 2
D    2016:1111::/64［90/2297856］
        via FE80::D2C2:82FF:FE54:6858，Serial0/0/0
D    2016:1212::/64［90/2172416］
        via FE80::D2C2:82FF:FE54:6660，Serial0/0/1
        via FE80::D2C2:82FF:FE54:6858，Serial0/0/0
```

从路由器的路由表中可以看出,IPv6 EIGRP 路由的管理距离是 90,而下一跳地址是以路由器的链路本地地址标识。

（4）查看 R2 路由器的路由协议

```
R2#show ipv6 protocols
IPv6 Routing Protocol is "connected"
IPv6 Routing Protocol is "static"
IPv6 Routing Protocol is "eigrp 100"
  EIGRP metric weight K1 = 1，K2 = 0，K3 = 1，K4 = 0，K5 = 0
  EIGRP maximum hopcount 100
  EIGRP maximum metric variance 1
  Interfaces:
    FastEthernet0/0
    Serial0/0/1
  Redistribution:
    None
  Maximum path: 16
  Distance: internal 90 external 170
```

IPv6 EIGRP 的基本参数与 IPv4 的参数一致，计算度量时默认只计算带宽与延迟。

（5）查看 R2 路由器的邻居列表

```
R2#show ipv6 eigrp neighbors
IPv6-EIGRP neighbors for process 100
H   Address                  Interface      Hold Uptime      SRTT   RTO   Q   Seq
                                            (sec)            (ms)         CntNum
1   Link-local address:      Se0/0/1        14 00:05:05      1     200   0   14
    FE80::D2C2:82FF:FE54:6810
0   Link-local address:      Fa0/0          12 01:48:23      332   1992  0   14
    FE80::D2C2:82FF:FE54:6858
```

从邻居关系表中可以看出，与 IPv4 不同的是，它用了 IPv6 链路本地地址来标识 EIGRP 的对等体邻居。

（6）查看 R2 路由器的拓扑表

```
R2#show ipv6 eigrp topology
IPv6-EIGRP Topology Table for AS(100)/ID(2.2.2.2)

Codes: P - Passive，A - Active，U - Update，Q - Query，R - Reply，
       r - reply Status，s - sia Status

P 2016:1212::/64，1 successors，FD is 28160
       via Connected，FastEthernet0/0
```

```
P 2016:1313::/64，1 successors，FD is 2172416
via FE80::D2C2:82FF:FE54:6858（2172416/2169856），FastEthernet0/0
via FE80::D2C2:82FF:FE54:6810（2681856/2169856），Serial0/0/1
P 2016:1111::/64，1 successors，FD is 156160
        via FE80::D2C2:82FF:FE54:6858（156160/128256），FastEthernet0/0
P 2016:3333::/64，1 successors，FD is 2297856
        via FE80::D2C2:82FF:FE54:6810（2297856/128256），Serial0/0/1
P 2016:2323::/64，1 successors，FD is 2169856
        via Connected，Serial0/0/1
```

在 R2 路由器上查看的拓扑表中，所有的路由都是被动状态，而且 2016:1313::/64 路由条目包含了后继路由和可行后继路由。IPv6 EIGRP 同样也支持非等价负载均衡，用命令"**variance**"实现，修改 R2 路由器的配置如下。

```
R2（config）#ipv6 router eigrp 100
R2（config-rtr）#variance 2
//启动非等价负载均衡，路径条数必须大于［2681856/2172416＋1］
R2#show ipv6 route eigrp
IPv6 Routing Table - Default - 8 entries
Codes: C - Connected，L - Local，S - Static，U - Per-user Static route
       B - BGP，M - MIPv6，R - RIP，I1 - ISIS L1
       I2 - ISIS L2，IA - ISIS interarea，IS - ISIS summary，D - EIGRP
       EX - EIGRP external
       O - OSPF Intra，OI - OSPF Inter，OE1 - OSPF ext 1，OE2 - OSPF ext 2
       ON1 - OSPF NSSA ext 1，ON2 - OSPF NSSA ext 2
D   2016:1111::/64［90/156160］
    via FE80::D2C2:82FF:FE54:6858，FastEthernet0/0
D   2016:1313::/64［90/2172416］
    via FE80::D2C2:82FF:FE54:6858，FastEthernet0/0
    via FE80::D2C2:82FF:FE54:6810，Serial0/0/1
D   2016:3333::/64［90/2297856］
    via FE80::D2C2:82FF:FE54:6810，Serial0/0/1
```

再次查看 R2 的路由表可知，到目的网络 2016:1313::/64 已经执行了非等价负载均衡，只是度量没有分别显示。

（7）查看 R2 路由器的 EIGRP 流量统计

```
R2#show ipv6 eigrp traffic
IPv6-EIGRP Traffic Statistics for AS 100
    Hellos sent/received: 3872/3858
    Updates sent/received: 21/17
    Queries sent/received: 2/2
    Replies sent/received: 2/2
```

```
    Acks sent/received: 15/19
    SIA-Queries sent/received: 0/0
    SIA-Replies sent/received: 0/0
    Hello Process ID: 302
    PDM Process ID: 301
    IPv6 Socket queue: 0/50/2/0（current/max/highest/drops）
  Eigrp input queue: 0/2000/2/0（current/max/highest/drops）
```

（8）查看 R2 路由器的 IPv6 EIGRP 接口

```
R2#show ipv6 eigrp interfaces
IPv6-EIGRP interfaces for process 100
```

Interface	Peers	Xmit Queue Un/Reliable	Mean SRTT	Pacing Time Un/Reliable	Multicast Flow Timer	Pending Routes
Fa0/0	1	0/0	332	0/1	1664	0
Se0/0/1	1	0/0	1	0/15	50	0

- Interface：运行 IPv6 EIGRP 的接口。
- Peers：接口的邻居个数。
- Xmit Queue Un/Reliable：在不可靠与可靠队列中数据包送出接口的时间间隔。
- Mean SRTT：平均往返时间。
- Pacing Time Un/Reliable：用来确定不可靠与可靠队列中数据包送出接口的时间间隔。
- Multicast Flow Timer：组播数据包发送等待时间。
- Pending Routes：在传送队列中等待被发送的数据包携带的路由条目数。

3. 默认路由传播

R3 路由器作为边缘路由器，配置默认路由，通过 IPv6 EIGRP 传播到网络中。

```
R3（config）#ipv6 route ::0/64 null 0
//配置一条默认静态路由
R3（config-rtr）#redistribute static
//通过路由重分布把默认路由传播给 R1 与 R2 路由器
R3（config-rtr）#end
R1#show ipv6 route eigrp
（------省略部分输出------）
EX　::/64［170/2169856］
　　via FE80::D2C2:82FF:FE54:6810，Serial0/0/1
D　2016:2323::/64［90/2172416］
　　via FE80::D2C2:82FF:FE54:6660，FastEthernet0/0
```

```
D    2016：3333：：/64［90/2297856］
        via FE80：：D2C2：82FF：FE54：6810，Serial0/0/1
R2#show ipv6 route eigrp
（------省略部分输出------）
EX   ：：/64［170/2169856］
        via FE80：：D2C2：82FF：FE54：6810，Serial0/0/1
D    2016：1111：：/64［90/156160］
        via FE80：：D2C2：82FF：FE54：6858，FastEthernet0/0
D    2016：1313：：/64［90/2172416］
        via FE80：：D2C2：82FF：FE54：6858，FastEthernet0/0
        via FE80：：D2C2：82FF：FE54：6810，Serial0/0/1
D    2016：3333：：/64［90/2297856］
        via FE80：：D2C2：82FF：FE54：6810，Serial0/0/1
```

以上输出显示 R1 与 R2 路由器分别学习到了一条默认路由，管理距离是 170，说明是通过路由重分布学习到的外部路由。

10.9 实训项目五 OSPFv3 配置

＊＊＊＊＊＊＊＊＊＊＊＊＊＊＊＊＊＊＊＊＊＊＊＊＊

10.9.1 OSPFv3 单区域配置

【实训目的】

- 掌握单区域 OSPFv3 的配置方法。
- 掌握 OSPFv3 的各种信息查看命令。
- 掌握传播默认路由的方法。

【实训拓扑图】

实训拓扑图如图 10-11 所示。

图 10-11 实训拓扑图

设备参数如表 10-6 所示。

表 10-6　设备参数

设　备	接　口	IPv6 地址
R1	Se0/0/0	2016: 1212: : 1/64
R2	Se0/0/0	2016: 1212: : 2/64
	Se0/0/1	2016: 2323: : 2/64
R3	Se0/0/0	2016: 3434: : 3/64
	Se0/0/1	2016: 2323: : 3/64
R4	Se0/0/0	2016: 3434: : 4/64

【实训内容】

1. 配置基本路由

（1）R1 路由器的配置

R1（config）#**ipv6 unicast-routing**　　　//开启 IPv6 路由

R1（config）#**ipv6 router ospf 1**　　　//开启 OSPFv3 路由,进程号是 1

R1（config-rtr）#**router-id 1. 1. 1. 1**

//配置 OSPFv3 路由器 ID,由于路由器没有配置 IPv4 地址,路由器无法自动选择路由器 ID,所以必须采用手工方式配置路由器 ID

R1（config-rtr）#**exit**

R1（config）#**interface serial 0/0/0**

R1（config-if）#**ipv6 ospf 1 area 0**　　　//在接口上启用 OSPFv3 进程

R1（config-if）#**exit**

（2）R2 路由器的配置

R2（config）#**ipv6 unicast-routing**

R2（config）#**ipv6 router ospf 1**

R2（config-rtr）#**router-id 2. 2. 2. 2**

R2（config-rtr）#**exit**

R2（config）#**interface Serial0/0/0**

R2（config-if）#**ipv6 ospf 1 area 0**

R2（config-if）#**exit**

R2（config）#**interface Serial0/0/1**

R2（config-if）#**ipv6 ospf 1 area 0**

R2（config-if）#**exit**

（3）R3 路由器的配置

```
R3（config）#ipv6 unicast-routing
R3（config）#ipv6 router ospf 1
R3（config-rtr）#router-id 3.3.3.3
R3（config-rtr）#exit
R3（config）#interface Serial0/0/0
R3（config-if）#ipv6 ospf 1 area 0
R3（config-if）#exit
R3（config）#interface Serial0/0/1
R3（config-if）#ipv6 ospf 1 area 0
R3（config-if）#exit
```

（4）R4 路由器的配置

```
R4（config）#ipv6 unicast-routing
R4（config）#ipv6 router ospf 1
R4（config-rtr）#router-id 4.4.4.4
R4（config-rtr）#exit
R4（config）#interface Serial0/0/0
R4（config-if）#ipv6 ospf 1 area 0
R4（config-if）#exit
```

2. 查看路由信息

（1）查看 R1 路由器的 OSPFv3 路由

```
R1#show ipv6 route ospf
IPv6 Routing Table - Default - 5 entries
Codes：C - Connected，L - Local，S - Static，U - Per-user Static route
        B - BGP，M - MIPv6，R - RIP，I1 - ISIS L1
        I2 - ISIS L2，IA - ISIS interarea，IS - ISIS summary，D - EIGRP
        EX - EIGRP external
        O - OSPF Intra，OI - OSPF Inter，OE1 - OSPF ext 1，OE2 - OSPF ext 2
        ON1 - OSPF NSSA ext 1，ON2 - OSPF NSSA ext 2
O   2016：2323：：/64 ［110/128］
       via FE80：：D2C2：82FF：FE54：6660，Serial0/0/0
O   2016：3434：：/64 ［110/192］
       via FE80：：D2C2：82FF：FE54：6660，Serial0/0/0
```

（2）查看 R2 路由器的 OSPFv3 路由

```
R2#show ipv6 route ospf
IPv6 Routing Table - Default - 6 entries
Codes: C - Connected, L - Local, S - Static, U - Per-user Static route
       B - BGP, M - MIPv6, R - RIP, I1 - ISIS L1
       I2 - ISIS L2, IA - ISIS interarea, IS - ISIS summary, D - EIGRP
       EX - EIGRP external
       O - OSPF Intra, OI - OSPF Inter, OE1 - OSPF ext 1, OE2 - OSPF ext 2
       ON1 - OSPF NSSA ext 1, ON2 - OSPF NSSA ext 2
O   2016:3434::/64 [110/128]
       via FE80::D2C2:82FF:FE54:6810, Serial0/0/1
```

（3）查看 R3 路由器的 OSPFv3 路由

```
R3#show ipv6 route ospf
IPv6 Routing Table - Default - 6 entries
Codes: C - Connected, L - Local, S - Static, U - Per-user Static route
       B - BGP, M - MIPv6, R - RIP, I1 - ISIS L1
       I2 - ISIS L2, IA - ISIS interarea, IS - ISIS summary, D - EIGRP
       EX - EIGRP external
       O - OSPF Intra, OI - OSPF Inter, OE1 - OSPF ext 1, OE2 - OSPF ext 2
       ON1 - OSPF NSSA ext 1, ON2 - OSPF NSSA ext 2
O   2016:1212::/64 [110/128]
       via FE80::D2C2:82FF:FE54:6660, Serial0/0/1
```

（4）查看 R4 路由器的 OSPFv3 路由

```
R4#show ipv6 route ospf
IPv6 Routing Table - Default - 5 entries
Codes: C - Connected, L - Local, S - Static, U - Per-user Static route
       B - BGP, M - MIPv6, R - RIP, I1 - ISIS L1
       I2 - ISIS L2, IA - ISIS interarea, IS - ISIS summary, D - EIGRP
       EX - EIGRP external
       O - OSPF Intra, OI - OSPF Inter, OE1 - OSPF ext 1, OE2 - OSPF ext 2
       ON1 - OSPF NSSA ext 1, ON2 - OSPF NSSA ext 2
O   2016:1212::/64 [110/192]
       via FE80::D2C2:82FF:FE54:6810, Serial0/0/0
O   2016:2323::/64 [110/128]
       via FE80::D2C2:82FF:FE54:6810, Serial0/0/0
```

以上路由表输出显示,每个路由器都通过 OSPFv3 协议学习到了路由,路由条目以大写字母"**O**"标识,管理距离为 **110**。

（5）查看 R2 路由器的 OSPFv3 路由

```
R2#show ipv6 protocols
IPv6 Routing Protocol is "connected"
IPv6 Routing Protocol is "ospf 1"
  Interfaces（Area 0）:
    Serial0/0/1
    Serial0/0/0
  Redistribution:
    None
```

（6）查看 R2 路由器的 OSPFv3 邻居

```
R2#show ipv6 ospf neighbor
```

Neighbor ID	Pri	State	Dead Time	Interface ID	Interface
3.3.3.3	1	FULL/ -	00:00:32	7	Serial0/0/1
1.1.1.1	1	FULL/ -	00:00:39	6	Serial0/0/0

以上输出显示,R2 路由器有两个邻居:1.1.1.1 与 3.3.3.3。

3. 默认路由传播

在 R4 路由器上传播默认路由到整个 OSPF 区域。

```
R4（config）#ipv6 router ospf 1
R4（config-rtr）#default-information originate always
//传播默认路由,由于 R4 路由器没有配置默认路由,所以最后加上 always 始终通告默认路由来
实现传播
```

再次查看 R1,R2,R3 路由器的路由表。

```
R1#show ipv6 route ospf
IPv6 Routing Table - Default - 6 entries
Codes: C - Connected, L - Local, S - Static, U - Per-user Static route
       B - BGP, M - MIPv6, R - RIP, I1 - ISIS L1
       I2 - ISIS L2, IA - ISIS interarea, IS - ISIS summary, D - EIGRP
       EX - EIGRP external
       O - OSPF Intra, OI - OSPF Inter, OE1 - OSPF ext 1, OE2 - OSPF ext 2
       ON1 - OSPF NSSA ext 1, ON2 - OSPF NSSA ext 2
OE2 ::/0 [110/1], tag 1
     via FE80::D2C2:82FF:FE54:6660, Serial0/0/0
O    2016:2323::/64 [110/128]
     via FE80::D2C2:82FF:FE54:6660, Serial0/0/0
O    2016:3434::/64 [110/192]
     via FE80::D2C2:82FF:FE54:6660, Serial0/0/0
```

```
R2#show ipv6 route ospf
IPv6 Routing Table - Default - 7 entries
Codes: C - Connected, L - Local, S - Static, U - Per-user Static route
       B - BGP, M - MIPv6, R - RIP, I1 - ISIS L1
       I2 - ISIS L2, IA - ISIS interarea, IS - ISIS summary, D - EIGRP
       EX - EIGRP external
       O - OSPF Intra, OI - OSPF Inter, OE1 - OSPF ext 1, OE2 - OSPF ext 2
       ON1 - OSPF NSSA ext 1, ON2 - OSPF NSSA ext 2
OE2 ::/0 [110/1], tag 1
via FE80::D2C2:82FF:FE54:6810, Serial0/0/1
O    2016:3434::/64 [110/128]
via FE80::D2C2:82FF:FE54:6810, Serial0/0/1
R3#show ipv6 route ospf
IPv6 Routing Table - Default - 7 entries
Codes: C - Connected, L - Local, S - Static, U - Per-user Static route
       B - BGP, M - MIPv6, R - RIP, I1 - ISIS L1
       I2 - ISIS L2, IA - ISIS interarea, IS - ISIS summary, D - EIGRP
       EX - EIGRP external
       O - OSPF Intra, OI - OSPF Inter, OE1 - OSPF ext 1, OE2 - OSPF ext 2
       ON1 - OSPF NSSA ext 1, ON2 - OSPF NSSA ext 2
OE2 ::/0 [110/1], tag 1
via FE80::D2C2:82FF:FE54:4068, Serial0/0/0
O    2016:1212::/64 [110/128]
via FE80::D2C2:82FF:FE54:6660, Serial0/0/1
```

以上输出显示,R1,R2,R3 路由器都学习到了默认路由,字母"**OE2**"表示 OSPF 学习到了外部路由。

10.9.2　OSPFv3 多区域配置

【实训目的】

* 掌握 OSPFv3 多区域的配置方法。

【实训拓扑图】

实训拓扑图如图 10-12 所示。

图 10-12　实训拓扑图

设备参数如表 10-7 所示。

表 10-7 设备参数

设 备	接 口	IPv6 地址
R1	Se0/0/0	2016:1212::1/64
R2	Se0/0/0	2016:1212::2/64
	Se0/0/1	2016:2323::2/64
R3	Se0/0/0	2016:3434::3/64
	Se0/0/1	2016:2323::3/64
R4	Se0/0/0	2016:3434::4/64

【实训内容】

1. 配置基本路由

（1）R1 路由器的配置

```
R1(config)#ipv6 unicast-routing          //开启 IPv6 路由
R1(config)#ipv6 router ospf 1            //开启 OSPFv3 路由,进程号是 1
R1(config-rtr)#router-id 1.1.1.1
//配置 OSPFv3 路由器 ID,由于路由器没有配置 IPv4 地址,路由器无法自动选择路由器 ID,所以
必须采用手工方式配置路由器 ID
R1(config-rtr)#exit
R1(config)#interface Serial0/0/0
R1(config-if)#ipv6 ospf 1 area 1         //接口上启用 OSPFv3 进程
R1(config-if)#exit
```

（2）R2 路由器的配置

```
R2(config)#ipv6 unicast-routing
R2(config)#ipv6 router ospf 1
R2(config-rtr)#router-id 2.2.2.2
R2(config-rtr)#exit
R2(config)#interface Serial0/0/0
R2(config-if)#ipv6 ospf 1 area 1
R2(config-if)#exit
R2(config)#interface Serial0/0/1
R2(config-if)#ipv6 ospf 1 area 0
R2(config-if)#exit
```

（3）R3 路由器的配置

```
R3(config)#ipv6 unicast-routing
R3(config)#ipv6 router ospf 1
R3(config-rtr)#router-id 3.3.3.3
R3(config-rtr)#exit
R3(config)#interface Serial0/0/0
R3(config-if)#ipv6 ospf 1 area 1
R3(config-if)#exit
R3(config)#interface Serial0/0/1
R3(config-if)#ipv6 ospf 1 area 0
R3(config-if)#exit
```

（4）R4 路由器的配置

```
R4(config)#ipv6 unicast-routing
R4(config)#ipv6 router ospf 1
R4(config-rtr)#router-id 4.4.4.4
R4(config-rtr)#exit
R4(config)#interface Serial0/0/0
R4(config-if)#ipv6 ospf 1 area 1
R4(config-if)#exit
```

2. 查看路由信息

（1）查看 R1 路由器的 OSPFv3 路由

```
R1#show ipv6 route ospf
IPv6 Routing Table - Default - 5 entries
Codes: C - Connected, L - Local, S - Static, U - Per-user Static route
       B - BGP, M - MIPv6, R - RIP, I1 - ISIS L1
       I2 - ISIS L2, IA - ISIS interarea, IS - ISIS summary, D - EIGRP
       EX - EIGRP external
       O - OSPF Intra, OI - OSPF Inter, OE1 - OSPF ext 1, OE2 - OSPF ext 2
       ON1 - OSPF NSSA ext 1, ON2 - OSPF NSSA ext 2
OI   2016:2323::/64 [110/128]
     via FE80::D2C2:82FF:FE54:6660, Serial0/0/0
OI   2016:3434::/64 [110/192]
     via FE80::D2C2:82FF:FE54:6660, Serial0/0/0
```

（2）查看 R2 路由器的 OSPFv3 路由

```
R2#show ipv6 route ospf
IPv6 Routing Table - Default - 6 entries
Codes: C - Connected, L - Local, S - Static, U - Per-user Static route
       B - BGP, M - MIPv6, R - RIP, I1 - ISIS L1
       I2 - ISIS L2, IA - ISIS interarea, IS - ISIS summary, D - EIGRP
       EX - EIGRP external
       O - OSPF Intra, OI - OSPF Inter, OE1 - OSPF ext 1, OE2 - OSPF ext 2
       ON1 - OSPF NSSA ext 1, ON2 - OSPF NSSA ext 2
OI   2016:3434::/64 [110/128]
     via FE80::D2C2:82FF:FE54:6810, Serial0/0/1
```

（3）查看 R3 路由器的 OSPFv3 路由

```
R3#show ipv6 route ospf
IPv6 Routing Table - Default - 6 entries
Codes: C - Connected, L - Local, S - Static, U - Per-user Static route
       B - BGP, M - MIPv6, R - RIP, I1 - ISIS L1
       I2 - ISIS L2, IA - ISIS interarea, IS - ISIS summary, D - EIGRP
       EX - EIGRP external
       O - OSPF Intra, OI - OSPF Inter, OE1 - OSPF ext 1, OE2 - OSPF ext 2
       ON1 - OSPF NSSA ext 1, ON2 - OSPF NSSA ext 2
OI   2016:1212::/64 [110/128]
     via FE80::D2C2:82FF:FE54:6660, Serial0/0/1
```

（4）查看 R4 路由器的 OSPFv3 路由

```
R4#show ipv6 route ospf
IPv6 Routing Table - Default - 5 entries
Codes: C - Connected, L - Local, S - Static, U - Per-user Static route
       B - BGP, M - MIPv6, R - RIP, I1 - ISIS L1
       I2 - ISIS L2, IA - ISIS interarea, IS - ISIS summary, D - EIGRP
       EX - EIGRP external
       O - OSPF Intra, OI - OSPF Inter, OE1 - OSPF ext 1, OE2 - OSPF ext 2
       ON1 - OSPF NSSA ext 1, ON2 - OSPF NSSA ext 2
OI   2016:1212::/64 [110/192]
     via FE80::D2C2:82FF:FE54:6810, Serial0/0/0
OI   2016:2323::/64 [110/128]
     via FE80::D2C2:82FF:FE54:6810, Serial0/0/0
```

以上输出显示，由于启用了 OSPF 多区域配置，所以路由器学习到了区域间路由，以字母"**OI**"标识。